POMOLOGIE GÉNÉRALE

PAR A. MAS

SUITE DE LA PUBLICATION PÉRIODIQUE

LE VERGER

NEUVIÈME VOLUME

POMMES — Nᵒˢ 97 à 192

BOURG (AIN)

CHEZ Mᵐᵉ ALPHONSE MAS

Rue Lalande, 20.

PARIS

LIBRAIRIE DE G. MASSON

Boulevard St-Germain, 120.

1883

POMOLOGIE GÉNÉRALE

POMMES

TOME NEUVIÈME

POMOLOGIE GÉNÉRALE

PAR A. MAS

SUITE DE LA PUBLICATION PÉRIODIQUE

LE VERGER

NEUVIÈME VOLUME

POMMES — Nᵒˢ 97 à 192

BOURG (AIN)

CHEZ Mᵐᵉ ALPHONSE MAS

Rue Lalande, 20.

PARIS

LIBRAIRIE DE G. MASSON

Boulevard St-Germain, 120.

1883

Bourg, imprimerie Villefranche.

POMOLOGIE GÉNÉRALE

SEMIS DE BRICKLEY

(BRICKLEY SEEDLING)

(N° 97)

The Apple and its Varieties. ROBERT HOGG.
The Fruits and the fruit-trees of America. DOWNING.
BRICKLEY'S SAMLING. *Illustrirtes Handbuch der Obsthunde.* OBER-
DIECK.

OBSERVATIONS. — Les auteurs ne nous donnent d'autres renseignements sur cette variété qu'en constatant qu'elle est d'origine
anglaise. — L'arbre, d'une vigueur contenue sur paradis, s'accommode bien des formes régulières et surtout de la pyramide. Sa
haute tige sur franc forme une tête à branches érigées et n'atteint
qu'une dimension moyenne. Sa fertilité est précoce et grande. Son
fruit est petit, il est vrai, mais il est de première qualité et de
longue conservation et se recommande surtout à l'amateur.

DESCRIPTION.

Rameaux peu forts, unis dans leur contour, droits, à entre-nœuds de
moyenne longueur, d'un brun rougeâtre très-foncé et non voilé d'une
pellicule; lenticelles blanches, très-rares, petites et peu apparentes.

Boutons à bois très-petits, courts, épais et obtus, bien appliqués au
rameau, soutenus sur des supports peu saillants dont les côtés et l'arête
médiane ne se prolongent pas; écailles entièrement recouvertes d'un duvet
blanchâtre.

Pousses d'été d'un vert très-clair et peu duveteuses.

Feuilles des pousses d'été moyennes ou petites, ovales-elliptiques, allongées et étroites, se terminant presque régulièrement en une pointe courte, bien creusées en gouttière et arquées, bordées de dents assez larges, assez profondes, le plus souvent simples et obtuses, bien fermes sur leurs pétioles longs, grêles, bien raides et bien redressés.

Stipules en forme d'alènes, de moyenne longueur et recourbées.

Boutons à fruit assez gros, conico-ovoïdes, émoussés ; écailles extérieures brunes, largement bordées de brun noirâtre et glabres ; écailles intérieures entièrement recouvertes d'un duvet blanchâtre.

Fleurs assez petites ; pétales ovales-élargis, peu concaves, à onglet très-court, se recouvrant largement entre eux, tachés de rose violet en dehors et lavés de la même couleur en dedans ; divisions du calice de moyenne longueur et peu recourbées en dessous ; pédicelles assez courts, un peu forts et un peu duveteux.

Feuilles des productions fruitières plus allongées et plus étroites que celles des pousses d'été, parfois presque lancéolées, se terminant un peu brusquement en une pointe très-courte, bien creusées en gouttière et arquées, bordées de dents fines, peu profondes et souvent émoussées, s'abaissant sur des pétioles longs, grêles et cependant raides.

Caractère saillant de l'arbre : teinte générale du feuillage d'un vert herbacé peu foncé ; toutes les feuilles plus ou moins allongées, bien régulièrement creusées et arquées ; tous les pétioles grêles ; branchage menu ; rameaux disposés à la direction perpendiculaire.

Fruit petit, sphérico-conique ou presque sphérique tout en s'atténuant cependant assez sensiblement du côté de l'œil, uni dans son contour, atteignant sa plus grande épaisseur à peu près au milieu de sa hauteur ; au-dessus et au-dessous de ce point, s'arrondissant par des courbes bien convexes jusque dans la cavité de l'œil et jusque dans celle de la queue.

Peau un peu ferme, d'abord d'un vert clair et vif semé de petits points bruns, peu nombreux et irrégulièrement espacés. Une rouille brune, peu dense forme quelquefois une tache en étoile dans la cavité de la queue. A la maturité, **fin d'hiver et printemps,** le vert fondamental s'éclaircit seulement un peu en jaune, et le côté du soleil est lavé d'un rouge sanguin traversé par des raies d'un rouge plus foncé et sur lequel apparaissent de petits points jaunes.

Œil moyen, ouvert, à divisions larges, courtes et bien recourbées en dehors, placé dans une très-petite cavité unie ou un peu plissée dans ses bords et qu'il remplit exactement. Tuyau du calice descendant par un tube large et obtus un peu au-dessous de la première enveloppe du cœur dont la coupe est presque elliptique.

Queue courte, bien forte, attachée dans une cavité assez peu profonde, large, bien évasée et régulière par ses bords.

Chair jaunâtre, fine, très-serrée, ferme, croquante, suffisante en jus richement sucré et bien parfumé.

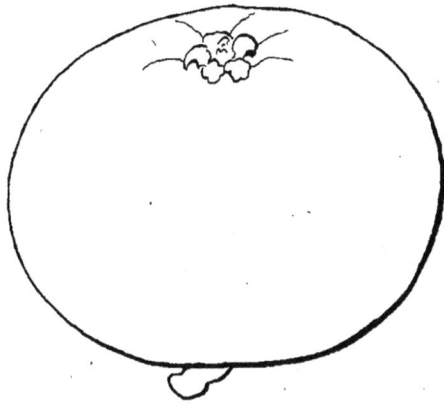

97

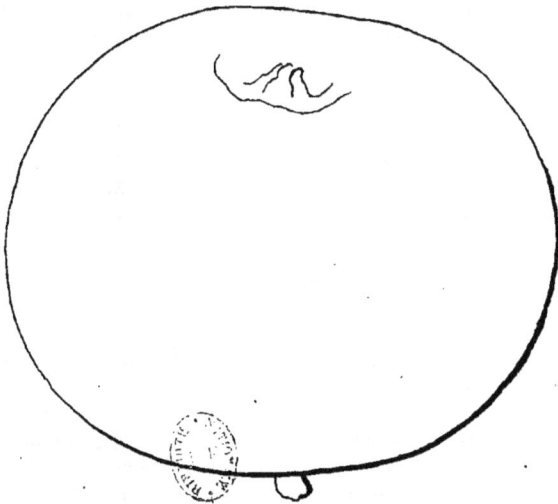

98

97. SEMIS DE BRICKLEY.   98. REINETTE DE BIBER.

REINETTE DE BIBER

(BIBERS REINETTE)

(N° 98)

Systematisches Handbuch der Obstkunde. DITTRICH.
Handbuch aller bekannten Obstsorten. BIEDENFELD.
Illustrirtes Handbuch der Obstkunde. OBERDIECK.
Pomologische Notizen. OBERDIECK.

OBSERVATIONS. — Cette variété est mentionnée par Diel dans son Catalogue, et Oberdieck dit qu'elle fut obtenue de pepins de l'ancien Borsdorf, cette variété nationale des Allemands, par M. Biber, de Dietz, duché de Nassau, et qu'elle fut trouvée dans le même semis qui produisit la Reinette dorée de Dietz. — L'arbre est d'une bonne vigueur sur paradis. Sa végétation bien équilibrée, la bonne disposition de ses branches à se maintenir garnies de productions fruitières, le rendent propre aux formes régulières et surtout à celle de pyramide qui lui est naturelle. Sa fertilité est grande et soutenue. Son fruit est de première qualité.

DESCRIPTION.

Rameaux forts, presque unis dans leur contour, à entre-nœuds très-courts, d'un rouge sanguin vif et en partie recouvert d'une pellicule d'apparence métallique ; lenticelles blanches, nombreuses et apparentes.

Boutons à bois épais, très-courts, très-obtus, renflés sur le dos, appliqués au rameau, soutenus sur des supports peu saillants dont l'arête médiane se prolonge très-obscurément ; écailles rouges et presque entièrement recouvertes d'un duvet gris.

Pousses d'été un peu flexueuses, d'un vert vif, colorées de rouge clair du côté du soleil et à leur sommet, peu duveteuses.

Feuilles des pousses d'été moyennes, ovales-élargies ou ovales-elliptiques, se terminant un peu brusquement en une pointe peu longue, largement creusées et à peine arquées, bordées de dents larges, un peu profondes, souvent doubles et émoussées, soutenues à peu près horizontalement sur des pétioles courts, un peu forts et peu redressés.

Stipules courtes, lancéolées, obtuses.

Boutons à fruit assez gros, conico-ellipsoïdes, obtus ; écailles brunes et à peine duveteuses.

Fleurs petites ; pétales ovales-élargis, peu concaves ou presque planes, souvent ondulés dans leur contour, à onglet très-court, se recouvrant un peu entre eux, à peine lavés de rose en dehors et blancs en dedans ; divisions du calice très-courtes, recourbées en dessous seulement par leur pointe ; pédicelles très-courts, un peu forts et cotonneux.

Feuilles des productions fruitières un peu plus grandes que celles des pousses d'été, ovales-allongées, se terminant presque régulièrement en une pointe un peu longue, un peu repliées sur leur nervure médiane et un peu arquées, bordées de dents assez larges, assez profondes et un peu aiguës, bien soutenues sur des pétioles courts, de moyenne force et peu redressés.

Caractère saillant de l'arbre : teinte générale du feuillage d'un vert intense et moiré ; tous les pétioles courts et peu redressés.

Fruit moyen, sphérique bien déprimé à ses deux pôles, presque uni dans son contour ou à peine déformé par des élévations très-largement aplanies, atteignant sa plus grande épaisseur à peu près au milieu de sa hauteur ; au-dessus et au-dessous de ce point, s'arrondissant par des courbes bien convexes soit du côté de l'œil, soit du côté de la cavité de la queue.

Peau un peu ferme, d'abord d'un vert décidé semé de petits points bruns cernés d'une couleur plus claire, très-largement et irrégulièrement espacés et souvent très-rares. Une rouille brune s'étale en étoile dans la cavité de la queue et au-delà de ses bords ; elle forme aussi souvent une sorte de réseau du côté du soleil. A la maturité, **courant et fin d'hiver.** le vert fondamental passe au jaune citron, rarement pur, car même du côté de l'ombre il est souvent très-légèrement lavé de rouge, et, sur la plus grande partie de la surface du fruit, s'étend un rouge cramoisi vif traversé par des raies distinctes d'un joli rouge cerise et encore plus apparentes sur les parties moins éclairées ; sur ce rouge apparaissent quelques points d'un gris blanchâtre, larges et très-largement espacés.

Œil moyen, fermé, à divisions larges, appliquées les unes aux autres, placé dans une cavité large, profonde, plus ou moins évasée par ses bords tantôt unis, tantôt accidentés par des plis peu prononcés. Tuyau du calice en entonnoir large et peu aigu, dépassant un peu la première enveloppe du cœur dont la coupe est largement cordiforme-elliptique.

Queue courte ou très-courte, forte, parfois n'atteignant pas les bords de sa cavité, assez peu profonde, évasée, régulière ou presque régulière par ses bords.

Chair d'un blanc à peine teinté de jaune sous la peau, fine, un peu ferme, abondante en jus sucré, vineux, relevé et agréablement parfumé.

TOWNSEND

(N° 99)

The Fruits and the fruit-trees of America. Downing.
American Pomology. John Warder.

Observations. — Les synonymes : Hocking, Seager sont attribués à cette variété par Downing; et il ajoute qu'elle est originaire du comté de Bucks, Pensylvanie, où elle fut trouvée, il y a environ un siècle, par Stephen Townsend, dans un défrichement indien. — L'arbre, d'une végétation insuffisante sur paradis, est seulement propre à la forme de fuseau que facilite l'émission régulière de ses boutons à bois. Sa haute tige sur franc, vigoureuse, robuste, forme une tête élevée, d'une fertilité précoce et grande.

DESCRIPTION.

Rameaux peu forts, anguleux dans leur contour, droits, à entre-nœuds courts, d'un brun verdâtre du côté de l'ombre, d'un brun violet, brillant et non voilé d'une pellicule du côté du soleil ; lenticelles blanches, petites, arrondies, assez peu nombreuses et apparentes.

Boutons à bois moyens, coniques, obtus, appliqués au rameau, soutenus sur des supports un peu saillants dont les côtés et l'arête médiane se prolongent assez vivement ; écailles rougeâtres, bordées de noir et glabres.

Pousses d'été d'un vert très-clair et peu duveteuses sur toute leur longueur.

Feuilles des pousses d'été moyennes, ovales-élargies, se terminant brusquement en une pointe courte, un peu concaves et à peine arquées, bordées de dents assez fines, assez peu profondes, souvent surdentées, recourbées et aiguës, bien soutenues sur des pétioles de moyenne longueur, de moyenne force et redressés.

Stipules en alênes courtes et très-fines.

Boutons à fruit assez gros, conico-ovoïdes ou conico-ellipsoïdes, bien obtus ; écailles extérieures brunes, bordées de brun noirâtre et glabres ; écailles intérieures couvertes d'un duvet blanchâtre et bien épais.

Fleurs assez petites ; pétales elliptiques-élargis, concaves, bien tachés de rose violet en dehors, presque uniformément lavés de la même couleur en dedans, à onglet très-court, se recouvrant largement entre eux ; divisions du calice longues, étroites et recourbées en dessous ; pédicelles un peu longs, grêles et un peu cotonneux.

Feuilles des productions fruitières moyennes ou assez grandes, ovales-elliptiques, plus ou moins élargies, se terminant brusquement en une pointe courte et le plus souvent contournée, à peine concaves, bordées de dents assez peu profondes, couchées et assez peu aiguës, bien soutenues sur des pétioles longs, grêles et fermes.

Caractère saillant de l'arbre : teinte générale du feuillage d'un vert clair et vif ; toutes les feuilles peu concaves et souvent largement ondulées.

Fruit moyen, sphérico-conique, parfois sensiblement déprimé à ses deux pôles, bien uni dans son contour, atteignant sa plus grande épaisseur au milieu de sa hauteur ; au-dessus et au-dessous de ce point, s'arrondissant par des courbes peu convexes et de même longueur, soit du côté de la queue, soit du côté de l'œil, vers lequel il s'atténue à peine un peu plus que du côté de la queue.

Peau très-fine, mince et souple, d'abord d'un vert vif sur lequel il est difficile de remarquer des points gris très-petits et très-nombreux. Une tache d'une rouille brune et fine couvre la cavité de la queue et diverge en traits déliés sur ses bords. A la maturité, **automne,** le vert fondamental passe au jaune peu intense, mat, conservant, par places, une teinte un peu verdâtre et dont on n'aperçoit souvent qu'une très-petite étendue, car il est presque entièrement recouvert d'un rouge cramoisi intense, traversé par de longues raies d'un rouge plus foncé et sur lequel ressortent bien des points larges et d'un jaune doré.

Œil très-grand, fermé, à divisions très-longues et finement aiguës, un peu recourbées en dehors ou étalées dans une cavité en forme de godet étroit, peu profond, bien uni dans ses parois et par ses bords. Tuyau du calice en forme d'entonnoir très-court et très-obtus, ne dépassant pas la première enveloppe du cœur dont la coupe cordiforme-déprimée est proportionnée au volume du fruit.

Queue courte, un peu forte, attachée dans une cavité très-étroite, peu profonde et bien régulière.

Chair blanche, fine, tendre, abondante en jus bien sucré, délicatement parfumé, constituant un fruit de bonne qualité.

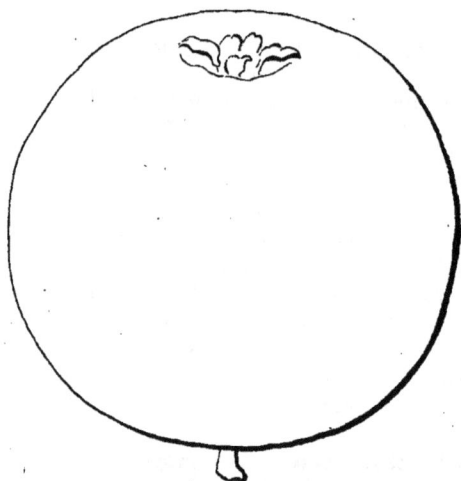

99

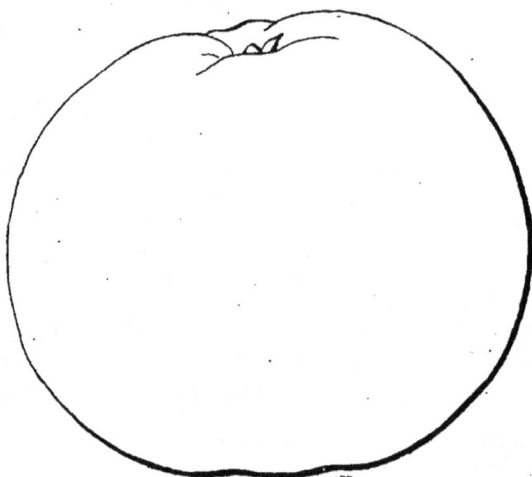

100

99. TOWNSEND.   100. DOUCE DE WILLIS.

ingeon. Del.   Imp. Protet frères. Mâcon

DOUCE DE WILLIS

(WILLIS SWEET)

(N° 100)

The Fruits and the fruit-trees of America. DOWNING.
American Pomology. JOHN WARDER.

OBSERVATIONS. — D'après Downing, cette variété aurait été obtenue sur la ferme d'Edward Willis, à Oyster Bay (Etat de Long-Island). — L'arbre, d'une grande vigueur, élégant dans sa tenue, forme une tête d'une grande dimension et dont la fertilité est bien régulièrement répartie sur toute son étendue. Son fruit est d'une belle apparence et d'un bon emploi pour les usages du ménage.

DESCRIPTION.

Rameaux de moyenne force, presque unis dans leur contour, à entre-nœuds de moyenne longueur, d'un rouge violacé foncé; lenticelles blanchâtres, assez petites, assez peu nombreuses et peu apparentes.

Boutons à bois assez gros, coniques, peu aigus, appliqués au rameau, soutenus sur des supports saillants dont les côtés et l'arête médiane se prolongent très-obscurément; écailles rouges et peu duveteuses.

Pousses d'été d'un vert d'eau, recouvertes sur toute leur longueur d'un duvet très-court et peu serré.

Feuilles des pousses d'été petites, ovales-arrondies, se terminant brusquement en une pointe courte et bien aiguë, bien concaves et non arquées, parfois largement ondulées dans leur contour, bordées de dents fines, peu profondes, bien couchées et aiguës, bien soutenues sur des pétioles un peu longs, de moyenne force et redressés.

Stipules de moyenne longueur, lancéolées et souvent recourbées en croissant.

Boutons à fruit moyens, conico-ovoïdes, aigus ; écailles d'un rouge jaunâtre bordé de brun et presque glabres.

Fleurs petites ; pétales ovales un peu allongés, peu concaves, à onglet court, se recouvrant à peine entre eux, peu lavés de rose en dehors et presque blancs en dedans ; divisions du calice courtes, très-fines et annulaires ; pédicelles de moyenne longueur, de moyenne force et peu duveteux.

Feuilles des productions fruitières petites, obovales-elliptiques, se terminant brusquement en une pointe très-courte et souvent contournée, à peine repliées sur leur nervure médiane et parfois très-largement ondulées dans leur contour, bordées de dents assez fines, peu profondes et souvent bien émoussées, bien soutenues sur des pétioles un peu longs, grêles et cependant fermes et redressés.

Caractère saillant de l'arbre : teinte générale du feuillage d'un vert bleu ; feuilles des pousses d'été remarquablement concaves ; toutes les feuilles petites et bien fermes sur leurs pétioles ; branchage compact et rameaux grêles.

Fruit gros, sphérique, souvent un peu déprimé et tronqué sur une petite étendue à ses deux pôles, déformé dans son contour par des côtes aplanies, atteignant sa plus grande épaisseur peu au-dessous ou presque au milieu de sa hauteur ; au-dessus et au-dessous de ce point, s'arrondissant par des courbes également convexes, soit du côté de la cavité de la queue, soit du côté de celle de l'œil vers laquelle il est cependant un peu plus atténué.

Peau un peu épaisse et ferme, d'abord d'un vert pâle sur lequel on remarque assez difficilement quelques points bruns très-petits, cernés d'un peu de blanc, rares et très-irrégulièrement espacés. Une rouille d'un brun verdâtre s'étale en étoile dans la cavité de la queue. A la maturité, **fin d'août et septembre,** le vert fondamental passe au blanc presque pur, et le côté du soleil est lavé et flammé de rose tendre.

Œil petit, fermé, à divisions étroites et finement aiguës, placé dans une cavité étroite, peu profonde, plissée dans ses parois et divisée par ses bords en des côtes peu saillantes et qui se prolongent d'une manière un peu sensible sur la hauteur du fruit. Tuyau du calice descendant par un tube conique, étroit et très-aigu peu au-dessous de la première enveloppe du cœur dont la coupe cordiforme offre peu d'étendue par rapport à l'épaisseur du fruit.

Queue courte, un peu forte, enfoncée dans une cavité un peu profonde, évasée et un peu irrégulière par ses bords.

Chair d'un blanc un peu jaune, surtout sous la peau, demi-fine, ferme, croquante, suffisante en eau douce, richement sucrée, mais d'un parfum peu appréciable.

REINETTE ÉCLATANTE

(GLANZ-REINETTE)

(N° 101)

Versuch einer Systematischen Beschreibung der Kernobstsorten. DIEL.
Systematisches Handbuch der Obstkunde. DITTRICH.
Handbuch aller bekannten Obstsorten. BIEDENFELD.
Illustrirtes Handbuch der Obstkunde. FLOTOW.
Pomologische Notizen. OBERDIECK.
The Apple and its Varieties. ROBERT HOGG.
Schweizerische Obstsorten.

OBSERVATIONS. — Cette variété porte aussi le nom de Tyroler Glanz-Reinette, Reinette éclatante du Tyrol; cette dénomination serait-elle une indication de son origine ? Je n'ai trouvé nulle part une confirmation de cette supposition. — L'arbre, d'une vigueur contenue sur paradis, par sa végétation maigre et son bois assez grêle, se prête peu aux formes régulières s'il n'est appliqué à un treillage. Sa fertilité est moyenne et soutenue. Son fruit, de jolie apparence, est de bonne qualité.

DESCRIPTION.

Rameaux de moyenne force, anguleux dans leur contour, d'un brun foncé en grande partie recouvert d'une pellicule d'apparence métallique, et duveteux sur presque toute leur longueur ; lenticelles blanchâtres, larges, rares et apparentes.

Boutons à bois gros, coniques, obtus, appliqués au rameau, soutenus sur des supports saillants dont l'arête médiane se prolonge distinctement ; écailles bien recouvertes d'un duvet gris et serré.

Pousses d'été grêles, d'un vert très-clair, couvertes d'un duvet cotonneux et hérissé.

Feuilles des pousses d'été assez grandes, ovales-allongées, souvent bien atténuées vers le pétiole, se terminant assez brusquement en une pointe longue, concaves, à peine recourbées en dessous par leur pointe, souvent largement ondulées dans leur contour, bordées de dents larges, profondes et aiguës, assez bien soutenues sur des pétioles longs, peu forts et un peu redressés.

Stipules moyennes, en forme d'alènes ou un peu lancéolées.

Boutons à fruit bien petits, conico-ovoïdes, peu aigus ; écailles recouvertes d'un duvet gris blanchâtre très-fin et très-court.

Fleurs moyennes ; pétales ovales-elliptiques, concaves, à onglet très-court, se recouvrant entre eux, bien tachés de rose violacé en dehors et lavés de la même couleur en dedans ; divisions du calice de moyenne longueur, larges et peu recourbées en dessous ; pédicelles de moyenne longueur, grêles et cotonneux.

Feuilles des productions fruitières petites, obovales-lancéolées et étroites, se terminant peu brusquement en une pointe assez longue, un peu creusées en gouttière et un peu arquées, souvent largement ondulées dans leur contour, bordées de dents fines, peu profondes et aiguës, bien fermes sur leurs pétioles courts, très-grêles et bien raides.

Caractère saillant de l'arbre : teinte générale du feuillage d'un vert bleu et terne ; feuilles des productions fruitières beaucoup moins amples que celles des pousses d'été ; toutes les feuilles allongées et longuement acuminées.

Fruit moyen, irrégulièrement sphérique, plus ou moins déprimé à ses deux pôles, tantôt paraissant plus haut que large, tantôt bien plus large que haut et caractéristiquement plus atténué du côté de la queue que du côté de l'œil, atteignant sa plus grande épaisseur à peu près au milieu de sa hauteur, s'arrondissant par une courbe bien convexe du côté de l'œil pour se terminer en une demi-sphère bien tronquée, tandis qu'il s'atténue par une courbe largement convexe pour diminuer sensiblement d'épaisseur vers la cavité de la queue.

Peau un peu ferme, unie et lisse, d'abord d'un vert pâle semé de petites taches nacrées et de très-petits points d'un gris brun, très-irrégulièrement espacés et peu apparents. Une rouille fine et de couleur fauve couvre la cavité de la queue et s'étend en étoile un peu au-delà de ses bords. A la maturité, **courant et fin d'hiver**, le vert fondamental passe au jaune très-clair et brillant, et le côté du soleil est lavé ou flammé d'un joli rouge cramoisi sur lequel et autour duquel ressortent bien des points grisâtres largement cernés d'un rouge plus foncé, semblables à ceux que l'on remarque sur la poire Forelle.

Œil grand, fermé ou presque fermé, à divisions larges, vertes et réfléchies en dedans, placé dans une cavité peu profonde, évasée, finement plissée dans ses parois et un peu irrégulière par ses bords. Tuyau du calice en entonnoir court et obtus, dépassant à peine la première enveloppe du cœur dont la coupe cordiforme-elliptique offre une large étendue pour le volume du fruit.

Queue de moyenne longueur ou un peu longue, peu forte, souvent un peu épaissie à son point d'attache au rameau, fixée dans une cavité étroite, peu profonde et presque régulière par ses bords.

Chair blanche et à peine teintée de jaune sous la peau, assez fine, ferme, abondante en jus doux, sucré et délicatement parfumé.

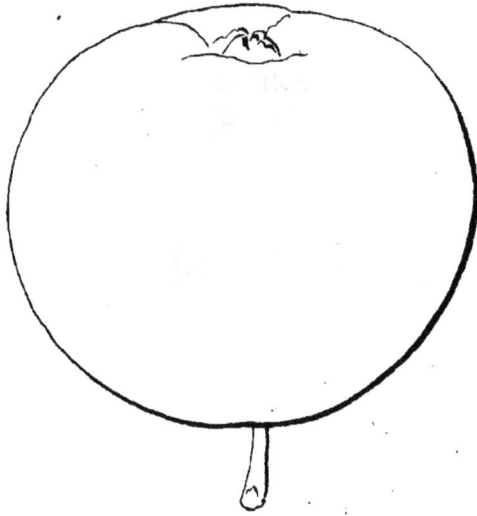

101

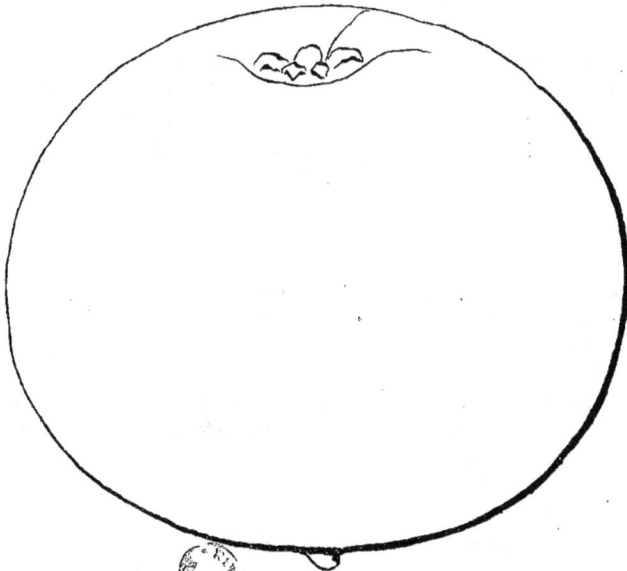

102

101. REINETTE ÉCLATANTE.   102. VERTE DE SEDAN.

VERTE DE SEDAN

(GRÜNERAPFEL VON SEDAN)

(N° 102)

Versuch einer Systematischen Beschreibung der Kernobstsorten. DIEL.
Systematisches Handbuch der Obstkunde. DITTRICH.
Handbuch der Pomologie. HINKERT.
Handbuch aller bekannten Obstsorten. BIEDENFELD.
Illustrirtes Handbuch der Obstkunde. OBERDIECK.

OBSERVATIONS. — Le nom de cette variété indique-t-il son origine ? La question n'a pu être résolue par les pomologistes allemands. — L'arbre, d'une bonne vigueur, forme en haute tige sur franc une tête largement sphérique. Il est très-propre au verger de campagne par sa rusticité, sa fertilité soutenue et la bonne conservation de son fruit.

DESCRIPTION.

Rameaux forts, bien nourris, unis dans leur contour, un peu flexueux, à entre-nœuds égaux entre eux, d'un brun vineux et à peine voilé d'une pellicule mince ; lenticelles d'un blanc jaunâtre, rares, très-espacées et peu apparentes.

Boutons à bois moyens, un peu renflés sur le dos, appliqués au rameau, soutenus sur des supports saillants surtout par leurs côtés ; écailles d'un rouge sombre et glabres.

Pousses d'été d'un vert d'eau foncé et couvertes d'un duvet blanchâtre, très-court et très-serré.

Feuilles des pousses d'été moyennes, ovales-elliptiques, se terminant un peu brusquement en une pointe très-courte, concaves, bordées de dents peu larges, peu profondes, un peu couchées et obtuses, s'abaissant un peu sur des pétioles courts, forts et souvent recourbés en dessous.

Stipules très-caduques.

Boutons à fruit moyens, sphérico-ovoïdes, courts et obtus ; écailles d'un brun rouge sombre bordé de brun noirâtre et glabres.

Fleurs moyennes ; pétales ovales-elliptiques, un peu concaves, à onglet presque nul, se recouvrant entre eux, tachés de rose violet en dehors et un peu lavés de la même couleur en dedans ; divisions du calice de moyenne longueur et recourbées en dessous ; pédicelles presque de moyenne longueur, forts et un peu cotonneux.

Feuilles des productions fruitières grandes, ovales-elliptiques ou obovales-elliptiques et allongées, se terminant très-brusquement en une pointe courte et fine, presque planes ou même parfois un peu convexes, bordées de dents fines, peu profondes, obtuses ou émoussées, soutenues horizontalement sur des pétioles de moyenne longueur, bien forts, bien divergents et bien raides.

Caractère saillant de l'arbre : teinte générale du feuillage d'un vert bleu des plus intenses ; toutes les feuilles remarquablement épaisses et d'une consistance très-ferme ; tous les pétioles courts, forts et bien colorés d'un rouge rosat qui s'étend sur la nervure médiane du côté de la page inférieure de la feuille.

Fruit sphérique, déprimé à ses deux pôles, irrégulier dans sa forme à la manière des Rambours et déformé dans son contour par des côtes bien aplanies, devenant quelquefois sphérico-conique, atteignant sa plus grande épaisseur presque au milieu ou peu au-dessous du milieu de sa hauteur ; au-dessus et au-dessous de ce point, s'atténuant par des courbes irrégulièrement convexes et presque de même longueur, soit du côté de l'œil, soit du côté de la queue, cependant le plus souvent s'atténuant plus sensiblement et brusquement du côté de la cavité de la queue.

Peau peu épaisse et ferme, très-onctueuse et très-odorante à la maturité, d'abord d'un vert clair et vif semé de points d'un gris noir, très-petits, largement et irrégulièrement espacés. On remarque aussi des traces d'une rouille d'un gris brun dans la cavité de la queue et parfois aussi dans celle de l'œil. A la maturité, **courant d'hiver,** le vert fondamental passe au jaune pâle un peu doré du côté du soleil ou lavé d'un soupçon de rouge orangé.

Œil grand, tantôt fermé, tantôt demi-ouvert, à divisions longues, fines, cotonneuses et recourbées en dehors, placé dans une cavité large, profonde et souvent irrégulière dans ses parois et par ses bords. Tuyau du calice en forme d'entonnoir très-large et très-court, ne dépassant pas la première enveloppe du cœur dont la coupe cordiforme-déprimée offre une étendue qui n'est pas proportionnée au volume du fruit.

Queue courte, charnue, serrée dans une cavité étroite, peu profonde et dont les bords un peu irréguliers se dépriment ordinairement d'une manière caractéristique.

Chair bien blanche, demi-fine, un peu tendre, abondante en eau sucrée, vineuse, acidulée, relevée, constituant un fruit seulement de seconde qualité.

HURLBUT

(N° 103)

The Fruits and the fruit-trees of America. DOWNING.
American Pomology. JOHN WARDER.

OBSERVATIONS. — Cette variété, d'après Downing, fut obtenue sur la ferme du général Hurlbut, à Winchester (Etat de Connecticut). — L'arbre, de vigueur normale sur paradis, s'accommode bien des formes régulières, et surtout de celle de pyramide ou de fuseau, auxquelles il convient bien par la force de son bois disposé à se maintenir garni de productions fruitières solides. Sa fertilité est très-précoce, grande et soutenue. Son fruit, de maturité précoce, serait de première qualité en toute saison et doit attirer l'attention des arboriculteurs.

DESCRIPTION.

Rameaux assez forts, obscurément anguleux dans leur contour, presque droits, à entre-nœuds longs, d'un rouge violet intense et non voilé d'une pellicule du côté du soleil ; lenticelles blanches, un peu larges, assez nombreuses et apparentes.

Boutons à bois moyens, coniques-comprimés, obtus, appliqués au rameau, soutenus sur des supports très-peu saillants dont l'arête médiane se prolonge obscurément ; écailles d'un rouge peu foncé et peu duveteuses.

Pousses d'été couvertes d'un duvet blanc, épais et hérissé.

Feuilles des pousses d'été moyennes, elliptiques-arrondies, se terminant brusquement en une pointe courte et bien aiguë, un peu repliées sur leur nervure médiane et peu arquées, bordées de dents larges, profondes, doubles et aiguës, plus ou moins bien soutenues sur des pétioles longs, forts, peu redressés ou presque horizontaux.

Stipules en alènes courtes et aiguës.

Boutons à fruit moyens, conico-ovoïdes courts et courtement aigus ; écailles extérieures d'un rouge intense et glabres ; écailles intérieures un peu couvertes d'un duvet gris.

Fleurs grandes ; pétales elliptiques-arrondis, peu concaves, se recouvrant largement entre eux, tachés d'un rose violet en dehors, légèrement lavés de la même couleur en dedans ; divisions du calice de moyenne longueur, très-finement aiguës et recourbées en dessous ; pédicelles courts, assez forts et bien duveteux.

Feuilles des productions fruitières moyennes, obovales-elliptiques et élargies, se terminant très-brusquement en une pointe très-courte, planes ou presque planes, bordées de dents assez profondes et aiguës, bien soutenues sur des pétioles courts, grêles et raides.

Caractère saillant de l'arbre : teinte générale du feuillage d'un vert intense et brillant sur les feuilles des pousses d'été ; toutes les feuilles tendant plus ou moins à la forme arrondie.

Fruit moyen ou assez gros, sphérico-conique, souvent déformé dans son contour par des côtes aplanies, atteignant sa plus grande épaisseur peu au-dessous du milieu de sa hauteur ; au-dessus de ce point, s'atténuant par une courbe assez convexe en une pointe courte, épaisse et bien tronquée à son sommet ; au-dessous du même point, s'arrondissant par une courbe largement convexe jusque dans la cavité de la queue.

Peau mince, fine, d'abord d'un vert clair semé de points bruns cernés d'une couleur plus claire, rares, largement espacés et apparents. On remarque parfois quelques traces de rouille dans la cavité de la queue. A la maturité, **septembre, octobre,** le vert fondamental passe au jaune assez intense et presque toujours en grande partie recouvert d'un nuage de rouge carminé traversé par des raies fines et bien distinctes du même rouge plus foncé et, sur les parties les plus directement exposées, ce rouge se condense, devient presque uniforme et se trouve semé de points d'un jaune clair, distants et apparents.

Œil fermé, à divisions bien vertes, placé dans une cavité large, assez profonde, divisée dans ses parois et par ses bords en des côtes assez distinctes qui se prolongent d'une manière plus ou moins prononcée sur la hauteur du fruit. Tuyau du calice en forme d'entonnoir court et obtus, ne dépassant pas la première enveloppe du cœur dont la coupe est largement cordiforme.

Queue de moyenne longueur et de moyenne force, insérée dans une cavité peu profonde, évasée et presque régulière.

Chair blanchâtre, assez fine, tendre, suffisante en jus richement sucré et agréablement parfumé.

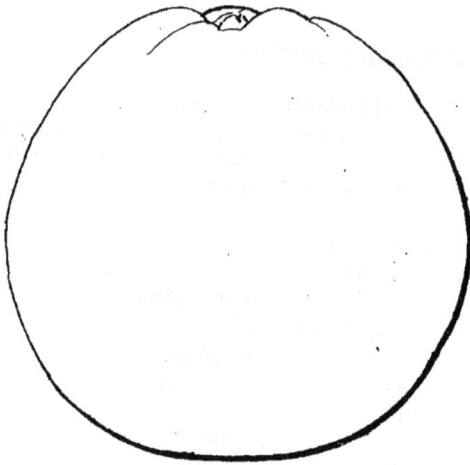

103

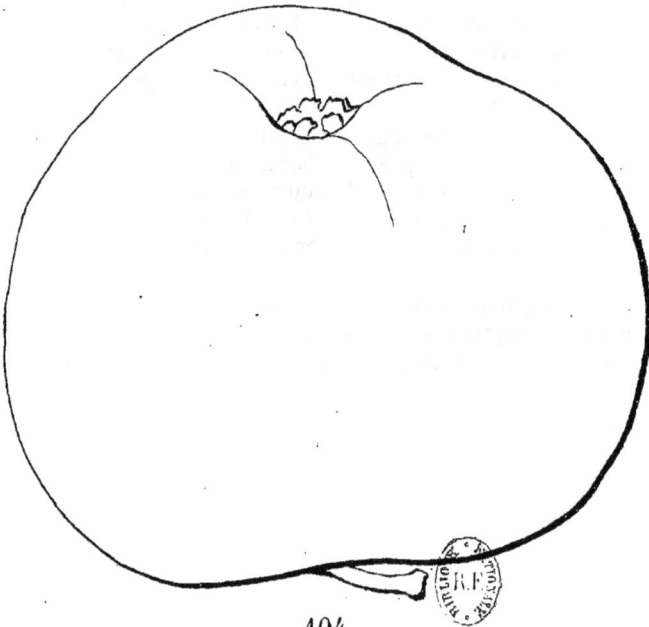

104

103. HURLBUT.   **104. FRAISE DE WASHINGTON.**

FRAISE DE WASHINGTON

WASHINGTON STRAWBERRY)

(N° 104)

The Fruits and the fruit-trees of America. DOWNING.

OBSERVATIONS. — Cette variété, d'après Downing, fut obtenue sur la ferme de Job Whipple, à Union Springs, comté de Washington (Etat de New-York). — L'arbre, d'une vigueur contenue sur paradis, d'une végétation capricieuse, exige l'appui à un treillage, si l'on veut en obtenir des formes régulières. Sa haute tige sur franc forme une tête sphérique-déprimée, de moyenne dimension. Sa fertilité est précoce, grande et soutenue. Son fruit présente la plus belle apparence et se distingue aussi par sa bonne qualité.

DESCRIPTION.

Rameaux assez peu forts, obscurément anguleux dans leur contour, droits, à entre-nœuds courts, d'un rouge intense et mat et presque entièrement recouvert d'une pellicule épaisse gris de plomb.

Boutons à bois moyens ou assez gros, comprimés et émoussés, appliqués au rameau, soutenus sur des supports peu saillants dont l'arête médiane se prolonge obscurément ; écailles d'un rouge intense, glabres ou presque glabres.

Pousses d'été d'un vert vif, colorées de rouge à leur sommet et couvertes d'un duvet très-court et épais.

Feuilles des pousses d'été moyennes, ovales bien élargies, se terminant peu brusquement en une pointe peu longue, bien concaves et peu arquées, bordées de dents assez fines, peu profondes et aiguës, soutenues horizontalement sur des pétioles de moyenne longueur, forts et peu redressés.

Stipules de moyenne longueur, lancéolées-recourbées.

Boutons à fruit moyens, conico-ellipsoïdes, obtus ou émoussés ; écailles extérieures d'un rouge intense, largement maculées de gris blanchâtre et glabres ; écailles intérieures recouvertes d'un duvet gris blanchâtre.

Fleurs grandes ; pétales ovales-elliptiques ou ovales-élargis, concaves, à onglet très-court, se recouvrant largement entre eux, tachés de rose violet en dehors et presque blancs en dedans ; divisions du calice longues, finement aiguës et recourbées en dessous ; pédicelles longs, forts, bien verts et peu duveteux.

Feuilles des productions fruitières moyennes, obovales-elliptiques, quelquefois bien allongées et peu larges, se terminant presque régulièrement en une pointe très-courte, bien creusées en gouttière et recourbées en dessous seulement par leur pointe, largement et sensiblement ondulées, bordées de dents fines, peu profondes, un peu couchées et bien aiguës, bien soutenues sur des pétioles longs, très-grêles et cependant bien fermes et redressés.

Caractère saillant de l'arbre : teinte générale du feuillage. d'un vert bleu un peu intense et peu brillant ; toutes les feuilles bien concaves ou bien creusées en gouttière ; serrature de toutes les feuilles formée de dents peu profondes et cependant bien acérées.

Fruit gros, sphérico-conique, un peu déformé dans son contour par des côtes aplanies, souvent un peu plus haut d'un côté que de l'autre, tantôt un peu déprimé, tantôt paraissant aussi haut que large, atteignant sa plus grande épaisseur peu au-dessous du milieu de sa hauteur ; au-dessus de ce point, s'atténuant par une courbe largement convexe en une pointe très-courte, très-épaisse et très-largement tronquée à son sommet ; au-dessous du même point, s'arrondissant par une courbe bien convexe jusque dans la cavité de la queue.

Peau mince, cependant un peu ferme, unie, devenant onctueuse et odorante à la maturité, d'abord d'un vert très-clair semé de points grisâtres, un peu larges, largement et régulièrement espacés. Une teinte verdâtre couvre la cavité de la queue qui souvent aussi ne change pas de couleur. A la maturité, **novembre.** le vert fondamental passe au jaune clair et le côté du soleil est lavé ou flammé de rouge rosat sur lequel on remarque quelques points jaunes.

Œil petit, fermé, à divisions longues, fines et recourbées en dehors, placé dans une cavité assez profonde, évasée et divisée par ses bords en des côtes peu prononcées, qui se prolongent d'une manière peu distincte sur la hauteur du fruit. Tuyau du calice en forme d'entonnoir court et obtus, ne dépassant pas la première enveloppe du cœur dont la coupe presque elliptique offre peu d'étendue par rapport au volume du fruit.

Queue courte ou de moyenne longueur, peu forte, engagée dans une cavité assez profonde, bien évasée et souvent un peu irrégulière par ses bords.

Chair d'un blanc un peu teinté de jaune, peu fine, un peu tendre, abondante en jus sucré et relevé du parfum propre qui a fait donner à cette variété le nom qu'elle porte.

YELLOW INGESTRIE

(D'INGESTRIE JAUNE)

(N° 105)

Dictionnaire de Pomologie. ANDRÉ LEROY.
A Guide to the Orchard. LINDLEY.
The Apple and its Varieties. ROBERT HOGG.
The Fruits and the fruit-trees of America. DOWNING.
GELBE PEPPING VON INGESTRIE. *Systematische Beschreibung der Kernobstsorten.* DIEL.
Systematisches Handbuch der Obstkunde. DITTRICH.
Illustrirtes Handbuch der Obstkunde. OBERDIECK.
Pomologische Notizen. OBERDIECK.

OBSERVATIONS. — Cette variété fut obtenue au domaine d'Ingestrie, comté de Stafford (Angleterre), par M. Knight, dans le même semis d'où sortit l'Ingestrie rouge. — L'arbre, d'une vigueur un peu insuffisante sur paradis, exige l'appui à un treillage si l'on veut en obtenir des formes régulières. Sa haute tige sur franc forme une tête sphérique-déprimée, à branches pendantes et de petite dimension. Sa fertilité est très-précoce, très-grande et bien soutenue. Son fruit est de première qualité.

DESCRIPTION.

Rameaux grêles, unis dans leur contour, droits, à entre-nœuds courts, bruns du côté de l'ombre, d'un brun rougeâtre non voilé d'une pellicule du côté du soleil ; lenticelles blanchâtres, assez petites, très-nombreuses et apparentes.

Boutons à bois petits, courts, comprimés, obtus, bien appliqués au rameau, soutenus sur des supports très-peu saillants dont les côtés et l'arête médiane ne se prolongent pas ; écailles rougeâtres et à peine duveteuses.

Pousses d'été d'un vert d'eau très-peu foncé et peu duveteuses.

Feuilles des pousses d'été petites, ovales-elliptiques, souvent inégalement partagées par leur nervure médiane, se terminant brusquement en une pointe courte et presque toujours contournée, concaves et largement ondulées dans leur contour, bordées de dents larges, assez profondes et arrondies, soutenues presque horizontalement sur des pétioles courts, peu forts et redressés.

Stipules courtes, lancéolées-étroites et finement aiguës.

Boutons à fruit petits, conico-ovoïdes, un peu aigus ; écailles extérieures d'un rouge intense et sombre, glabres ; écailles intérieures peu duveteuses.

Fleurs petites ; pétales ovales un peu élargis, presque planes, à onglet très-court, se recouvrant largement entre eux, entièrement blancs en dehors et en dedans ; divisions du calice courtes et annulaires ; pédicelles très-courts, grêles et un peu cotonneux.

Feuilles des productions fruitières petites, ovales-elliptiques, souvent, ainsi que les feuilles des pousses d'été, inégalement partagées par leur nervure médiane sur laquelle elles sont peu repliées, se terminant brusquement en une pointe très-courte et contournée, bordées de dents larges, très-peu profondes et bien obtuses, assez peu soutenues sur des pétioles très-courts, grêles et un peu souples.

Caractère saillant de l'arbre : teinte générale du feuillage d'un vert d'eau peu foncé ; toutes les feuilles petites et garnies d'une serrature formée de dents très-obtuses ; tous les pétioles très-courts et assez grêles.

Fruit petit, presque cylindrique, bien uni dans son contour, atteignant sa plus grande épaisseur au-dessous du milieu de sa hauteur ; au-dessus de ce point, s'atténuant par une courbe à peine convexe en une pointe peu longue, épaisse et largement tronquée à son sommet ; au-dessous du même point, s'arrondissant par une courbe largement convexe jusque dans la cavité de la queue.

Peau fine, mince, d'abord d'un vert très-clair semé de petites taches nacrées et rarement de petits points bruns très-rares et irrégulièrement espacés. Quelquefois une teinte verte couvre la cavité de la queue. A la maturité, **automne,** le vert fondamental passe au jaune clair et brillant, chaudement doré du côté du soleil, rarement un peu pointillé de rose lilas.

Œil grand, demi-ouvert, à divisions restant longtemps vertes, placé dans une cavité très-peu profonde, très-évasée et bien régulière par ses bords. Tuyau du calice en entonnoir très-court et très-évasé, ne dépassant pas la première enveloppe du cœur dont la coupe est cordiforme-déprimée.

Queue tantôt courte, tantôt de moyenne longueur, souvent un peu forte, attachée dans une cavité peu profonde, bien évasée et régulière par ses bords.

Chair d'un blanc jaunâtre, bien fine, tassée, un peu ferme et croquante, et devenant plus tendre par la suite, suffisante en jus bien sucré et agréablement parfumé.

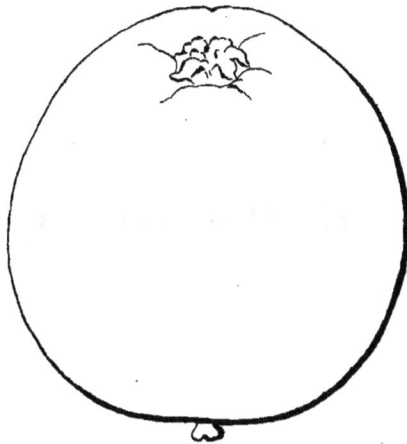

105

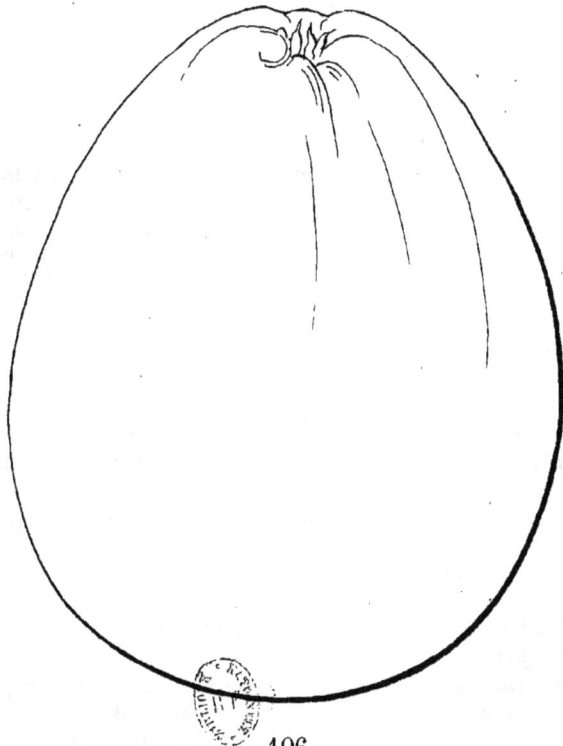

106

105. YELOW INGESTRIE.   106. CLOCHE D'AUTOMNE.

Peingeon, Del.   Imp. Protat frères. Mâcon

CLOCHE D'AUTOMNE

(HERBST GLOCKENAPFEL)

(N° 106)

Versuch einer Systematischen Beschreibung der Kernobstsorten. DIEL.
Illustrirtes Handbuch der Obsthunde. DITTRICH.
Handbuch aller bekannten Obstsorten. BIEDENFELD.
Illustrirtes Handbuch der Obstkunde. OBERDIECK.
Pomologische Notizen. OBERDIECK.
LANTERNE. *Nouveau traité des arbres fruitiers.* LOISELEUR DESLONG-
CHAMPS.
Dictionnaire de tous les Fruits. COUVERCHEL.
Dictionnaire de Pomologie. ANDRÉ LEROY.

OBSERVATIONS. — Cette variété que j'ai reçue aussi sous le nom
de Bonne fille normande, serait-elle originaire de la Normandie ?—
Son arbre forme une belle tête d'une grande dimension et bien
feuillue. Sa fertilité est précoce et grande et son fruit, seulement
de seconde qualité, est plutôt propre aux usages du ménage qu'à
être consommé cru. Cependant son jus abondant indique qu'il
pourrait aussi avantageusement faire partie, comme pomme douce,
de l'assortiment nécessaire à la confection d'un bon cidre.

DESCRIPTION.

Rameaux forts, unis dans leur contour, droits, à entre-nœuds inégaux
entre eux, colorés d'un beau rouge sanguin clair et vif; lenticelles blanches,
un peu larges, largement et régulièrement distancées et apparentes.

Boutons à bois assez petits, coniques, courts, obtus, appliqués ou
presque appliqués au rameau, soutenus sur des supports très-peu saillants
dont les côtés et l'arête médiane ne se prolongent pas ; écailles d'un rouge
clair.

Pousses d'été d'un vert extraordinairement clair et peu duveteuses
sur toute leur longueur.

Feuilles des pousses d'été de grandeurs bien différentes, petites
au sommet des pousses et augmentant graduellement de dimension de
manière à devenir très-amples vers leur partie inférieure, les premières
obovales peu élargies, se terminant assez brusquement en une pointe un

peu longue et très-finement aiguë, concaves, bordées de dents profondes et bien aiguës, soutenues horizontalement sur des pétioles un peu longs, un peu forts et horizontaux ; les secondes ovales bien élargies.

Stipules un peu longues, lancéolées-recourbées.

Boutons à fruit moyens, coniques un peu renflés et obtus ; écailles d'un beau rouge vif et bordées de brun.

Fleurs bien grandes ; pétales elliptiques-arrondis, très-concaves, souvent largement ondulés, à onglet court, se recouvrent un peu entre eux, à peine lavés de rose en dehors, presque blancs en dedans ; divisions du calice de moyenne longueur et annulaires ; pédicelles longs, forts et un peu duveteux.

Feuilles des productions fruitières grandes, ovales-elliptiques et élargies, se terminant un peu brusquement en une pointe tantôt courte, tantôt plus longue et élargie, un peu concaves, bordées de dents assez profondes, couchées et bien aiguës, soutenues horizontalement sur des pétioles un peu longs, un peu forts et bien divergents.

Caractère saillant de l'arbre : teinte générale du feuillage d'un vert bleu foncé et mat ; toutes les feuilles molles et peu épaisses, garnies d'une serrature bien acérée ; différence d'ampleur très-remarquable entre les feuilles du sommet des pousses et celles de leur base.

Fruit moyen ou gros sur arbre taillé, conico-ovoïde ou conico-cylindrique, traversé dans son contour et sur toute sa hauteur par des côtes plus ou moins prononcées et plus ou moins nombreuses, atteignant sa plus grande épaisseur au-dessous du milieu de sa hauteur ; au-dessus de ce point, s'atténuant par une courbe à peine convexe en une pointe longue, plus ou moins épaisse et tronquée à son sommet ; au-dessous du même point, s'atténuant peu par une courbe à peine convexe pour ensuite s'arrondir brusquement jusque dans la cavité de la queue.

Peau très-fine, très-mince et souple, d'abord d'un vert clair semé de très-petits points gris, peu visibles, largement et très-irrégulièrement espacés. Une tache de rouille d'un gris brun couvre la cavité de la queue et s'étend en étoile sur la base du fruit. A la maturité, **fin d'automne et commencement d'hiver,** le vert fondamental passe au jaune plus ou moins brillant suivant la saison et conservant souvent une teinte un peu verdâtre, et sur les fruits les mieux exposés, le côté du soleil est lavé d'un soupçon de rouge terne, traversé par des raies d'un rouge cramoisi.

Œil grand, fermé, à divisions restant longtemps vertes et un peu cotonneuses, longues, étroites et serrées en bouquet, placé dans une cavité étroite et peu profonde dont les bords se divisent en petites côtes prononcées qui se prolongent sur toute la hauteur du fruit. Tuyau du calice en entonnoir court et aigu, dépassant à peine la première enveloppe du cœur dont la coupe est cordiforme-élevée et dont les loges très-spacieuses contiennent des pepins libres, d'où le nom que porte cette variété.

Queue de moyenne longueur, peu forte, cotonneuse, un peu serrée dans une cavité étroite et peu profonde dans laquelle elle est souvent repoussée un peu obliquement par une bosse charnue.

Chair d'un blanc à peine teinté de jaune, demi-fine, tendre, presque fondante, abondante en eau douce, un peu sucrée, légèrement parfumée à la manière des Calvilles.

PEPIN PROFONDÉMENT COURONNÉ

(HOLLOW-CROWNED PIPPIN)

(N° 107)

A Guide to the Orchard. LINDLEY.
The Apple and its Varieties. ROBERT HOGG.
The Fruits and the fruit-trees of America. DOWNING.

OBSERVATIONS. — Lindley dit que cette variété est particulière au comté de Norfolk et commune sur le marché de Norwich. Les auteurs anglais attribuent à son fruit une forme oblongue-aplatie. Downing le qualifie simplement de forme aplatie, et c'est ainsi que se sont toujours montrés les fruits que j'ai obtenus et qui provenaient d'une greffe reçue de M. Robert Hogg. Du reste, le caractère très-saillant de la profondeur de la cavité de l'œil qui a fait donner son nom à cette variété, me confirme dans l'assurance de l'identité de la variété que je vais décrire. — L'arbre, de vigueur normale sur paradis, s'accommode bien des formes régulières, surtout de celles de pyramide et de fuseau auxquelles il convient par son bois fort et ses productions fruitières solides. Sa fertilité est précoce, bonne et soutenue. Son fruit, assez bon pour la table, est surtout propre aux usages du ménage.

DESCRIPTION.

Rameaux forts, obscurément anguleux dans leur contour, presque droits, à entre-nœuds de moyenne longueur, d'un brun rougeâtre du côté de l'ombre, d'un brun violet à peine voilé d'une pellicule mince du côté du soleil ; lenticelles blanchâtres, un peu larges, arrondies, rares et apparentes.

Boutons à bois assez gros, coniques comprimés et un peu obtus, appliqués au rameau, soutenus sur des supports peu saillants dont les côtés et l'arête médiane se prolongent obscurément ; écailles rougeâtres et presque glabres.

Pousses d'été d'un vert d'eau et couvertes d'un duvet extraordinairement court et peu épais.

Feuilles des pousses d'été grandes, ovales-élargies, se terminant un peu brusquement en une pointe un peu longue, bien concaves, bordées de dents bien profondes, un peu couchées et extraordinairement acérées, soutenues à peu près horizontalement sur des pétioles de moyenne longueur, de moyenne force et un peu redressés.

Stipules en forme d'alènes courtes et un peu élargies.

Boutons à fruit assez gros, coniques un peu renflés et obtus ; écailles extérieures d'un rouge intense et glabres ; écailles intérieures couvertes d'un duvet gris sombre.

Fleurs assez petites ou presque moyennes ; pétales ovales un peu élargis, presque planes, souvent un peu ondulés dans leur contour, à onglet extraordinairement court, se recouvrant un peu entre eux, à peine lavés de rose tendre en dehors et en dedans ; divisions du calice de moyenne longueur, très-fines et peu recourbées en dessous ; pédicelles courts, forts et un peu duveteux.

Feuilles des productions fruitières moyennes, elliptiques-allongées, peu larges ou étroites, se terminant un peu brusquement en une pointe peu longue, étroite et finement aiguë, bien creusées en gouttière et non arquées, bordées de dents assez fines, peu profondes et bien aiguës, soutenues horizontalement sur des pétioles courts, de moyenne force et divergents.

Caractère saillant de l'arbre : teinte générale du feuillage d'un vert bleu intense ; toutes les feuilles bien épaisses et garnies d'une serrature bien acérée.

Fruit moyen, sphérique très-largement déprimé à ses deux pôles, uni ou presque uni dans son contour, atteignant sa plus grande épaisseur au milieu de sa hauteur ; au-dessus et au-dessous de ce point, s'arrondissant par des courbes de même longueur et bien convexes, soit du côté de la cavité de l'œil, soit du côté de celle de la queue.

Peau fine, mince, unie, d'abord d'un vert clair assez vif semé de points d'un gris noir, un peu larges, un peu largement et bien régulièrement espacés. Une rouille d'un brun grisâtre s'étale en étoile dans la cavité de la queue et, parfois, forme quelques traits circulaires sur les bords de la cavité de l'œil. A la maturité, **commencement et courant d'hiver,** le vert fondamental s'éclaircit en jaune clair un peu teinté de vert, et le côté du soleil est lavé d'un rouge sanguin clair et bien fondu sur lequel apparaissent de larges points jaunes.

Œil grand, extraordinairement ouvert, à divisions courtes, larges, recourbées en dehors et restant longtemps vertes, placé dans une cavité large, profonde, bien évasée et presque régulière par ses bords. Tuyau du calice en forme d'entonnoir aigu, dépassant un peu la première enveloppe du cœur dont la coupe presque elliptique offre une très-petite étendue par rapport au volume du fruit.

Queue courte, forte, bien ligneuse, bien ferme, attachée dans une cavité un peu profonde, évasée et régulière par ses bords.

Chair d'un blanc un peu teinté de jaune ou de vert, assez fine, un peu ferme, abondante en jus sucré, acidulé et assez agréable.

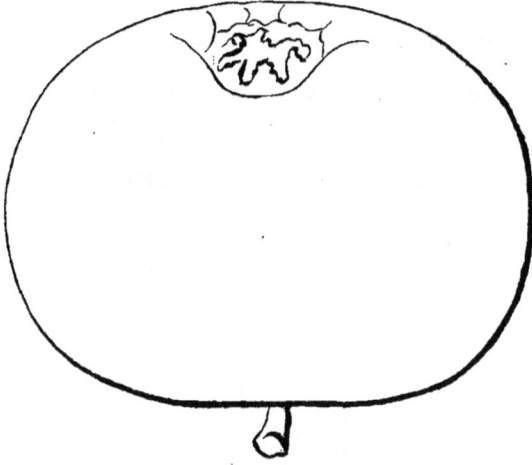

107

108

107. PEPIN PROFONDÉMENT COURONNÉ.   108. DOUCE DE BELDEN.

DOUCE DE BELDEN

(BELDEN SWEET)

(N° 108)

The Fruits and the fruit-trees of America. DOWNING.
American pomology. JOHN WARDER.

OBSERVATIONS. — M. Downing dit que cette variété est originaire du Connecticut. — L'arbre est d'une vigueur normale, d'une fertilité très-précoce et très-grande. Son fruit, d'assez bonne qualité, a le mérite de se conserver longtemps en ne perdant pas son apparence de fraîcheur, et sa peau ne se ride pas, même à l'extrême maturité.

DESCRIPTION.

Rameaux très-forts, unis dans leur contour, à entre-nœuds courts et très-inégaux entre eux, d'un rougeâtre terne et longtemps voilé d'un duvet court ressemblant à une sorte de poussière ; lenticelles blanches, assez nombreuses, très-irrégulièrement espacées et apparentes.

Boutons à bois gros, coniques-comprimés, très-obtus, bien appliqués au rameau, soutenus sur des supports peu saillants dont les côtés et l'arête médiane ne se prolongent pas ; écailles entièrement recouvertes d'un duvet serré, gris blanchâtre.

Pousses d'été d'un vert intense, couvertes d'un duvet court, très-blanchâtre et comme farineux.

Feuilles des pousses d'été moyennes, ovales un peu élargies, se terminant brusquement en une pointe un peu longue, creusées en gouttière et arquées, bordées de dents profondes, souvent doubles et bien aiguës, bien soutenues sur des pétioles longs, de moyenne force et redressés.

Stipules assez longues, lancéolées.

Boutons à fruit petits, conico-ovoïdes, peu aigus ; écailles extérieures rougeâtres et bordées de brun ; écailles intérieures d'un beau rouge intense et bordées de brun noirâtre.

Fleurs presque moyennes ; pétales ovales-élargis, planes, à onglet très-court, se recouvrant entre eux, presque blancs en dehors et entièrement blancs en dedans ; divisions du calice de moyenne longueur et bien recourbées en dessous ; pédicelles un peu longs, peu forts et un peu cotonneux.

Feuilles des productions fruitières plus petites que celles des pousses d'été, obovales-elliptiques et un peu allongées, se terminant régulièrement en une pointe très-courte ou presque nulle, à peine repliées sur leur nervure médiane ou même souvent un peu convexes par leurs côtés, bordées de dents fines, profondes et bien aiguës, assez bien soutenues sur des pétioles assez courts, grêles et divergents.

Caractère saillant de l'arbre : teinte générale du feuillage d'un vert bleu intense ; feuilles des pousses d'été couvertes à leur page inférieure d'un duvet blanchâtre, feutré et épais ; toutes les feuilles garnies d'une serrature bien acérée.

Fruit moyen ou presque gros, conique, un peu anguleux dans son contour, atteignant sa plus grande épaisseur bien au-dessous du milieu de sa hauteur ; au-dessus de ce point, s'atténuant par une courbe peu convexe en une pointe longue, épaisse et peu largement tronquée à son sommet ; au-dessous du même point, s'atténuant peu par une courbe peu convexe pour ensuite s'arrondir brusquement jusque dans la cavité de la queue.

Peau un peu épaisse et ferme, d'abord d'un vert clair semé de petits points presque noirs, peu visibles et largement espacés. Une tache de rouille d'un gris brun s'étend en étoile dans la cavité de la queue et souvent un peu au-delà de ses bords. A la maturité, **courant et fin d'hiver,** le vert fondamental passe au jaune brillant, conservant parfois une teinte un peu verdâtre vers les bords de la cavité de l'œil, et le côté du soleil est couvert d'un rouge cramoisi tantôt bien fondu et uniforme, tantôt traversé par des raies d'un rouge sanguin, et sur ce rouge les points apparaissent cernés de jaune.

Œil petit, bien fermé, à divisions étroites et aiguës, placé dans une cavité étroite et peu profonde, finement plissée dans ses parois et divisée dans ses bords par des côtes fines, un peu prononcées, qui se prolongent d'une manière sensible sur la hauteur du fruit. Tuyau du calice se rétrécissant subitement en un tube étroit dans la cavité du cœur très-rapproché du sommet du fruit et dont la coupe est cordiforme élargie.

Queue courte, forte, n'atteignant pas les bords de la cavité étroite dans son fond et un peu évasée par ses bords dans laquelle elle est un peu serrée.

Chair blanche, fine, serrée, ferme, peu abondante en eau douce, bien sucrée et légèrement parfumée.

SWAAR

(N° 109)

The Fruits and the fruit-trees of America. DOWNING.
The American fruit Culturist. THOMAS.
American Pomology. JOHN WARDER.
SCHWERE APFEL. Illustrirtes Handbuch der Obsthunde. OBERDIECK.
Pomologische Notizen. OBERDIECK.

OBSERVATIONS. — D'après Downing, cette variété fut obtenue par des colons hollandais sur les bords de l'Hudson, près d'Esopus, et ainsi nommée à cause du poids extraordinaire de son fruit. Swaar signifiant lourd, pesant, dans la Basse-Hollande. — L'arbre, de vigueur moyenne sur paradis, s'accommode assez peu des formes régulières et fait attendre son rapport un peu longtemps lorsqu'il est trop contenu par la taille. Son véritable emploi est la haute tige dont la tête atteint une dimension moyenne et dont la fertilité est assez précoce, bonne et soutenue. Downing dit que son fruit réclame un sol chaud et sablonneux pour arriver à son volume normal et à toute sa perfection; chez moi, où ces deux conditions lui manquent, il est seulement moyen, mais toujours de très-bonne qualité.

DESCRIPTION.

Rameaux assez peu forts, obscurément anguleux dans leur contour, droits, à entre-nœuds alternativement courts et de moyenne longueur, d'un brun violet très-intense, presque noir et un peu voilé d'une pellicule mince et gris de plomb du côté du soleil; lenticelles extraordinairement petites, assez nombreuses et très-peu apparentes.

Pousses d'été d'un vert très-clair et vif, couvertes d'un duvet très-court et un peu épais.

Feuilles des pousses d'été assez grandes, ovales ou ovales-elliptiques, allongées et peu larges, se terminant un peu brusquement en une pointe longue et bien aiguë, un peu concaves et non arquées, bordées de dents larges, assez profondes et assez aiguës, bien soutenues sur des pétioles longs, peu forts, raides et redressés.

Stipules en alênes de moyenne longueur ou un peu longues, fines et finement aiguës.

Boutons à fruit très-petits, conico-ovoïdes, aigus ; écailles extérieures rougeâtres, bordées de brun et glabres ; écailles intérieures un peu couvertes d'un duvet gris.

Fleurs petites ; pétales elliptiques-élargis, chiffonnés plutôt que concaves, à onglet court, un peu tachés de rose en dehors et lavés de la même couleur en dedans ; divisions du calice assez courtes, finement aiguës et recourbées en dessous seulement par leur pointe ; pédicelles de moyenne longueur et de moyenne force, peu duveteux.

Feuilles des productions fruitières aussi grandes ou presque aussi grandes que celles des pousses d'été, elliptiques bien allongées et étroites, se terminant peu brusquement en une pointe longue et aiguë, à peine concaves et non arquées, bien régulièrement et assez profondément dentées en scie, bien soutenues sur des pétioles courts, grêles, raides et redressés.

Caractère saillant de l'arbre : teinte générale du feuillage d'un vert pré vif et peu brillant ; toutes les feuilles plus ou moins allongées, peu larges ou étroites et bien dentées en scie ; raideur de tous les rameaux.

Fruit gros ou assez gros, sphérique plus ou moins déprimé à ses deux pôles, ordinairement uni dans son contour, atteignant sa plus grande épaisseur au milieu de sa hauteur ; au-dessus et au-dessous de ce point, s'arrondissant par des courbes bien convexes et de même longueur, soit du côté de la cavité de l'œil, soit du côté de celle de la queue.

Peau mince, souple, d'abord d'un vert clair et vif semé de points bruns, assez largement et bien régulièrement espacés et apparents. Une rouille brune et fine s'étale un peu en étoile dans la cavité de la queue. A la maturité, **commencement et courant d'hiver,** le vert fondamental passe au jaune clair et brillant, et le côté du soleil, relevé d'un ton à peine un peu plus chaud, est aussi quelquefois, sur les fruits les mieux exposés, lavé d'un peu de jaune orangé.

Œil moyen, fermé, à divisions fines, recourbées en dehors et restant longtemps vertes, placé dans une cavité ou dépression déformée par des plis assez prononcés, mais qui ne se prolongent pas sur la hauteur du fruit. Tuyau du calice descendant par un tube très-étroit jusque près de la cavité du cœur dont la coupe large est presque elliptique plutôt que cordiforme.

Queue longue, grêle, ligneuse, attachée dans une cavité peu profonde, bien évasée et le plus souvent régulière par ses bords.

Chair d'un jaune clair, fine, assez tendre, suffisante en jus sucré, très-finement acidulé et hautement parfumé à la manière des meilleures Reinettes.

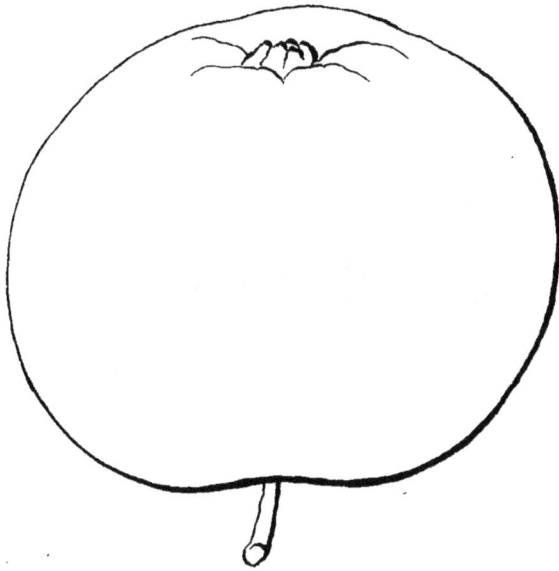

109

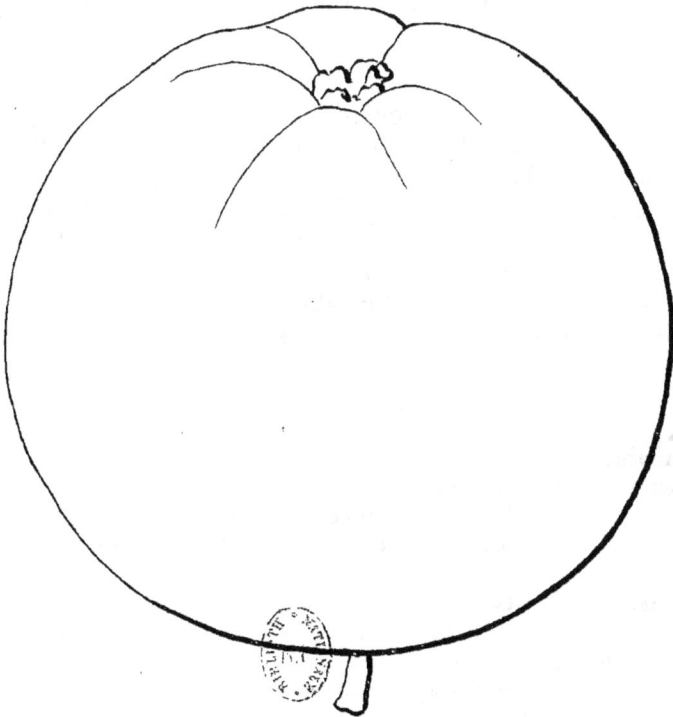

110

109. SWAAR.   110. GROSSE PEARMAIN RAYÉE.

GROSSE PEARMAIN RAYÉE

(LARGE STRIPED PEARMAIN)

(N° 110)

American Pomology. JOHN WARDER.
The American fruit Culturist. THOMAS.
STRIPED WINTER PEARMAIN. *The Fruits and the fruit-trees of America.* DOWNING.

OBSERVATIONS. — Warder dit que cette variété est probablement originaire du Kentucky, et Downing ajoute que de cet Etat elle s'est répandue dans l'Ouest où elle est cultivée dans de grandes proportions, et sous le nom de Striped Sweet Pippin. — L'arbre vigoureux forme une large tête bien feuillue. Il est rustique, d'une fertilité précoce, extraordinaire et presque sans alternat. Cette variété est à recommander pour la culture de spéculation. Son fruit, de bonne qualité et de belle apparence, résiste facilement aux chances du transport.

DESCRIPTION.

Rameaux forts, unis dans leur contour, presque droits, à entre-nœuds un peu longs et égaux entre eux, d'une couleur rougeâtre recouverte par places d'une pellicule mince ; lenticelles blanchâtres, un peu larges, un peu allongées et apparentes, tantôt moins, tantôt plus nombreuses et irrégulièrement groupées.

Boutons à bois gros, coniques-allongés et bien renflés sur le dos, un peu aigus, appliqués au rameau, soutenus sur des supports bien saillants dont les côtés et l'arête médiane ne se prolongent pas ; écailles d'un rouge intense et vif et presque glabres.

Pousses d'été d'un vert vif, colorées de rouge à leur sommet et à peine duveteuses sur toute leur longueur.

Feuilles des pousses d'été grandes, ovales-allongées, se terminant assez brusquement en une pointe longue, creusées en gouttière et à peine arquées, bordées de dents bien larges, profondes et bien obtuses, soutenues un peu au-dessus de la direction horizontale sur des pétioles longs, un peu forts et redressés.

Stipules en alènes assez courtes et bien fines.

Boutons à fruit gros, conico-ovoïdes et peu aigus; écailles d'un rouge vif et foncé, bordées de brun.

Fleurs grandes; pétales ovales-elliptiques, concaves, à onglet un peu long, se recouvrant à peine entre eux, peu tachés de rose en dehors, blancs en dedans; divisions du calice bien longues, finement aiguës et peu recourbées en dessous; pédicelles un peu longs, peu forts et peu duveteux.

Feuilles des productions fruitières grandes, obovales bien allongées ou obovales-lancéolées, se terminant presque régulièrement en une pointe courte, à peine concaves ou un peu creusées en gouttière et un peu arquées, bordées de dents assez larges, peu profondes, bien couchées et obtuses, bien soutenues sur des pétioles bien longs, assez grêles et cependant fermes.

Caractère saillant de l'arbre : teinte générale du feuillage d'un vert herbacé intense et mat ; toutes les feuilles remarquablement allongées et garnies d'une serrature formée de dents obtuses ; tous les pétioles longs.

Fruit gros, sphérique un peu déprimé à ses deux pôles, tantôt uni, tantôt obscurément anguleux dans son contour, tantôt plus atténué du côté de l'œil, tantôt au contraire du côté de la queue, atteignant sa plus grande épaisseur le plus souvent peu au-dessous du milieu de sa hauteur; au-dessus de ce point, s'arrondissant par une courbe plus ou moins convexe jusque vers la cavité de l'œil ; au-dessous du même point, s'arrondissant par une courbe bien convexe jusque dans la cavité de la queue.

Peau ferme, épaisse, d'abord d'un vert vif sur lequel on ne reconnaît pas de véritables points mais seulement de petites taches nacrées et apparentes. On remarque aussi une tache de rouille d'un gris verdâtre s'étendant en étoile dans la cavité de la queue. A la maturité, **commencement et courant d'hiver,** le vert fondamental passe au jaune conservant un ton un peu verdâtre, et le côté du soleil est largement lavé d'un rouge sanguin sur lequel apparaissent des points jaunes et des raies d'un rouge plus foncé, se dispersant aussi sur les parties moins éclairées, et même parfois sur tout le contour du fruit, mais se présentant beaucoup moins rapprochées et moins distinctes du côté de l'ombre.

Œil petit, fermé, à divisions fines, dressées en bouquet, placé dans une cavité peu profonde, évasée, profondément plissée dans ses parois et par ses bords. Tuyau du calice en forme d'entonnoir dont le tube élargi descend jusque dans la cavité du cœur dont l'axe est creux, et dont la coupe est largement cordiforme.

Queue tantôt courte, tantôt un peu plus longue, forte, ligneuse, ferme, attachée dans une cavité assez profonde, évasée et un peu irrégulière par ses bords.

Chair d'un jaune verdâtre intense, assez fine, tassée, ferme, croquante, peu abondante en jus richement sucré, chaudement parfumé, sans aucune acidité, constituant un fruit de bonne qualité pour le couteau et précieux pour des conserves sèches.

DE PRINCE VERTE

(GRÜNER FÜRSTENAPFEL)

(N° 111)

Versuch einer Systematischen Beschreibung der Kernobstsorten. Diel.
Systematisches Handbuch der Obstkunde. Dittrich.
Illustrirtes Handbuch der Obstkunde. Oberdieck.
Pomologische Notizen. Oberdieck.
FÜRSTENAPFEL. *Handbuch über die Obstbaumzucht.* Christ.

Observations. — Diel dit qu'il obtint cette variété du Jardin Electoral de Coblentz où elle portait le nom de Pomme de Prince et nous laisse ignorer son origine. Oberdieck dit qu'elle a aussi porté le nom de Pauline Kempe sous lequel Frédéric-le-Grand la connut et l'apprécia. — L'arbre, greffé sur paradis, s'accommode facilement de toutes formes et sa fertilité est soutenue. Greffé sur franc, il se comporte bien dans tous les sols et sous tous les climats et convient bien au verger de campagne. Son fruit est de bonne qualité.

DESCRIPTION.

Rameaux forts, presque unis dans leur contour, à entre-nœuds courts, d'un brun verdâtre à l'ombre et bruns du côté du soleil ; lenticelles blanches, assez larges, nombreuses, bien régulièrement espacées et apparentes.

Boutons à bois très-petits, très-courts, épatés, comprimés et bien appliqués au rameau, soutenus sur des supports peu saillants dont l'arête médiane se prolonge très-obscurément ; écailles entièrement recouvertes d'un duvet gris sombre.

Pousses d'été d'un vert clair et couvertes d'un duvet grisâtre, court et peu épais.

Feuilles des pousses d'été assez grandes, ovales un peu allongées, se terminant peu brusquement en une pointe peu longue et ordinairement contournée, à peine concaves et souvent largement ondulées dans leur contour, bordées de dents peu profondes, couchées et obtuses, se recourbant un peu sur des pétioles longs, peu forts et redressés.

Stipules en alènes extraordinairement courtes et fines.

Boutons à fruit moyens, coniques, maigres, un peu aigus; écailles extérieures brunes; écailles intérieures un peu roses et bordées de brun.

Fleurs moyennes ou presque moyennes; pétales ovales-elliptiques, concaves, tachés de rose rouge intense en dehors, lavés de rose violet en dedans, à onglet court, se recouvrant entre eux; divisions du calice assez longues et bien recourbées en dessous; pédicelles très-courts, grêles et duveteux.

Feuilles des productions fruitières moyennes, obovales-elliptiques et un peu allongées, se terminant presque régulièrement en une pointe courte, peu repliées sur leur nervure médiane ou presque planes, souvent contournées par leur pointe, bordées de dents assez larges, peu profondes, couchées et obtuses, bien soutenues sur des pétioles longs, grêles et redressés.

Caractère saillant de l'arbre : teinte générale du feuillage d'un vert pré peu foncé et souvent brillant; tous les pétioles longs; stipules extraordinairement courtes.

Fruit moyen ou assez gros, sphérico-conique, plus large que haut, ordinairement déformé dans son contour par des côtes bien aplanies, souvent plus élevé d'un côté que de l'autre, atteignant sa plus grande épaisseur presque au milieu de sa hauteur ou très-peu au-dessous ; au-dessus de ce point, s'atténuant par une courbe peu convexe en une pointe courte, très-épaisse et tronquée à son sommet; au-dessous du même point, s'arrondissant par une courbe plus convexe jusque dans la cavité de la queue.

Peau fine, mince, unie, d'abord d'un vert pâle semé de très-petits points bruns, peu visibles et semblant manquer sur certaines places. On ne remarque pas toujours quelques traces d'une rouille verdâtre dans la cavité de la queue. A la maturité, **courant et fin d'hiver,** le vert fondamental passe au jaune verdâtre et le côté du soleil, un peu doré, se lave aussi souvent d'un rouge orangé sur lequel les points plus visibles sont entourés de rouge un peu plus vif. Parfois aussi ce rouge ne s'étend qu'en un nuage très-léger, d'un ton brun plutôt qu'orangé.

Œil fermé, à divisions longues, fines et dressées, placé dans une cavité peu profonde, un peu évasée et dont les bords sont divisés en côtes peu saillantes et qui se prolongent sur la hauteur du fruit. Tuyau du calice en entonnoir étroit et un peu obtus, descendant un peu au-dessous de la première enveloppe du cœur dont la coupe est largement cordiforme et dont l'axe est creux comme dans les Pommes Cloches.

Queue de moyenne longueur, grêle, ligneuse, attachée dans une cavité en forme d'entonnoir un peu évasé et peu irrégulier par ses bords.

Chair blanche, fine, assez ferme, suffisante en jus sucré, vineux, acidulé, agréablement parfumé.

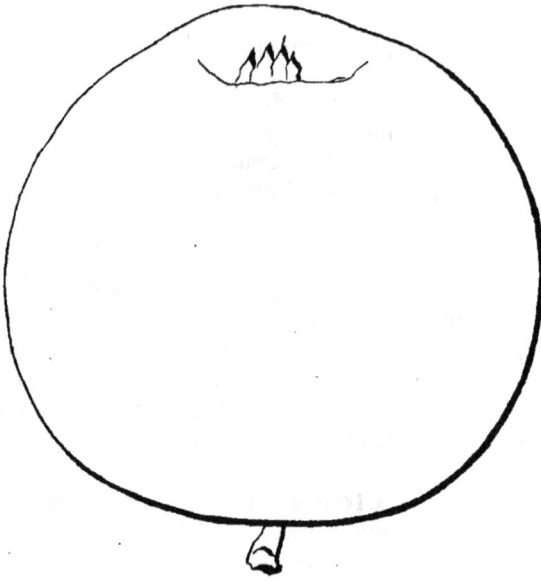

111

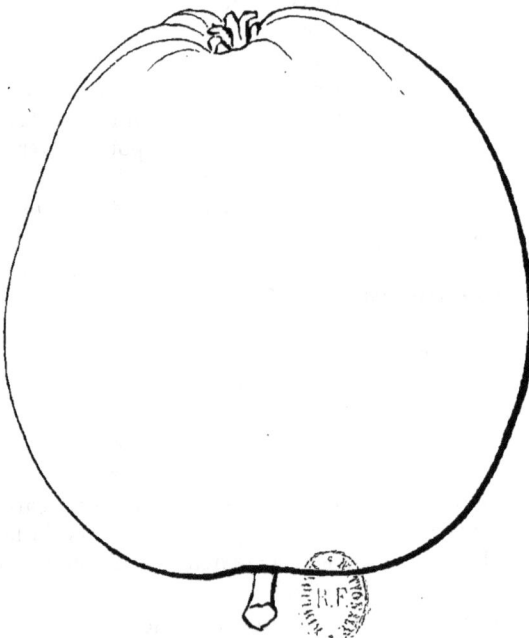

112

111. DE PRINCE VERTE.   112. MUSEAU DE LIÈVRE DE GRUNHOF.

MUSEAU DE LIÈVRE DE GRUNHOF

(GRÜNHOFER HASENKOPF)

(N° 112)

Systematisches Handbuch der Obstkunde. DITTRICH.
Illustrirtes Handbuch der Obstkunde. OBERDIECK.
Handbuch aller bekannten Obstsorten. BIEDENFELD.
Pomologische Notizen. OBERDIECK.

OBSERVATIONS. — Diel, dans son Catalogue, mentionne cette variété comme provenant de Livonie, et en effet, son fruit offre l'aspect de ceux des variétés à pepins originaires des pays froids, c'est-à-dire qu'il se couvre d'une couleur fondamentale de teinte mate et relevée d'autres couleurs très-claires. — L'arbre, d'une bonne vigueur, rustique, d'une fertilité précoce et soutenue, convient surtout au verger de campagne. Son fruit est de bonne qualité.

DESCRIPTION.

Rameaux de moyenne force, à entre-nœuds très-inégaux entre eux, d'un brun violacé et brillant; lenticelles blanches, allongées, assez nombreuses et bien apparentes.

Boutons à bois petits, triangulaires, obtus, épaissis à leur base et bien appliqués au rameau; écailles glabres et d'un brun rougeâtre foncé.

Pousses d'été allongées, bien droites, d'un beau rouge sanguin intense et peu duveteuses.

Feuilles des pousses d'été assez petites, ovales-arrondies, se terminant un peu brusquement en une pointe courte, un peu repliées sur leur nervure médiane, souvent ondulées dans leur contour, bordées de dents peu profondes et assez aiguës, bien fermes sur des pétioles courts, grêles, bien dressés et presque appliqués à la pousse.

Stipules de moyenne longueur, ordinairement en forme de croissant.

Boutons à fruit petits, conico-ovoïdes, aigus ; écailles glabres, d'un marron rougeâtre foncé.

Fleurs moyennes ; pétales ovales-élargis, concaves, chiffonnés, à long onglet, légèrement teintés de rose en dehors, entièrement blancs en dedans ; divisions du calice bien élargies à leur base et bien recourbées en dessous ; pédicelles assez courts, peu forts et peu laineux.

Feuilles des productions fruitières bien plus allongées et plus étroites que celles des pousses d'été, longuement et sensiblement atténuées à leurs deux extrémités, un peu creusées en gouttière, bordées de dents très-peu profondes et bien couchées, soutenues à peu près horizontalement sur des pétioles courts, grêles et divergents.

Caractère saillant de l'arbre : pousses d'été longues, raides et colorées d'un beau rouge ; feuilles des productions fruitières bien allongées et étroites.

Fruit moyen ou assez gros, un peu en forme de baril, irrégulièrement conique-obtus ou conico-cylindrique, souvent un peu déformé dans son contour par des côtes inégales et un peu aplanies, atteignant sa plus grande épaisseur au-dessous du milieu de sa hauteur ; au-dessus de ce point, s'atténuant par une courbe largement convexe en une pointe un peu longue, épaisse et bien obtuse ; au-dessous du même point, s'arrondissant par une courbe un peu plus convexe jusque dans la cavité de l'œil.

Peau très-fine, très-mince, souple, d'abord d'un vert pâle et blanchâtre semé de petites taches nacrées au lieu de points. On ne remarque aucune trace de rouille sur sa surface. A la maturité, **commencement d'hiver,** le vert fondamental passe au blanc jaunâtre ayant une apparence de cire, et le côté du soleil, couvert d'un ton plus chaud, est traversé par des raies fines, d'un rouge cerise clair et bien distinctes.

Œil grand, fermé ou demi-fermé, à divisions longues, larges et se flétrissant beaucoup, placé dans une cavité étroite et peu profonde dont les bords se divisent en côtes fines, peu saillantes, alternant avec des plis charnus qui se prolongent quelquefois d'une manière assez prononcée sur la hauteur du fruit. Tuyau du calice descendant par un tube étroit jusqu'à la cavité du cœur qui est spacieuse comme dans les Pommes Grelots et dont la coupe, de forme ovale, est grande pour le volume du fruit.

Queue longue, peu forte, élastique, serrée dans une cavité étroite et très-peu profonde dans laquelle elle est souvent déjetée de côté par une excroissance charnue.

Chair d'un blanc de lait, fine, tendre, suffisante en jus sucré et ayant la saveur du vin doux.

MATAPFEL A FLEURS TARDIVES

(N° 113)

BRAUNER MATAPFEL. *Illustrirtes Handbuch der Obstkunde.* LUCAS.
Versuch einer Systematischen der Kernobstsorten. DIEL.

OBSERVATIONS. — M. Lucas, directeur de l'Institut pomologique
de Reutlingen (Wurtemberg), dit que cette variété est cultivée le
long des chemins et dans les champs sur les bords du Rhin, dans
le duché de Bade, dans la Franconie, dans le Palatinat et dans
plusieurs localités du Wurtemberg. — L'arbre, de bonne vigueur
sur paradis, est propre à la forme de vase. Sa haute tige sur franc
forme une tête de grande dimension et convient surtout au grand
verger par la rusticité de ses fleurs s'épanouissant tardivement. Sa
fertilité est précoce, mais sujette à des alternats complets. Son
fruit est de bonne qualité.

DESCRIPTION.

Rameaux de moyenne force, unis dans leur contour, bien droits,
à entre-nœuds courts, bruns du côté de l'ombre, d'un brun violet du côté
du soleil ; lenticelles d'un gris blanchâtre, peu larges, un peu saillantes,
nombreuses et un peu apparentes.

Boutons à bois très-petits, très-courts, aplatis et appliqués au rameau,
ressemblant à une petite houppe laineuse, soutenus sur des supports
presque nuls et dont les côtés et l'arête médiane ne se prolongent pas.

Pousses d'été d'un vert d'eau, couvertes d'un duvet très-court et peu
serré.

Feuilles des pousses d'été moyennes, régulièrement ovales, se terminant assez brusquement en une pointe longue et bien aiguë, concaves et non arquées, bordées de dents peu profondes, régulièrement surdentées et émoussées, bien soutenues sur des pétioles courts, peu forts et redressés.

Stipules courtes, lancéolées-étroites et émoussées.

Boutons à fruit petits, conico-ellipsoïdes, obtus; écailles extérieures d'un marron noirâtre; écailles intérieures couvertes d'un duvet grisâtre.

Fleurs....

Feuilles des productions fruitières un peu plus grandes que celles des pousses d'été, ovales-elliptiques, se terminant peu brusquement en une pointe peu longue, bien aiguë et recourbée, creusées et à peine arquées, bordées de dents peu profondes, peu couchées et peu aiguës, bien soutenues sur des pétioles assez courts, peu forts et redressés.

Caractère saillant de l'arbre : teinte générale du feuillage d'un vert bleu vif et bien luisant ; toutes les feuilles plus ou moins longuement et finement acuminées et garnies d'une serrature peu profonde.

Fruit moyen ou assez gros, sphérico-conique, souvent un peu déformé dans son contour par des élévations en forme de côtes très-aplanies, atteignant sa plus grande épaisseur un peu au-dessous du milieu de sa hauteur ; au-dessus de ce point, s'atténuant plus ou moins par une courbe peu convexe en une pointe courte, épaisse et largement tronquée à son sommet; au-dessous du même point, s'arrondissant par une courbe bien convexe jusque dans la cavité de la queue.

Peau un peu ferme, couverte sur l'arbre d'une sorte de fleur violacée, d'abord d'un vert d'eau semé de très-petits points bruns à peine visibles et largement espacés. Une rouille dense et de couleur cannelle couvre la cavité de la queue. A la maturité, **commencement, courant et fin d'hiver**, le vert fondamental passe au jaune d'or brillant qui n'est visible que du côté de l'ombre, le reste de sa surface étant recouvert d'un nuage de rouge sanguin bien intense sur les parties directement exposées, traversé par des raies longues, bien distinctes, d'un rouge extraordinairement foncé, d'un ton violacé.

Œil moyen, ouvert ou demi-ouvert, à divisions longues, finement aiguës, recourbées en dehors, placé dans une cavité large, profonde et divisée par ses bords en des rudiments de côtes plus ou moins prononcés, mais qui ne se prolongent pas d'une manière bien sensible sur la hauteur du fruit. Tuyau du calice en forme d'entonnoir large, très-court et obtus, dépassant à peine la première enveloppe du cœur dont la coupe d'une très-petite étendue pour le volume du fruit est presque arrondie.

Queue courte, un peu forte, insérée dans une cavité profonde, peu évasée et presque régulière par ses bords.

Chair d'un blanc jaunâtre, fine, serrée, tendre, peu abondante en jus sucré, vineux, agréablement relevé, constituant un fruit de bonne qualité.

113

114

113. MATAPFEL A FLEURS TARDIVES.   114. COURT OF WICK.

COURT OF WICK

(N° 114)

The Apple and its Varieties. ROBERT HOGG.
Systematisches Handbuch der Obstkunde. DITTRICH.
The Fruits and the fruit-trees of America. DOWNING.
Handbuch aller bekannten Obstsorten. BIEDENFELD.
Dictionnaire de Pomologie. ANDRÉ LEROY.
COURT OF WICK PIPPIN. *A Guide to the Orchard.* LINDLEY.
PEPPING VON COURT OF WICK. *Illustrirtes Handbuch der Obst-kunde.* OBERDIECK.
Pomologische Notizen. OBERDIECK.

OBSERVATIONS. — Lindley dit que cette variété fut obtenue à Court of Wick, dans le comté de Somerset, et d'un semis du Pepin d'or. Robert Hogg dit qu'elle fut mentionnée pour la première fois par Forsgth. — L'arbre, d'une vigueur bien contenue sur paradis, est cependant d'une bonne santé et se plie bien aux petites formes régulières. Sa fertilité est précoce, très-grande et soutenue. Son fruit est de toute première qualité.

DESCRIPTION.

Rameaux d'une bonne force et bien soutenue jusqu'à leur sommet, unis dans leur contour, droits, à entre-nœuds courts, d'un rouge peu foncé et non voilé d'une pellicule du côté du soleil; lenticelles blanches, un peu larges, arrondies, nombreuses et apparentes.

Boutons à bois moyens, coniques-comprimés et obtus, appliqués au rameau, soutenus sur des supports très-peu saillants dont les côtés et l'arête médiane ne se prolongent pas; écailles d'un marron rougeâtre et un peu duveteuses.

Pousses d'été d'un vert d'eau très-clair, couvertes d'un duvet très-court et un peu épais.

Feuilles des pousses d'été assez petites, ovales ou ovales-ellipti-ques, se terminant un peu brusquement en une pointe assez longue, large-ment creusées en gouttière et peu arquées, bordées de dents fines, peu profondes, recourbées et aiguës, bien soutenues sur des pétioles courts, de moyenne force et redressés.

Stipules en alènes de moyenne longueur et fines.

Boutons à fruit moyens, conico-ellipsoïdes, émoussés; écailles exté-rieures rougeâtres, largement bordées de brun et glabres; écailles inté-rieures bien couvertes d'un duvet blanchâtre.

Fleurs moyennes; pétales ovales bien élargis, peu concaves, souvent repliés en dessus, à onglet court, se recouvrant un peu entre eux, tachés de rose en dehors et lavés de la même couleur en dedans; divisions du calice longues, bien recourbées en dessous ou presque annulaires; pédicelles longs, peu forts et peu duveteux.

Feuilles des productions fruitières petites, ovales-elliptiques, très-brusquement et très-courtement atténuées vers le pétiole, se terminant brusquement en une pointe courte et bien aiguë, à peine concaves et à peine arquées, bordées de dents larges, assez peu profondes, recourbées et aiguës, bien soutenues sur des pétioles de moyenne longueur, très-grêles et cependant bien raides.

Caractère saillant de l'arbre : teinte générale du feuillage d'un vert herbacé peu foncé et peu brillant; toutes les feuilles plus ou moins petites, régulièrement concaves et garnies d'une serrature formée de dents assez peu profondes.

Fruit petit ou presque moyen, sphérique déprimé à ses deux pôles, bien uni dans son contour, atteignant sa plus grande épaisseur au milieu de sa hauteur; au-dessus et au-dessous de ce point, s'arrondissant par des cour-bes de même longueur et presque également convexes soit du côté de l'œil, soit du côté de la queue.

Peau fine, mince, d'abord d'un vert pâle semé de petits points d'un gris brun assez nombreux et un peu apparents. Une rouille fine rayonne dans la cavité de la queue et forme des traits circulaires dans la cavité de l'œil. A la maturité, **commencement et courant d'hiver,** le vert fonda-mental passe au jaune d'or et le côté du soleil se lave quelquefois d'un nuage de rouge, sur lequel souvent ressortent de petites taches d'un rouge sanguin intense.

Œil grand, ouvert, à divisions longues et larges, réfléchies dans une cavité étroite, peu profonde, bien régulière dans ses parois et par ses bords. Tuyau du calice en forme d'entonnoir très-court, ne dépassant pas la première enveloppe du cœur dont la coupe est largement cordiforme.

Queue tantôt courte, tantôt un peu longue, grêle, ligneuse, attachée dans une cavité étroite, peu profonde, bien régulière dans ses parois et par ses bords.

Chair jaunâtre, fine, tassée, croquante, suffisante en eau sucrée, fine-ment acidulée et parfumée à la manière des meilleures Reinettes.

HAWTHORNDEN

(N° 115)

Dictionnaire de Pomologie. ANDRÉ LEROY.
The Apple and its Varieties. ROBERT HOGG.
A Guide to the Orchard. LINDLEY.
The Fruits and the fruit-trees of America. DOWNING.
Handbuch aller bekannten Obstsorten. BIEDENFELD.
American Pomology. JOHN WARDER.
WEISSE HAWTHORNDEN APFEL. *Systematisches Handbuch der Obstkunde.* DITTRICH.

OBSERVATIONS. — Lindley dit que cette variété est originaire de Hawthornden, près d'Edimbourg, localité célèbre par la naissance du poète Drummond. Robert Hogg n'a pu recueillir de renseignements sur l'ancienneté de son origine ; il constate seulement qu'elle fut mentionnée pour la première fois dans le Catalogue de Leslie et Anderson, d'Edimbourg. Elle est renommée en Ecosse, en Angleterre et même bien répandue aux Etats-Unis. Sa rusticité qui s'accommode de tous les sols et de tous les climats et sa prodigieuse fertilité justifient bien cette réputation. Sa vigueur est très-contenue sur paradis et on ne peut en obtenir que de petites formes sur ce sujet ; aussi est-elle une des rares variétés qui deviennent fécondes en cordon horizontal. Sa haute tige sur franc forme une tête compacte, de grande dimension et convient très-bien au verger rustique.

DESCRIPTION.

Rameaux de moyenne force, à peine anguleux dans leur contour, un peu flexueux, à entre-nœuds assez longs, d'un rouge intense ; lenticelles d'un blanc jaunâtre, petites, assez nombreuses et peu apparentes.

Boutons à bois moyens, coniques, un peu renflés sur le dos et obtus, appliqués au rameau, soutenus sur des supports saillants dont les côtés et l'arête médiane se prolongent peu distinctement ; écailles d'un rouge vif et presque glabres.

Pousses d'été d'un vert très-clair, un peu lavées de rouge et à peine duveteuses à leur sommet.

Feuilles des pousses d'été moyennes, presque exactement arrondies, se terminant brusquement en une pointe courte, peu concaves, bordées de dents un peu profondes, le plus souvent doubles et un peu aiguës, soutenues horizontalement sur des pétioles de moyenne longueur, de moyenne force et peu redressés.

Stipules assez courtes, lancéolées un peu élargies.

Boutons à fruit moyens, conico-ovoïdes, aigus ; écailles d'un rouge peu foncé et bordé de brun foncé.

Fleurs moyennes ou assez petites; pétales elliptiques-arrondis, très-concaves, largement tachés de rose vineux, bien lavés de la même couleur en dedans, à onglet court, se recouvrant un peu entre eux; divisions du calice de moyenne longueur, extraordinairement larges et peu recourbées en dessous ; pédicelles courts, forts et cotonneux.

Feuilles des productions fruitières moyennes, obovales-elliptiques et un peu allongées, se terminant très-brusquement en une pointe extraordinairement courte et fine, bordées de dents fines, peu profondes et un peu émoussées ou peu aiguës, bien soutenues sur des pétioles longs, de moyenne force et bien fermes.

Caractère saillant de l'arbre : teinte générale du feuillage d'un vert clair et mat; toutes les feuilles à peu près régulièrement concaves, et celles des pousses d'été tendant bien à la forme arrondie.

Fruit gros, sphérico-conique et remarquablement déprimé à ses deux pôles, tantôt uni, tantôt à peine déformé dans son contour par des côtes très-aplanies, atteignant sa plus grande épaisseur à peu près au milieu de sa hauteur; au-dessus et au-dessous de ce point, s'arrondissant par des courbes presque de même longueur et presque également convexes soit du côté de la queue, soit du côté de l'œil vers lequel il s'atténue cependant un peu plus, tandis qu'il s'aplatit largement autour de la cavité de la queue.

Peau un peu ferme, d'abord d'un vert très-pâle, sur lequel il est rare de reconnaître de véritables points. Une large tache d'une rouille brune, un peu squameuse, couvre la cavité de la queue et s'étend en étoile sur la base du fruit. A la maturité, **fin d'automne et commencement d'hiver,** le vert fondamental passe au blanc jaunâtre à peine doré du côté du soleil, et, parfois, sur les fruits bien exposés, lavé d'un joli rouge rosat, bien fondu et très-léger.

Œil moyen, tantôt fermé, tantôt ouvert, placé dans une cavité étroite, peu profonde et ordinairement divisée dans ses parois et dans ses bords par des côtes inégales et peu prononcées. Tuyau du calice descendant par un tube cylindrique et extraordinairement large jusque dans la cavité du cœur dont la coupe est presque elliptique et n'offre pas une étendue proportionnée au volume du fruit.

Queue très-courte, un peu forte, souvent laineuse, attachée dans une cavité peu profonde et très-largement évasée.

Chair blanche, assez fine, un peu ferme, abondante en jus richement sucré, vineux, mais peu parfumé, constituant un fruit surtout propre aux usages du ménage.

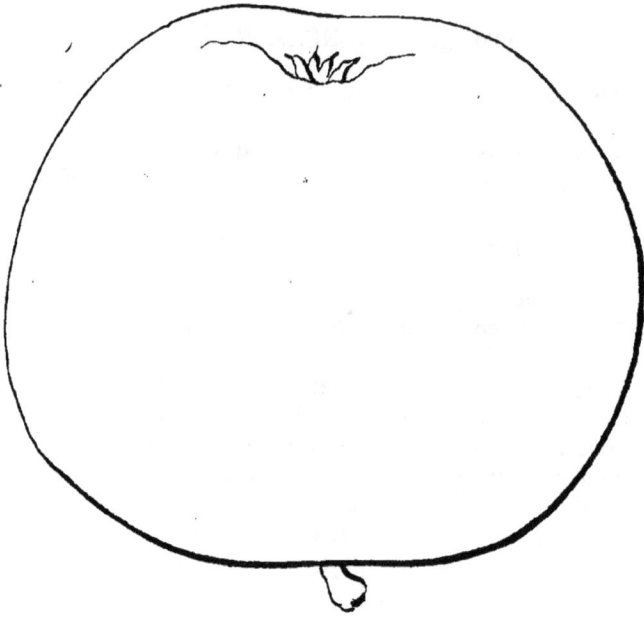

115

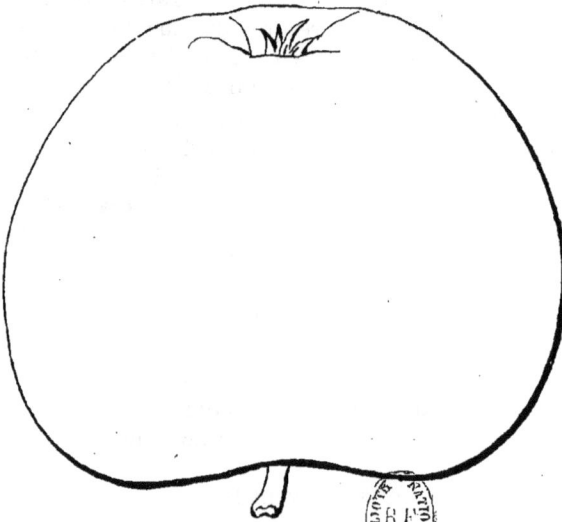

116

115. HAWTHORNDEN.   116. PEPIN DE KENT.

PEPIN DE KENT

(KENTISH PIPPIN)

(N° 116)

A Guide to the Orchard. LINDLEY.
The Apple and its Varieties. ROBERT HOGG.
The Fruits and the fruit-trees of America. DOWNING.
ROTHER KENTISCHER PEPPING. *Systematisches Handbuch der Obstkunde.* DITTRICH.
Illustrirtes Handbuch der Obstkunde. OBERDIECK.
Pomologische Notizen. OBERDIECK.

OBSERVATIONS. — Robert Hogg, parlant de l'origine de cette variété, dit : « C'est une pomme ancienne et préférée, mentionnée par Ray et énumérée dans la liste de Léonard Meager, comme une des variétés cultivées dans les pépinières de Londres, en 1670. Mortimer se lamente tristement sur la dégénérescence imaginaire du Kentish Pippin, défaut que j'ai déjà apprécié dans un article sur le Golden Pippin. » Je puis ajouter que la manière dont se comporte cette variété dans mon jardin ne peut faire supposer aucun affaiblissement dans la santé de l'arbre, ni aucune diminution dans la qualité du fruit. Il est assez vigoureux, même sur paradis, et sa haute tige sur franc forme une tête d'une grande dimension, d'une fertilité très-grande et très-précoce. Quoique les auteurs anglais rangent cette variété parmi les pommes destinées aux usages de la cuisine, je suis d'avis, avec Dittrich, qu'elle constitue aussi un bon fruit de table.

DESCRIPTION.

Rameaux fluets, unis dans leur contour, droits, à entre-nœuds longs, d'un brun rougeâtre ; lenticelles blanches, nombreuses et apparentes.

Boutons à bois petits, courts, un peu aigus, appliqués ou presque appliqués au rameau, soutenus sur des supports très-peu saillants dont les côtés et l'arête médiane ne se prolongent pas ; écailles presque noires et glabres.

Pousses d'été d'un vert décidé, lavées de rouge à leur sommet et couvertes d'un duvet gris et peu épais.

Feuilles des pousses d'été moyennes ou petites, ovales-arrondies, se terminant brusquement en une pointe un peu longue, un peu repliées sur leur nervure médiane, bordées de dents larges, profondes et aiguës, bien soutenues sur des pétioles longs, grêles et redressés.

Stipules courtes, lancéolées.

Boutons à fruit très-petits, conico-ovoïdes, émoussés ; écailles extérieures d'un marron clair bordé de brun foncé ; écailles intérieures d'un rouge clair.

Fleurs petites ; pétales ovales et peu élargis, presque planes, à onglet court, un peu écartés entre eux, légèrement lavés de rose en dehors et blancs en dedans ; divisions du calice courtes, fines et annulaires ; pédicelles courts, un peu forts et à peine duveteux.

Feuilles des productions fruitières plus grandes, plus allongées que celles des pousses d'été, assez sensiblement atténuées vers le pétiole, se terminant brusquement en une pointe courte, presque planes, bordées de dents assez peu profondes et aiguës, soutenues à peu près horizontalement sur des pétioles de moyenne longueur, grêles et un peu divergents.

Caractère saillant de l'arbre : teinte générale du feuillage d'un vert décidé ; végétation élégante dans sa tenue ; tous les pétioles grêles.

Fruit moyen, tantôt conique un peu allongé, tantôt plus large que haut, tantôt uni, tantôt un peu déformé dans son contour par des côtes peu prononcées, atteignant sa plus grande épaisseur au-dessous du milieu de sa hauteur ; au-dessus de ce point, s'atténuant par une courbe très-peu convexe en une petite pointe courte ou un peu longue, épaisse et tronquée à son sommet ; au-dessous du même point, s'arrondissant par une courbe plus ou moins convexe jusque dans la cavité de la queue.

Peau un peu ferme, d'abord d'un vert clair et vif semé de points d'un gris verdâtre, larges, largement espacés et apparents. Une tache d'une rouille brune couvre ordinairement la cavité de la queue, rayonne en étoile au-delà de ses bords et manque aussi quelquefois. A la maturité, **automne et commencement d'hiver,** le vert fondamental passe au jaune pâle et le côté du soleil est marbré plutôt que lavé de rouge sanguin, à travers lequel on entrevoit la couleur fondamentale, qui décroît en raies distinctes sur les parties moins éclairées et sur lequel les points sont cernés d'une auréole jaune.

Œil demi-ouvert ou presque fermé, placé dans une cavité un peu profonde, un peu évasée, plissée dans ses parois et ces plis se prolongent parfois sur ses bords. Tuyau du calice en entonnoir très-court, ne dépassant pas la première enveloppe du cœur dont la coupe est largement cordiforme.

Queue courte, un peu forte, attachée dans une cavité large, profonde, ordinairement régulière et dans laquelle elle est parfois accompagnée d'une bosse charnue.

Chair d'un blanc jaunâtre, fine, un peu tendre, abondante en jus sucré, vineux et relevé.

CALVILLE DU ROI

(KÖNIGS CALVILLE)

(N.º 117)

Systematische Beschreibung der Kernobstsorten. DIEL.
Systematisches Handbuch der Obstkunde. DITTRICH.
Handbuch der Pomologie. HINKERT.
Illustrirtes Handbuch der Obstkunde. OBERDIECK.
Pomologische Notizen. OBERDIECK.
CALVILLE ROYALE. *Handbuch aller bekannten Obstsorten.* BIEDENFELD.

OBSERVATIONS. — Cette variété parait être d'origine allemande.—
L'arbre, d'assez bonne vigueur sur paradis, est capricieux dans sa
végétation et ne peut s'accommoder des formes régulières qu'autant qu'il est conduit sur un treillage. Sa fertilité précoce est seulement moyenne et soutenue. Son fruit est de première qualité.

DESCRIPTION.

Rameaux grêles ou assez grêles, presque unis dans leur contour, un
peu flexueux, à entre-nœuds longs, bruns du côté de l'ombre, d'un rouge
sanguin intense et non recouvert d'une pellicule du côté du soleil; lenticelles d'un blanc jaunâtre, petites, un peu allongées, peu nombreuses et
peu apparentes.

Boutons à bois assez petits, un peu courts, bien renflés sur le dos
et courtement aigus, appliqués au rameau, soutenus sur des supports
saillants dont l'arête médiane ne se prolonge pas ou très-peu distinctement ;
écailles rougeâtres et à peine duveteuses.

Pousses d'été de bonne heure lavées de rouge vineux et recouvertes
d'un duvet blanc, court et épais.

Feuilles des pousses d'été moyennes, régulièrement ovales, se terminant peu brusquement ou presque régulièrement en une pointe bien aiguë,
concaves et non arquées, bordées de dents un peu profondes, bien couchées
et aiguës, s'abaissant sur des pétioles longs, forts et recourbés en dessous.

Stipules longues, lancéolées et souvent recourbées.

Boutons à fruit moyens, conico-ovoïdes, peu aigus ; écailles d'un rouge intense et vif, entièrement glabres et luisantes.

Fleurs grandes ; pétales élargis et allongés, à onglet long, étalés et écartés entre eux, tachés d'un rose teinté de verdâtre en dehors, presque blancs en dedans ; divisions du calice assez larges et annulaires ; pédicelles de moyenne longueur, de moyenne force et laineux.

Feuilles des productions fruitières moyennes, ovales-elliptiques et allongées, se terminant presque régulièrement en une pointe courte et aiguë, planes ou presque planes, bordées de dents peu profondes, couchées, écartées entre elles et peu aiguës, bien soutenues sur des pétioles assez courts, grêles et divergents.

Caractère saillant de l'arbre : teinte générale du feuillage d'un vert pré peu foncé et peu brillant ; feuilles des pousses d'été presque régulièrement ovales ; serrature de toutes les feuilles formée de dents bien couchées.

Fruit moyen ou gros, sphérico-conique, tantôt paraissant un peu plus haut que large, tantôt plus large que haut, déformé dans son contour par des côtes tantôt plus, tantôt moins prononcées, atteignant sa plus grande épaisseur peu au-dessous du milieu de sa hauteur ou presque au milieu de sa hauteur ; au-dessus de ce point, s'atténuant par une courbe largement convexe en une pointe peu longue et tronquée à son sommet ; au-dessous du même point, s'arrondissant par une courbe à peu près également convexe jusque dans la cavité de la queue.

Peau très-fine, très-mince, d'abord d'un vert d'eau mat sur lequel il est difficile de reconnaître quelques points gris, petits et rares, et qui n'est ordinairement apparent que sur une très-petite étendue du côté de l'ombre, car il est presque entièrement recouvert et même parfois entièrement caché sous une teinte d'un rouge de sang traversé par des raies d'un rouge plus foncé, et passant à la maturité, **commencement et courant d'hiver,** au rouge violet, presque noir sur les parties les plus directement exposées ; des points petits et nombreux, d'un jaune clair, se dispersent régulièrement sur ce rouge et ne sont pas très-apparents.

Œil grand, demi-fermé ou fermé, à divisions longues, larges et restant longtemps vertes, placé dans une cavité étroite, un peu profonde, dont les parois et les bords se divisent en des plis nombreux et des côtes plus ou moins vives qui se prolongent sur la hauteur du fruit d'une manière plus ou moins sensible. Tuyau du calice descendant par un tube assez étroit et d'un calibre bien égal sur toute sa longueur jusque dans la cavité du cœur, dont la coupe cordiforme est proportionnée au volume du fruit.

Queue courte, peu forte, attachée dans une cavité en forme d'entonnoir un peu profond, et un peu ondulée par ses bords.

Chair d'un blanc jaunâtre, un peu teintée de rouge sous la peau dans les fruits les mieux exposés, fine, tassée, plus ferme qu'elle ne l'est ordinairement dans les fruits de cette classe, suffisante en jus sucré et agréablement aromatisé.

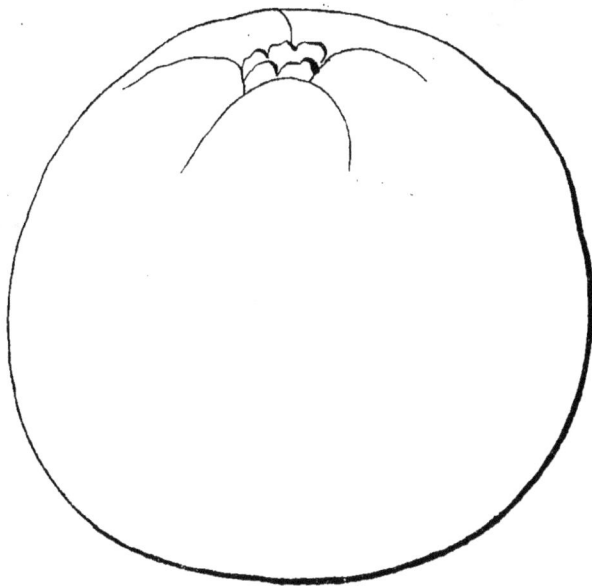

117

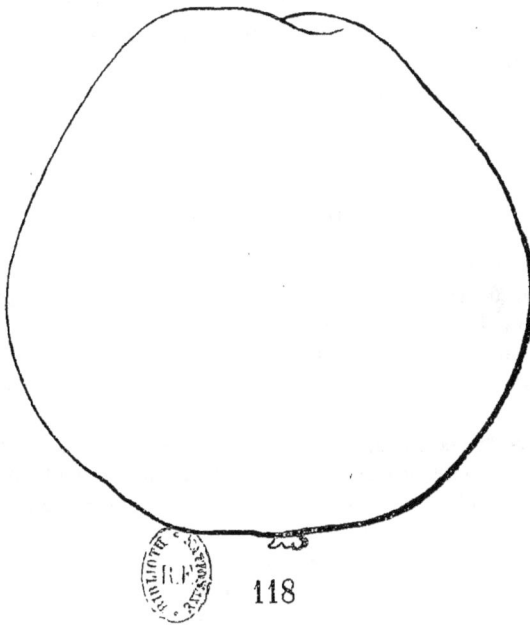

118

117. CALVILLE DU ROI.   118. TOCCOA.

TOCCOA

(N° 118)

The Fruits and the fruit-trees of America. DOWNING.
The American fruit Culturist. THOMAS.
American Pomology. JOHN WARDER.

OBSERVATIONS. — Downing dit que cette variété porte aussi en
Amérique le nom de Muskmelon et qu'elle est originaire du comté
d'Habersham (Etat de Géorgie). — L'arbre, d'une croissance vive
sur paradis, dans sa jeunesse, se modère bientôt pour devenir
d'une grande fertilité. Par sa végétation bien équilibrée, il s'accommode bien des formes régulières. Son fruit est joli et de bonne
qualité entre les Pommes d'été.

DESCRIPTION.

Rameaux assez forts, courts et un peu épaissis à leur sommet, un peu
anguleux dans leur contour, presque droits, à entre-nœuds courts et
inégaux entre eux, d'un brun rougeâtre clair et à peine voilé d'une pellicule
très-mince du côté du soleil ; lenticelles blanches, nombreuses, un peu
larges et apparentes.

Boutons à bois gros, coniques, renflés sur le dos et appliqués au
rameau, soutenus sur des supports saillants dont l'arête médiane se prolonge assez distinctement ; écailles rouges et le plus souvent entièrement
recouvertes d'un duvet blanchâtre et épais.

Pousses d'été d'un vert vif et couvertes d'un duvet extraordinairement
court, ressemblant à une sorte de poussière.

Feuilles des pousses d'été moyennes, ovales-elliptiques, se terminant peu brusquement en une pointe courte, un peu concaves et un peu arquées, bordées de dents peu larges, peu profondes et bien obtuses, irrégulièrement soutenues sur des pétioles de moyenne longueur, grêles et un peu redressés.

Stipules en forme d'alênes de moyenne longueur.

Boutons à fruit gros, ovoïdes-épais et un peu aigus; écailles extérieures d'un brun clair largement bordé de brun foncé et glabres; écailles intérieures entièrement recouvertes d'un duvet grisâtre et épais.

Fleurs petites; pétales ovales-elliptiques, un peu allongés et un peu étroits, peu concaves, à onglet court, se recouvrant à peine entre eux, presque blancs en dehors et entièrement blancs en dedans; divisions du calice de moyenne longueur, étroites et bien réfléchies en dessous; pédicelles courts, peu forts et peu duveteux.

Feuilles des productions fruitières petites, obovales-elliptiques, se terminant brusquement en une pointe très-courte, largement creusées en gouttière, bordées de dents bien fines, bien peu profondes et peu aiguës, assez bien soutenues sur des pétioles assez courts, grêles et redressés.

Caractère saillant de l'arbre : teinte générale du feuillage d'un vert herbacé peu foncé; toutes les feuilles plus ou moins petites et garnies d'une serrature fine et peu profonde; branchage menu.

Fruit moyen, conique ou sphérico-conique, ordinairement un peu déformé dans son contour par des côtes très-aplanies, atteignant sa plus grande épaisseur bien au-dessous du milieu de sa hauteur; au-dessus de ce point, s'atténuant par une courbe peu convexe et parfois à peine concave en une pointe plus ou moins courte, épaisse et tronquée à son sommet; au-dessous du même point, s'arrondissant par une courbe bien convexe pour ensuite s'aplatir largement autour de la cavité de la queue.

Peau fine, bien mince, un peu onctueuse et exhalant à la maturité un parfum pénétrant, d'abord d'un vert très-clair sur lequel les points d'un brun clair sont très-rares. Rarement on remarque un peu de rouille verdâtre dans la cavité de la queue. A la maturité, **août, septembre,** le vert fondamental passe au jaune clair et vif, et le côté du soleil est largement lavé d'un rouge cramoisi vif traversé par des raies serrées et distinctes d'un rouge plus foncé.

Œil fermé, placé dans une cavité étroite, un peu profonde, divisée dans ses bords peu épais en des côtes émoussées qui se prolongent le plus souvent sur la hauteur du fruit, mais d'une manière peu sensible. Tuyau du calice descendant par un tube étroit et aigu un peu au-dessous de la première enveloppe du cœur, dont la coupe est très-largement cordiforme.

Queue très-courte, peu forte, attachée dans une cavité très-étroite, très-peu profonde, ordinairement assez régulière par ses bords aplatis et sur lesquels le fruit s'asseoit solidement.

Chair jaunâtre, bien fine, tendre, suffisante en jus doux, sucré et agréablement parfumé.

INCOMPARABLE DE MOSS

(MOSS'S INCOMPARABLE).

(N° 119)

The Apples and its Varieties. ROBERT HOGG.
The Fruits and the fruit-trees of America. DOWNING.
Annales de Pomologie belge. BIVORT.
Handbuch aller bekannten Obstsorten. BIEDENFELD.

OBSERVATIONS. — Downing dit que cette variété est d'origine anglaise, et Robert Hogg constate qu'elle fut propagée par le célèbre pépiniériste de Sawbridgeworth, M. Rivers. — L'arbre, d'une bonne végétation sur paradis, est disposé à des alternats complets sur ce sujet, aussi bien que sur franc. Sa conduite est facile sous forme taillée et sa haute tige élève bien sa tête régulière et feuillue. Son fruit, de bonne qualité, conserve jusqu'à la fin de l'hiver un aspect de fraîcheur semblable à celui des Pommes d'été auxquelles il ressemble aussi par sa saveur.

DESCRIPTION.

Rameaux forts, unis ou très-obscurément anguleux dans leur contour, presque droits, à entre-nœuds très-courts, d'un brun violacé intense; lenticelles blanchâtres, petites, très-nombreuses et apparentes.

Boutons à bois assez gros, coniques, un peu renflés sur le dos, un peu aigus, appliqués ou presque appliqués au rameau, soutenus sur des supports un peu saillants dont l'arête médiane se prolonge rarement un peu distinctement; écailles rouges et souvent un peu recouvertes d'une sorte de poussière grisâtre.

Pousses d'été d'un brun jaunâtre et recouvertes sur toute leur longueur d'un duvet grisâtre et épais.

Feuilles des pousses d'été moyennes, ovales-arrondies, se terminant brusquement en une pointe peu longue, peu repliées sur leur nervure médiane, bordées de dents larges et assez profondes, bien soutenues sur des pétioles courts, forts et bien dressés.

Stipules assez courtes, lancéolées, dentées.

Boutons à fruit assez gros, conico-ovoïdes, peu aigus ; écailles extérieures d'un marron clair et bordé de brun ; écailles intérieures mélangées de rouge clair et de jaune et bordées de brun très-foncé.

Fleurs moyennes ; pétales elliptiques-arrondis, à onglet très-court, se recouvrant largement entre eux, à peine tachés de rose violacé en dehors, blancs en dedans ; divisions du calice longues, étroites, finement aiguës et réfléchies en dessous ; pédicelles très-courts, un peu forts et laineux.

Feuilles des productions fruitières un peu plus grandes que celles des pousses d'été, obovales, tantôt étroites et tantôt élargies, se terminant un peu brusquement en une pointe courte, peu repliées sur leur nervure médiane, bordées de dents assez fines, assez peu profondes, couchées et émoussées, étalées sur des pétioles courts, peu forts et raides.

Caractère saillant de l'arbre : teinte générale du feuillage d'un vert intense ; serrature des feuilles des pousses d'été grossière et très-irrégulière.

Fruit assez gros, presque cylindrique, largement tronqué à ses deux pôles, déformé dans son contour par des côtes aplanies, atteignant sa plus grande épaisseur au-dessous du milieu de sa hauteur ; au-dessus de ce point, s'atténuant à peine par une courbe peu convexe en une pointe peu longue, très-épaisse et largement tronquée ; au-dessous du même point, s'atténuant encore moins par une courbe à peine convexe pour ensuite s'arrondir jusque dans la cavité de la queue.

Peau épaisse et ferme, d'abord d'un vert pâle, blanchâtre, semé de quelques points gris, très-petits et très-rares. Une tache de rouille d'un brun verdâtre couvre la cavité de la queue et presque toute la base du fruit. A la maturité, **fin d'hiver et printemps,** le vert fondamental passe au jaune blanchâtre et mat du côté de l'ombre, et au jaune paille du côté du soleil lavé sur une large étendue d'un rouge jaunâtre traversé par des raies fines d'un rouge cramoisi, et pendant longtemps une fleur d'un rose violacé voile un peu sa couleur.

Œil grand, fermé ou demi-fermé, à divisions étroites et finement aiguës, irrégulièrement réfléchies en dedans ou en dehors, placé dans une cavité large, profonde, dont les bords se divisent en côtes saillantes, mais non très-vives, et qui se prolongent d'une manière un peu sensible sur la hauteur du fruit. Tuyau du calice descendant par un tube large jusque dans la cavité du cœur dont la coupe cordiforme offre peu d'étendue pour le volume du fruit.

Queue très-courte, forte, souvent cotonneuse, un peu épaissie et charnue à son point d'attache dans une cavité large, profonde et peu irrégulière par ses bords.

Chair d'un blanc jaunâtre, assez fine, ferme, cassante, abondante en jus sucré, acidulé, rappelant par son parfum celui de certaines Pommes d'été.

119

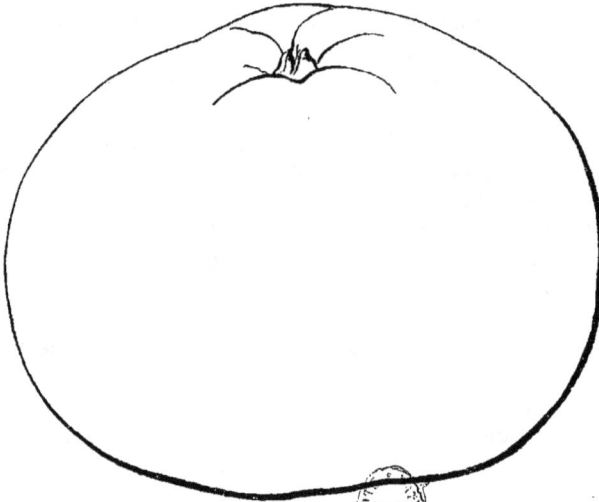

120

119. INCOMPARABLE DE MOSS.   120. HOLAART DOUX.

1, Del.   Imp. Protat frères, Mâcon

HOLAART DOUX

(SUSSER HOLAART)

(N° 120)

Dictionnaire de Pomologie. André Leroy.
Versuch einer Systematischen Beschreibung der Kernobstsorten. Diel.
Illustrirtes Handbuch der Obstkunde. Lucas.
Pomologische Notizen. Oberdieck.
SUSSE HOLAART ZIMMTAPFEL. *Systematisches Handbuch der Obstkunde.* Dittrich.
ZOETE HOLAART. *Pomologie.* Jean-Hermann Knoop.
Handbuch aller bekannten Obstsorten. Biedenfeld.

Observations. — L'origine de cette variété, probablement née en Hollande, paraît ancienne et inconnue. — L'arbre, de vigueur bien contenue sur paradis, disposé à pousser en buisson, s'accommode peu des formes régulières et surtout de celle de pyramide, car il est difficile d'en obtenir une flèche dominante. Son fruit qui a de grands rapports de ressemblance par son apparence extérieure avec le Calleville blanc d'hiver, ne l'égale pas en qualité. Il a l'avantage de se conserver longtemps sans flétrir, mais il n'atteint pas, en France, le mérite que Knoop lui attribue dans son pays d'origine et ne peut être considéré que comme très-propre aux usages de la cuisine.

DESCRIPTION.

Rameaux fluets, un peu anguleux dans leur contour, flexueux, à entre-nœuds longs, d'un beau rouge sanguin vif non recouvert d'une pellicule ; lenticelles blanches, fines, allongées et apparentes.

Boutons à bois petits, coniques, un peu renflés sur le dos, un peu aigus, appliqués au rameau, soutenus sur des supports plus ou moins saillants dont les côtés et l'arête médiane se prolongent finement ; écailles rougeâtres et un peu ombrées de gris noirâtre.

Pousses d'été d'un vert d'eau, lavées de rouge à leur sommet et peu duveteuses.

Feuilles des pousses d'été moyennes, ovales ou ovales-elliptiques, se terminant un peu brusquement en une pointe peu longue, largement creusées en gouttière et peu arquées, bordées de dents très-peu profondes, un peu recourbées et un peu aiguës, soutenues horizontalement sur des pétioles un peu longs, assez grêles et redressés.

Stipules en alênes courtes, fines et très-caduques.

Boutons à fruit petits, conico-ellipsoïdes, peu aigus ; écailles rougeâtres et très-largement bordées de brun foncé.

Fleurs petites ; pétales elliptiques-arrondis, très-concaves, à onglet très-court, se recouvrant un peu entre eux, tachés de rose rouge en dehors, presque blancs en dedans ; divisions du calice de moyenne longueur et peu recourbées en dessous ; pédicelles courts, peu forts et un peu cotonneux.

Feuilles des productions fruitières plus petites que celles des pousses d'été, ovales ou ovales-elliptiques, se terminant assez brusquement en une pointe longue, étroite et finement aiguë, très-largement creusées en gouttière et un peu arquées, bordées de dents bien fines, peu profondes et finement aiguës, assez bien soutenues sur des pétioles de moyenne longueur, extraordinairement grêles et cependant raides.

Caractère saillant de l'arbre : teinte générale du feuillage d'un vert herbacé, sombre et terne ; serrature de toutes les feuilles formée de dents peu profondes, bien fines et aiguës ; pétioles des feuilles des productions fruitières remarquablement grêles.

Fruit moyen, bien plus large que haut, sphérico-conique, souvent irrégulier dans sa forme et déformé dans son contour par des côtes épaisses et obtuses, atteignant sa plus grande épaisseur au-dessous du milieu de sa hauteur ; au-dessus de ce point, s'atténuant promptement en une pointe courte, peu épaisse et tronquée à son sommet ; au-dessous du même point, s'arrondissant brusquement par une courbe bien convexe jusque dans la cavité de la queue.

Peau un peu épaisse, ferme, lisse et brillante, d'abord d'un vert très-pâle, blanchâtre, sur lequel on reconnaît de petits points d'un brun foncé, très-rares et très-irrégulièrement espacés. On remarque aussi une tache d'une rouille brune, épaisse, couvrant la cavité de la queue et rayonnant un peu en étoile sur ses bords. A la maturité, **courant et fin d'hiver,** le vert fondamental passe au jaune paille pâle du côté de l'ombre, et au jaune doré du côté du soleil, lavé, sur les fruits les mieux exposés, d'un soupçon de rouge sur lequel ressortent bien quelques points cernés de jaune.

Œil exactement fermé, à divisions larges et un peu cotonneuses, placé dans une petite cavité étroite, un peu profonde, souvent irrégulière et divisée par ses bords en des côtes inégales qui se prolongent d'une manière sensible sur la hauteur du fruit. Tuyau du calice descendant par un tube assez large jusque dans la cavité du cœur dont la coupe est cordiforme très-élargie et très-déprimée.

Queue très-courte, boutonnée à son point d'attache au rameau, n'atteignant pas les bords de la cavité dans laquelle elle est engagée, qui est étroite, profonde et dont les bords sont largement ondulés.

Chair d'un blanc à peine teinté de jaune sous la peau, grossière, ferme, cassante, peu abondante en jus très-sucré et légèrement parfumé.

PARADIS BLANC

(WHITE PARADISE)

(N° 121)

The Apple and its Varieties. ROBERT HOGG.
The Fruits and the fruit-trees of America. DOWNING.
American Pomology. JOHN WARDER.

OBSERVATIONS. — Robert Hogg pense que cette variété est originaire d'Ecosse où elle est bien répandue dans plusieurs comtés et
surtout dans celui de Clydesdale ou Lanerk, et dans lesquels elle
est connue sous le nom de Egg Apple, Pomme Œuf. Elle ne doit
pas être confondue avec Lady's Finger, de Dittrich, qui porte quelquefois le nom de Paradis blanc, et qui n'est pas la même que
Lady's Finger de Robert Hogg. — L'arbre, de vigueur contenue
sur paradis, pousse un bois assez grêle et qui ne s'accommode des
formes régulières qu'autant qu'il est conduit sur un treillage. Sa
fertilité est précoce, bonne et soutenue. Son fruit, de maturité précoce, est propre seulement aux usages de la cuisine.

DESCRIPTION.

Rameaux assez grêles, unis dans leur contour, droits, à entre-nœuds
courts, d'un vert clair et vif à leur partie inférieure, lavés de rouge sanguin
à leur partie supérieure; lenticelles blanches, petites, peu nombreuses et
peu apparentes.

Boutons à bois petits, coniques, un peu courts, peu aigus, compri-
mes et appliqués au rameau, soutenus sur des supports très-peu saillants
dont l'arête médiane ne se prolonge pas; écailles d'un marron noirâtre.

Pousses d'été d'un vert d'eau, à peine teintées de rouge et couvertes
d'un duvet extraordinairement court et peu épais.

Feuilles des pousses d'été moyennes ou assez petites, ovales un peu élargies, se terminant peu brusquement en une pointe courte et recourbée en dessous, très-largement creusées en gouttière et arquées, bordées de dents très-peu profondes, bien couchées, aiguës ou émoussées, soutenues à peu près horizontalement sur des pétioles un peu longs, peu forts et un peu redressés.

Stipules extraordinairement courtes, fines et très-caduques.

Boutons à fruit petits, conico-ovoïdes, aigus ; écailles extérieures d'un rouge foncé, bordées de brun et glabres ; écailles intérieures un peu couvertes d'un duvet gris blanchâtre.

Fleurs petites ; pétales presque exactement elliptiques, un peu arrondis, concaves, à onglet très-court, se touchant entre eux, largement tachés d'un rouge vineux intense en dehors, lavés et veinés de la même couleur en dedans ; divisions du calice de moyenne longueur et recourbées en dessous ; pédicelles de moyenne longueur, très-grêles et presque glabres.

Feuilles des productions fruitières petites, ovales-elliptiques, se terminant presque régulièrement en une pointe courte, à peine repliées sur leur nervure médiane et à peine arquées, bordées de dents très-fines, très-peu profondes, couchées et aiguës, soutenues horizontalement sur des pétioles de moyenne longueur, très-grêles, fermes et un peu redressés.

Caractère saillant de l'arbre : teinte générale du feuillage d'un vert pré clair et tendre ; toutes les feuilles petites ou assez petites et peu profondément dentées ; pétioles des feuilles des productions fruitières remarquablement grêles.

Fruit moyen, conique-tronqué, bien uni dans son contour, atteignant sa plus grande épaisseur un peu au-dessous du milieu de sa hauteur ; au-dessus de ce point, s'atténuant par une courbe peu convexe en une pointe peu longue, épaisse et assez largement tronquée à son sommet ; au-dessous du même point, s'arrondissant par une courbe plus convexe jusque dans la cavité de la queue.

Peau fine, mince, unie, d'abord d'un vert pâle semé de points bruns, petits, rares et peu apparents. Une rouille bien fine, d'un brun verdâtre s'étale en étoile dans la cavité de la queue. A la maturité, **octobre,** le vert fondamental passe au jaune paille, et le côté du soleil se lave d'un nuage de rouge traversé par des raies étroites et distinctes d'un rouge plus foncé.

Œil grand, demi-ouvert ou presque fermé, à divisions restant longtemps vertes, placé dans une cavité étroite, un peu profonde, obscurément plissée dans ses parois et régulière par ses bords. Tuyau du calice en entonnoir court, très-large et obtus, ne dépassant pas la première enveloppe du cœur dont la coupe elliptique-arrondie offre une assez grande étendue par rapport au volume du fruit.

Queue longue, bien grêle, parfois accompagnée d'une bosse charnue dans la cavité étroite, peu profonde et régulière dans laquelle elle est attachée.

Chair blanche, à peine teintée de jaune sous la peau, fine, tassée, demi-ferme, suffisante en jus bien sucré, un peu vineux mais sans parfum appréciable.

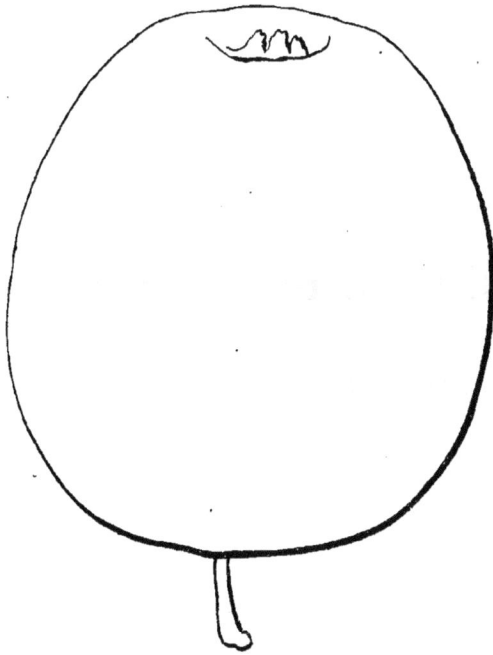

121

122

121. PARADIS BLANC.   122. COUSINOTTE ROSE RAYÉE D'AUTOMNE.

COUSINOTTE ROSE RAYÉE D'AUTOMNE

(ROSENFARBIGER GESTREIFTER HERBST-COUSINOT)

(N° 122)

Versuch einer Systematischen Beschreibung der Kernobstsorten. DIEL.
Handbuch aller bekannten Obstsorten. BIEDENFELD.
ROSENFARBIGER COUSINOT. *Illustrirtes Handbuch der Obstkunde.*
OBERDIECK.
Pomologische Notizen. OBERDIECK.

OBSERVATIONS. — D'après Diel, cette variété serait originaire de
la Franconie, et il la reçut de son ami le sénateur Sicherer, de Heil-
bronn (Wurtemberg). — L'arbre, de vigueur contenue sur paradis,
se prête facilement sur ce sujet aux petites formes régulières. Sa
haute tige sur franc forme une tête de moyenne dimension dont les
branches régulièrement garnies de productions fruitières solides
lui donnent un aspect un peu compacte. Son fruit, de la plus jolie
apparence, de maturité précoce, mérite d'être distingué entre ceux
de la même époque.

DESCRIPTION.

Rameaux de moyenne force, obscurément anguleux dans leur contour,
droits, à entre-nœuds courts, colorés d'un rouge brun intense non recouvert
d'une pellicule, mais voilé d'un duvet gris et épais ; lenticelles jaunâtres, un
peu larges, un peu allongées, rares et apparentes.

Boutons à bois gros, coniques, renflés sur le dos et bien obtus,
appliqués au rameau, soutenus sur des supports saillants dont les côtés se
prolongent assez distinctement mais peu longuement ; écailles entièrement
recouvertes d'un duvet blanchâtre, long et épais.

Pousses d'été d'un vert intense, lavées de rouge à leur sommet et
couvertes d'un duvet très-court et épais.

Feuilles des pousses d'été moyennes ou assez petites, ovales-elliptiques, un peu échancrées vers le pétiole, se terminant brusquement en une pointe courte et bien aiguë, bien concaves ou bien creusées en gouttière et non arquées, bordées de dents peu profondes et bien obtuses, soutenues horizontalement sur des pétioles longs, fort et peu redressés.

Stipules longues, linéaires, recourbées.

Boutons à fruit assez petits, conico-ovoïdes, peu aigus ; écailles d'un rouge intense bordé de brun noirâtre, et recouvertes d'un duvet gris blanchâtre et assez épais.

Fleurs moyennes ou assez grandes ; pétales ovales-elliptiques, bien concaves, à onglet court, se recouvrant peu entre eux ; divisions du calice de moyenne longueur, larges, peu recourbées en dessous ; pédicelles courts, grêles et laineux.

Feuilles des productions fruitières moyennes, obovales plus ou moins allongées, peu larges ou étroites, courtement et brusquement atténuées vers le pétiole, se terminant presque régulièrement en une pointe courte et bien contournée, bien creusées en gouttière et arquées, bien ondulées dans leur contour, les unes plus longues et bordées de dents fines, peu profondes et aiguës, les autres plus courtes et bordées de dents un peu larges, un peu profondes, couchées et aiguës, bien soutenues sur des pétioles courts, très-grêles et bien raides.

Caractère saillant de l'arbre : teinte générale du feuillage d'un vert herbacé intense et vif ; feuilles des pousses d'été remarquablement concaves ; feuilles des productions fruitières sensiblement ondulées dans leur contour et soutenues sur des pétioles extraordinairement grêles.

Fruit moyen, conique, un peu déformé dans son contour par des côtes très-aplanies, atteignant sa plus grande épaisseur au-dessous du milieu de sa hauteur ; au-dessus de ce point, s'atténuant par une courbe d'abord peu convexe, puis à peine concave en une pointe un peu longue, épaisse et plus ou moins largement tronquée à son sommet ; au-dessous du même point, s'arrondissant par une courbe largement convexe jusque dans la cavité de la queue.

Peau fine, mince, unie, d'abord d'un vert très-clair sur lequel il est difficile de reconnaître de véritables points. Une tache d'une rouille bien fine et verdâtre couvre ordinairement la cavité de la queue. A la maturité, **automne,** le vert fondamental passe au jaune paille, et le côté du soleil se couvre d'un nuage plus ou moins dense d'un rouge rosat traversé par des raies d'un rouge cerise qui ne deviennent bien distinctes que sur les parties moins éclairées.

Œil fermé, placé dans une cavité étroite, assez profonde, dont les bords abrupts sont sillonnés par des côtes et des plis nombreux et bien prononcés, et qui se prolongent d'une manière assez obscure sur la hauteur du fruit. Tuyau du calice en forme d'entonnoir court et obtus, ne dépassant pas la première enveloppe du cœur dont la coupe est cordiforme-élevée.

Queue un peu longue, un peu forte, presque glabre, attachée dans une cavité étroite, peu profonde, dont les bords sont divisés peu distinctement par le prolongement des côtes qui partent de la cavité de l'œil.

Chair un peu jaune, fine, tendre, suffisante en eau douce, sucrée et agréablement parfumée.

DOCTEUR DOUX

(SWEET DOCTOR)

(N° 123)

The Fruits and the fruit-trees of America. DOWNING.

OBSERVATIONS. — Downing dit que cette variété est originaire de
l'Etat de Pensylvanie. — L'arbre, de bonne vigueur sur paradis,
s'accommode assez bien des formes soumises à la taille. Sa fertilité
est précoce, bonne et soutenue. Son fruit, par sa bonne apparence,
convient au marché, et, par la saveur et la consistance de sa chair,
se rapproche beaucoup de la qualité de certaines Reinettes grises.

DESCRIPTION.

Rameaux de moyenne force, anguleux dans leur contour, presque
droits, à entre-nœuds courts, d'un brun rougeâtre foncé et un peu voilé
du côté du soleil par une pellicule d'apparence métallique ; lenticelles blanchâtres, petites, peu nombreuses et peu apparentes.

Boutons à bois très-petits, très-courts, épatés, très-obtus, appliqués
au rameau, soutenus sur des supports bien saillants dont l'arête médiane
se prolonge bien distinctement ; écailles d'un rouge clair, recouvertes d'un
duvet court et gris de souris.

Pousses d'été d'un vert d'eau, couvertes d'un duvet extraordinairement court et un peu épais.

Feuilles des pousses d'été moyennes ou assez grandes, ovales-
élargies, se terminant assez brusquement en une pointe longue, largement
creusées en gouttière et peu arquées, bordées de dents larges, profondes,
recourbées et courtement aiguës, soutenues sur des pétioles un peu longs,
forts et redressés.

Stipules de moyenne longueur, lancéolées-élargies et souvent recourbées.

Boutons à fruit moyens, conico-ovoïdes, obtus ; écailles couleur lie de vin et bordées de brun foncé.

Fleurs assez grandes ; pétales ovales-elliptiques et allongés, concaves, à onglet court, se recouvrant à peine entre eux, tachés de rose vineux en dehors et un peu lavés de la même couleur en dedans ; divisions du calice courtes et annulaires ; pédicelles assez courts, grêles et un peu duveteux.

Feuilles des productions fruitières grandes, ovales-elliptiques, souvent allongées et peu larges, brusquement et très-courtement atténuées vers le pétiole, se terminant peu brusquement en une pointe très-courte et très-fine, presque planes ou parfois très-largement ondulées dans leur contour, bordées de dents fines, assez peu profondes, couchées et aiguës, soutenues sur des pétioles, de moyenne longueur, de moyenne force et bien divergents.

Caractère saillant de l'arbre : teinte générale du feuillage d'un vert bleu peu foncé et peu brillant ; feuilles des pousses d'été remarquablement épaisses et fermes ; feuilles des productions fruitières planes ou presque planes.

Fruit moyen ou gros sur arbre taillé, presque sphérique, déprimé à ses deux pôles, tantôt uni, tantôt à peine déformé dans son contour par des élévations très-aplanies, atteignant sa plus grande épaisseur à peu près au milieu de sa hauteur ; au-dessus et au-dessous de ce point, s'arrondissant par des courbes presque de même longueur et presque également convexes, soit du côté de la queue, soit du côté de l'œil vers lequel il s'atténue cependant un peu plus.

Peau peu épaisse et souple, d'abord d'un vert clair et gai semé de points gris caractéristiques, largement cernés de blanchâtre et assez espacés. On remarque aussi quelques traces d'une rouille grise, peu dense, soit dans la cavité de la queue, soit plus rarement sur les bords de celle de l'œil, et cette rouille se disperse parfois sur la surface du fruit. A la maturité, **commencement d'hiver,** le vert fondamental passe au jaune mat, largement recouvert du côté du soleil ou sur une partie du contour du fruit d'un rouge jaunâtre traversé par des raies d'un rouge sanguin qui deviennent plus distinctes sur les parties moins éclairées, et sur ce rouge les points sont cernés de jaune.

Œil grand, fermé, enfoncé dans une cavité étroite, profonde, dont les parois sont très-abruptes et ses bords sont presque unis ou à peine déformés par des rudiments de côtes plus ou moins aplanies. Tuyau du calice en entonnoir très-court, peu aigu, évasé, ne dépassant pas la première enveloppe du cœur dont la coupe cordiforme bien déprimée offre peu d'étendue par rapport à la grosseur du fruit.

Queue tantôt courte, tantôt longue, grêle, attachée dans une cavité peu profonde, très-étroite dans son fond et dont les bords sont tantôt resserrés, tantôt évasés et ordinairement unis.

Chair d'un blanc verdâtre, fine, peu tassée, un peu tendre, suffisante en eau bien sucrée et relevée.

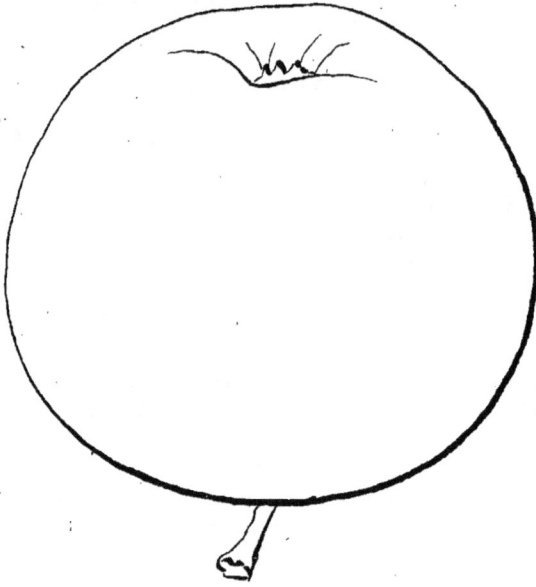

123

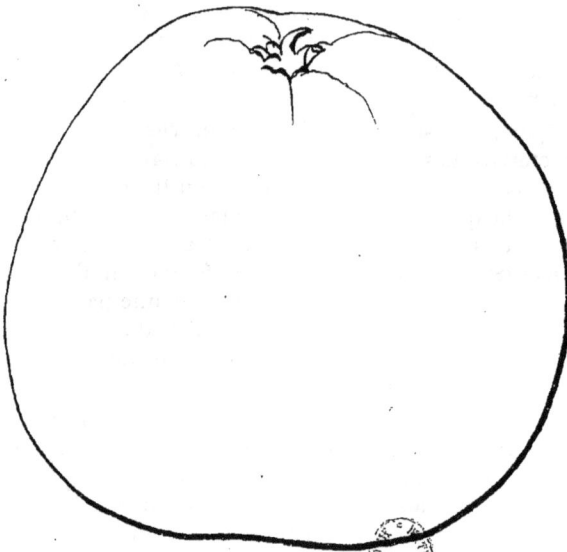

124

123. DOCTEUR DOUX.   124. AUTUMNAL BOUGH.

ingeon, Del.

Imp. Protat frères, Mâcon.

AUTUMNAL BOUGH

(BRANCHE D'AUTOMNE)

(Nº 124)

American Pomology. JOHN WARDER.
AUTUMN SWEET BOUGH. *The Fruits and the fruit-trees of America.*
DOWNING.
The American fruit Culturist. THOMAS.

OBSERVATIONS. — Cette variété est américaine et d'origine inconnue. Downing lui donne encore les synonymes suivants : Late Bough, Fall Bough, Sweet Bellflower et Philadelphia Sweet. — L'arbre, d'une bonne vigueur, même sur paradis, s'accommode bien des formes soumises à la taille. Il devient du plus joli aspect au moment où ses fruits d'un jaune clair tranchent bien sur le feuillage par leur couleur. Sa haute tige forme une tête d'une belle dimension, à branches érigées et devient bientôt fertile. Variété à introduire dans le jardin fruitier et dans le verger ; elle est saine, d'une belle végétation, semble peu difficile sur le sol et le climat. Son fruit, de bonne qualité, serait aussi, par sa belle apparence, de bonne vente sur le marché.

DESCRIPTION.

Rameaux forts, bien droits, unis dans leur contour, à entre-nœuds inégaux entre eux, d'un rouge brun et clair, à peine voilés par une légère pellicule ; lenticelles blanches, petites, assez peu nombreuses et peu apparentes.

Boutons à bois petits, courts, épatés, obtus, appliqués au rameau, soutenus sur des supports peu saillants et dont les côtés ne se prolongent pas sur le rameau ; écailles lisses, d'un rouge clair.

Pousses d'été droites, d'un vert clair, lavées de rouge à leur sommet à peine couvert d'un duvet très-court et peu serré.

Feuilles des pousses d'été assez grandes, ovales-elliptiques et élargies, se terminant brusquement en une pointe courte, concaves et largement ondulées dans leur contour, un peu recourbées en dessous par leur pointe, bordées de dents larges, très-recourbées par leur pointe un peu aiguë, et rarement surdentées, bien soutenues sur des pétioles de moyenne longueur, forts et bien redressés.

Stipules moyennes, lancéolées un peu élargies.

Boutons à fruit petits, ovoïdes, obtus; écailles rouges, bordées de noir et presque lisses.

Fleurs moyennes; pétales ovales-élargis, concaves, tachés de rose violacé en dehors et lavés de la même couleur en dedans; divisions du calice de moyenne longueur, réfléchies en dessous; pédicelles courts, assez forts, laineux.

Feuilles des productions fruitières assez petites, obovales-elliptiques, se terminant brusquement en une pointe courte et fine, presque planes et très-largement ondulées, bordées de dents fines, très-peu profondes et très-finement aiguës, bien soutenues sur des pétioles de moyenne longueur, de moyenne force, divergents et bien raides.

Caractère saillant de l'arbre : teinte générale du feuillage d'un vert clair et mat; feuilles des productions fruitières très-molles tandis que celles des pousses d'été sont très-fermes et bien épaisses; aspect général de rigidité dans tous les organes de l'arbre.

Fruit moyen ou presque gros, conico-sphérique et obscurément anguleux dans son contour, ordinairement plus élevé d'un côté que de l'autre, atteignant sa plus grande épaisseur peu au-dessous du milieu de sa hauteur; au-dessus de ce point, s'atténuant plus ou moins par une courbe irrégulièrement convexe en une pointe épaisse et plus ou moins largement tronquée; au-dessous du même point, s'arrondissant brusquement jusque dans la cavité de la queue.

Peau très-mince, très-fine, très-souple, devenant onctueuse et bien odorante à la maturité, d'abord d'un vert très-pâle sur lequel on a peine à trouver quelques petits points d'un gris brun et très-rares. Des traits d'une rouille fine et d'un brun clair s'étendent et se rejoignent comme les mailles d'un large réseau et d'une manière tout à fait caractéristique dans la cavité de la queue et sur la base du fruit. A la maturité, **fin d'été, commencement d'automne,** le vert fondamental passe au jaune paille légèrement doré du côté du soleil.

Œil fermé, à divisions longues et aiguës, placé dans une cavité étroite, un peu profonde et dont les bords se divisent en côtes légères qui se continuent inégalement et d'une manière ordinairement peu sensible sur la hauteur du fruit. Tuyau du calice descendant en forme de canal cylindrique bien au-dessous de la première enveloppe du cœur qui est remarquablement plus rapproché du sommet du fruit que de sa base.

Queue un peu longue, peu forte, enfoncée dans une cavité très-large et très-profonde, dont les bords sont le plus souvent irrégularisés par le prolongement des côtes.

Chair d'un blanc jaunâtre, fine, tendre, neigeuse, très-abondante en eau sucrée, délicatement parfumée, rafraichissante, constituant un fruit de première qualité pour la saison.

CUEILLETTE PRÉCOCE

(EARLY HARVEST)

(N° 125)

The Fruits and the fruit-trees of America. DOWNING.
The American fruit Culturist. THOMAS.
American Pomology. JOHN WARDER.
The Apple and its Varieties. ROBERT HOGG.

OBSERVATIONS. — Cette variété est originaire d'Amérique. — L'arbre, d'une vigueur suffisante sur paradis, se prête volontiers aux formes taillées sur ce sujet. Sa haute tige sur franc n'atteint qu'une dimension moyenne et forme une tête sphérique élevée, d'un bon rapport. Cette variété est à introduire dans le jardin fruitier et dans le verger. Elle est saine, robuste, d'une grande fertilité dans les sols profonds et assainis, où son fruit atteint toute sa qualité qui est ordinairement supérieure à celle des Pommes de même époque de maturité [1].

DESCRIPTION.

Rameaux de moyenne force, obscurément anguleux dans leur contour, à peine flexueux, à entre-nœuds très-inégaux entre eux, d'un rouge sanguin intense et vif, en partie recouvert d'une fine pellicule d'apparence métallique ; lenticelles bien blanches, petites, arrondies, rares et apparentes par leur couleur claire.

---

[1] Voici l'appréciation de Downing, qui est conforme à celle des autres auteurs : « En tenant compte de la beauté de cette pomme indigène des Etats-Unis, de ses excellentes qualités pour le dessert et pour la cuisine, en considérant la fécondité de l'arbre qui la produit, c'est la plus méritante de toutes les variétés de pommes précoces connues jusqu'à ce jour. Elle commence à mûrir dès les premiers jours de juillet et peut être consommée jusqu'à la fin de ce mois. Elle doit faire partie, avec l'Astracan rouge, des collections de pommes les moins nombreuses. »

Boutons à bois petits, un peu courts, bien obtus, appliqués au rameau, soutenus sur des supports saillants par leurs bords et par leurs cotés qui se prolongent peu ; écailles entièrement recouvertes d'un duvet gris sombre et très-court.

Pousses d'été d'un vert jaune teinté de rouge du côté du soleil, et couvertes d'un duvet gris, très-court, peu serré et peu adhérent.

Feuilles des pousses d'été ovales-élargies, se terminant brusquement en une pointe courte, fine et aiguë, concaves, bordées de dents fines et aiguës, soutenues un peu au-dessus de l'horizontale par des pétioles de moyenne longueur et de moyenne force.

Stipules courtes, lancéolées-étroites.

Boutons à fruit petits, ovoïdes, bien obtus ; écailles rouges, bordées de brun et maculées de gris cendré.

Fleurs assez grandes ; pétales obovales bien élargis, concaves, remarquablement ondulés dans leur contour, tachés d'un beau rose violacé en dehors, lavés de la même couleur en dedans ; divisions du calice de moyenne longueur, recourbées en dessous ; pédicelles de moyenne longueur, grêles, un peu duveteux.

Feuilles des productions fruitières inégales entre elles et de formes bien différentes, concaves, largement ondulées dans leur contour, bordées de dents très-fines et très-aiguës, dressées sur des pétioles courts, bien grêles et bien raides.

Caractère saillant de l'arbre : feuilles de la base des pousses d'été au moins trois fois plus amples que celles de leur partie supérieure.

Fruit moyen, presque sphérique ou sphérico-conique, un peu déformé dans son contour par quelques côtes bien aplanies, atteignant sa plus grande épaisseur au-dessous du milieu de sa hauteur ; au-dessus de ce point, s'atténuant brusquement par une courbe largement convexe en une pointe courte et obtuse ; au-dessous du même point, s'arrondissant par une courbe bien convexe pour s'aplatir ensuite autour de la cavité de la queue.

Peau fine, unie, mais un peu épaisse et ferme, d'abord d'un vert pâle, blanchâtre ou jaunâtre sur lequel on ne reconnaît pas de véritables points. On remarque aussi une tache de rouille un peu rude au toucher, de couleur claire, s'étendant en étoile dans la cavité de la queue et au-delà de ses bords. A la maturité, **commencement et milieu de juillet,** elle devient odorante, le vert fondamental passe au jaune pâle blanchâtre, et quelquefois le côté du soleil se lave d'un rouge très-léger sur lequel se dispersent de petites taches grisâtres ou rougeâtres.

Œil petit, fermé, à divisions fines, un peu laineuses, placé dans une cavité étroite, peu profonde, dont les bords sont irrégularisés par des rudiments de côtes qui se prolongent d'une manière à peine sensible sur la hauteur du fruit et qui alternent à leur naissance avec des perles charnues.

Queue assez grêle, ligneuse, raide, dépassant un peu la cavité étroite, peu profonde dans laquelle elle est insérée et dont les bords s'aplatissent largement.

Chair d'un blanc de neige, fine, tendre, abondante en eau sucrée, acidulée, agréablement parfumée, constituant un fruit de première qualité pour la saison.

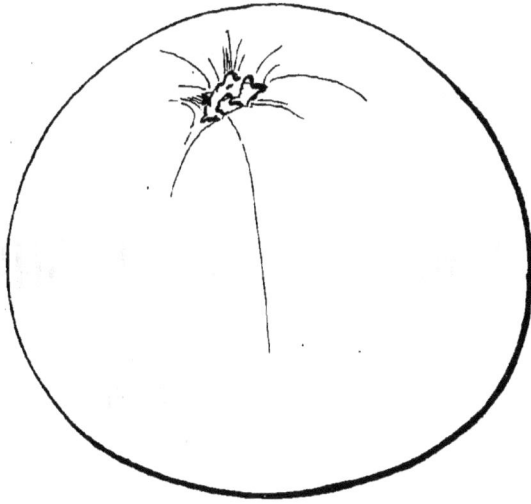

125

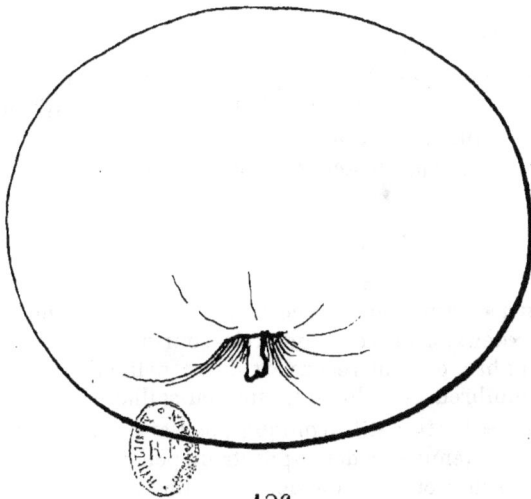

126

125. CUEILLETTE PRÉCOCE.   126. POMME D'AOUT DE SIBÉRIE.

POMME D'AOUT DE SIBÉRIE

(SIBERISCHER AUGUSTAPFEL)

(N° 126)

Systematische Beschreibung der Kernobstsorten. DIEL.
Illustrirtes Handbuch der Obstkunde. DITTRICH.
Handbuch aller bekannten Obstsorten. BIEDENFELD.
Illustrirtes Handbuch der Obstkunde. OBERDIECK.

OBSERVATIONS. — Le nom de cette variété indique probablement son origine. — L'arbre est d'une vigueur insuffisante sur paradis. Sa végétation sur franc est vive dans sa jeunesse; il forme promptement une tête sphérique-déprimée, de dimension moyenne, et dont les branches se couvrent de productions fruitières. Variété à introduire dans le grand verger. Elle est rustique, d'une fertilité grande et précoce. Son fruit, pour sa beauté et sa qualité, peut être préféré à bien des Pommes précoces plus connues.

DESCRIPTION.

Rameaux de moyenne force, très-finement anguleux dans leur contour, un peu flexueux, à entre-nœuds très-courts, d'un rouge bruni surtout du côté de l'ombre et non recouvert d'une pellicule; lenticelles d'un blanc jaunâtre, nombreuses, allongées, un peu saillantes et apparentes.

Boutons à bois petits, coniques, peu aigus, à direction un peu écartée du rameau, soutenus sur des supports un peu saillants dont l'arête médiane se prolonge seule et très-finement; écailles d'un marron rougeâtre terne; les intérieures un peu recouvertes d'un duvet gris.

Pousses d'été fluettes, d'un vert brun, recouvertes sur toute leur longueur d'un duvet gris et très-court.

Feuilles des pousses d'été moyennes, elliptiques-élargies, se terminant brusquement en une pointe un peu longue, un peu concaves, bordées de dents un peu larges, un peu profondes et assez aiguës, dressées sur des pétioles longs, de moyenne force, raides et colorés de rouge.

Stipules en forme d'alènes très-courtes.

Boutons à fruit à peine moyens, ellipsoïdes, émoussés; écailles extérieures rougeâtres et maculées de gris; les intérieures recouvertes d'un duvet gris.

Fleurs grandes; pétales obovales-élargis, concaves, légèrement tachés de rose en dehors et blancs en dedans; divisions du calice longues; pédicelles courts, grêles et un peu duveteux.

Feuilles des productions fruitières moyennes, ovales, plus ou moins allongées, concaves et bien contournées par leur pointe un peu longue, bordées de dents larges et obtuses, bien dressées sur des pétioles de moyenne longueur, de moyenne force et raides.

Caractère saillant de l'arbre : teinte générale du feuillage d'un vert foncé et un peu brillant; feuilles des productions fruitières sensiblement contournées par leur pointe.

Fruit moyen ou presque gros, sphérique bien déprimé à ses deux pôles, souvent un peu déformé dans son contour par des élévations très-aplanies, atteignant sa plus grande épaisseur à peu près au milieu de sa hauteur ; au-dessus et au-dessous de ce point, s'arrondissant par des courbes presque de même longueur et bien convexes, soit du côté de l'œil, soit du côté de la queue.

Peau fine, unie, lisse, brillante, d'abord d'un vert blanchâtre semé de petits points nacrés. A la maturité, **commencement d'août,** le vert fondamental passe au jaune clair dont on n'aperçoit qu'une très-petite étendue, car le plus souvent il est presque entièrement recouvert d'un nuage de rouge sanguin traversé par des raies d'un rouge plus foncé.

Œil grand, fermé, à divisions larges et vertes, placé dans une cavité tantôt assez profonde, tantôt ne le contenant pas entièrement et dont les bords se divisent en côtes émoussées qui se continuent souvent sur la hauteur du fruit. Tuyau du calice en forme d'entonnoir court, ne dépassant pas la première enveloppe du cœur dont la coupe est largement cordiforme.

Queue un peu longue, grêle, insérée dans une cavité en forme d'entonnoir très-profond et un peu évasé par ses bords quelquefois un peu irréguliers.

Chair bien blanche, fine, serrée, suffisante en eau sucrée, parfumée, parfois un peu trop acide, constituant un fruit seulement de seconde qualité et surtout propre aux usages de la cuisine.

ADMIRABLE DE SMALL

(SMALL'S ADMIRABLE)

(N° 127)

The Fruit Manual. ROBERT HOGG.

OBSERVATIONS. — Cette variété est probablement d'origine anglaise. — L'arbre, très-vigoureux, forme promptement une large
tête, bien feuillue. Sa végétation sur paradis le rend aussi très-
propre aux formes naines sur ce sujet. Variété à introduire dans le
jardin fruitier et surtout dans le grand verger. Elle est des plus
rustiques, d'une fertilité précoce et prodigieuse. Son fruit, précieux
pour tous les usages du ménage, est de facile conservation.

DESCRIPTION.

Rameaux de moyenne force, à entre-nœuds courts, d'un rouge vineux
intense à peine recouvert par places d'une pellicule très-légère; lenticelles
blanches, petites, peu nombreuses, peu apparentes.

Boutons à bois gros, élargis, bien obtus, appliqués ou parallèles au
rameau, soutenus sur des supports peu saillants dont les côtés et l'arête
médiane se prolongent faiblement; écailles presque noires, souvent entièrement recouvertes d'un duvet court et gris.

Pousses d'été légèrement flexueuses, couvertes d'un duvet gris peu
serré.

Feuilles des pousses d'été moyennes, ovales-elliptiques, se terminant un peu brusquement en une pointe peu longue, un peu concaves et
bordées de dents larges, assez profondes et obtuses, soutenues à peu près
horizontalement sur des pétioles longs, forts, un peu flexibles.

Stipules moyennes, lancéolées bien élargies,

Boutons à fruit moyens, ovoïdes, courts et bien obtus ; écailles extérieures brunes ; les intérieures d'un rouge foncé et lisses.

Fleurs moyennes ; pétales elliptiques-élargis, concaves, à onglet très-court, se recouvrant entre eux, d'un joli rose clair et vif en dehors ; divisions du calice de moyenne longueur, recourbées en dessous ; pédicelles un peu longs, un peu forts, duveteux.

Feuilles des productions fruitières moyennes ou presque grandes, ovales-elliptiques et allongées, quelquefois sensiblement atténuées à leur base, se terminant peu brusquement en une pointe très-courte, peu repliées sur leur nervure médiane et très-largement ondulées, bordées de dents larges, assez peu profondes, couchées et peu aiguës, bien soutenues sur des pétioles assez longs, grêles et raides.

Caractère saillant de l'arbre : teinte générale du feuillage d'un vert clair et gai ; toutes les feuilles des productions fruitières remarquablement ondulées.

Fruit moyen, presque demi-sphérique, un peu irrégulier dans son contour, atteignant sa plus grande épaisseur bien près de sa base ; au-dessus de ce point, s'atténuant assez promptement par une courbe largement convexe pour s'arrondir presque régulièrement autour de l'œil ; au-dessous du même point, s'arrondissant brusquement par une courbe largement convexe jusque dans la cavité de la queue.

Peau fine, mince et cependant un peu ferme, bien unie, devenant onctueuse et développant un parfum pénétrant à la maturité, d'abord d'un vert très-clair semé de petits points nacrés, nombreux, bien régulièrement espacés et marqués quelquefois d'un petit centre gris brun. A la maturité, **commencement et courant d'hiver,** le vert fondamental passe au beau jaune citron brillant, doré et souvent lavé du côté du soleil d'un nuage de rouge orangé. On remarque aussi une large tache de rouille d'un gris brun s'étalant en étoile dans la cavité de la queue et jusque sur la base du fruit.

Œil petit, exactement fermé, placé tantôt dans une petite cavité, tantôt seulement serré entre quelques plis au sommet du fruit.

Queue courte, peu forte, attachée dans une cavité peu profonde et largement évasée, souvent irrégularisée dans ses bords par des rudiments de côtes qui se prolongent un peu sur la hauteur du fruit, mais toujours larges et aplanies.

Chair d'un blanc jaunâtre, bien fine, serrée, croquante, abondante en jus sucré, acidulé, relevé d'un parfum rafraîchissant, constituant un fruit de bonne qualité, propre aux usages de la table et de la cuisine.

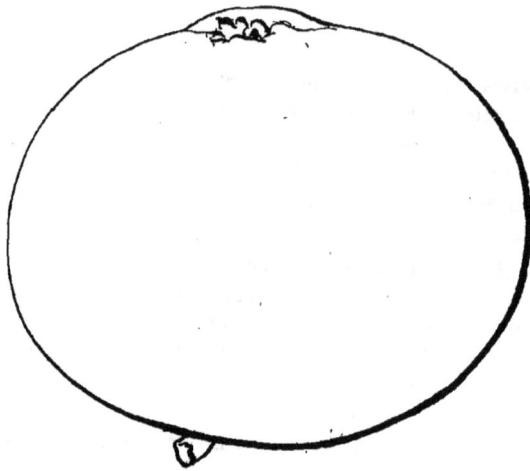

127

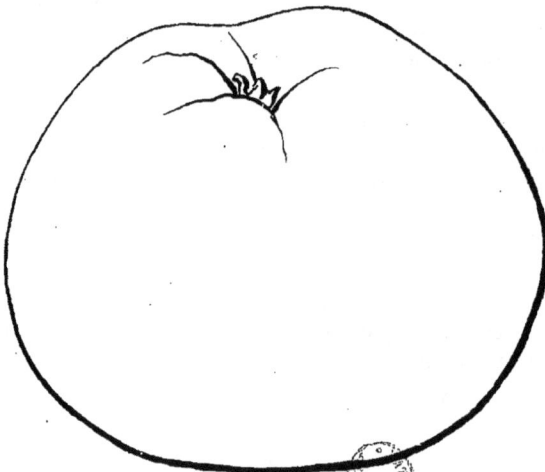

128

127. ADMIRABLE DE SMALL.   128. COX'S POMONA.

COX'S POMONA

(N° 128)

The Fruit Manual. ROBERT HOGG.
The Fruits and the fruit-trees of America. DOWNING.
Catalogue JOHN SCOTT, de Merriott.
Dictionnaire de Pomologie. ANDRÉ LEROY.

OBSERVATIONS. — Cette variété est un gain assez récent de M. H. Cox, résidant à Colnbrook Lawn, entre Windsor et Londres, qui l'a obtenue en même temps que le Cox's Orange Pippin d'un semis de neuf pepins du Ribston Pippin. Je ne sais si M. André Leroy décrit bien le véritable fruit, mais la forme, la couleur qu'il lui attribue ne sont pas celles indiquées par Robert Hogg et Downing, ni celles des fruits que j'ai récoltés jusqu'à présent. — L'arbre, de vigueur normale sur paradis, s'accommode assez bien des formes régulières. Sa fertilité est précoce et grande, mais interrompue par des alternats. Son fruit est bon pour la table.

DESCRIPTION.

Rameaux forts, un peu anguleux dans leur contour, presque droits, à entre-nœuds assez courts, d'un rouge sanguin très-foncé et non voilé d'une pellicule ; lenticelles jaunâtres, un peu allongées, nombreuses et apparentes.

Boutons à bois moyens, assez courts, obtus ou très-courtement aigus, appliqués au rameau, soutenus sur des supports assez peu saillants dont les côtés et l'arête médiane se prolongent plus ou moins distinctement ; écailles d'un rouge très-foncé et sombre.

Pousses d'été d'un vert intense, lavées de rouge brun du côté du soleil et couvertes sur toute leur longueur d'un duvet grisâtre et assez peu abondant.

Feuilles des pousses d'été moyennes, ovales-elliptiques, se terminant brusquement en une pointe assez longue et large, bien creusées et un peu arquées, bordées de dents peu profondes, recourbées et courtement aiguës, soutenues horizontalement sur des pétioles assez courts, un peu forts et redressés.

Stipules moyennes, en alênes finement aiguës ou finement lancéolées.

Boutons à fruit moyens, conico-ovoïdes; écailles jaunâtres, bordées de brun et entièrement glabres.

Fleurs assez grandes; pétales élargis, souvent échancrés à leur sommet, d'un rose jaunâtre, lavés de jaune pâle en dedans ; divisions du calice très-courtes, un peu recourbées en dessous ; pédicelles courts, forts et cotonneux.

Feuilles des productions fruitières plus grandes que celles des pousses d'été, ovales ou obovales-lancéolées, courtement et sensiblement atténuées vers le pétiole, se terminant presque régulièrement en une pointe finement aiguë, très-largement ou à peine creusées, souvent un peu contournées par leur extrémité, bordées de dents fines, peu profondes, bien couchées et aiguës, bien soutenues sur des pétioles longs, un peu forts et raides.

Caractère saillant de l'arbre : teinte générale du feuillage d'un vert pré intense et un peu brillant; feuilles des pousses d'été bien régulièrement creusées en gouttière ; feuilles des productions fruitières bien allongées et finement acuminées.

Fruit moyen, tantôt sphérico-conique, tantôt cylindrico-conique, plus ou moins déprimé à ses deux pôles, déformé dans son contour par des côtes épaisses et obtuses, atteignant sa plus grande épaisseur peu au-dessous du milieu de sa hauteur; au-dessus de ce point, s'atténuant par une courbe largement convexe en une pointe plus ou moins courte, épaisse et largement tronquée à son sommet ; au-dessous du même point, s'arrondissant par une courbe bien convexe pour ensuite s'aplatir bien largement autour de la cavité de la queue.

Peau très-fine, très-mince, souple, un peu onctueuse et un peu odorante à la maturité, d'abord d'un vert pâle semé de petites taches nacrées plutôt que de véritables points. Une tache d'une rouille brune, épaisse, un peu squameuse couvre ordinairement la cavité de la queue. A la maturité, **automne**, le vert fondamental passe au jaune paille, et le côté du soleil sur une large étendue est lavé d'un nuage de rouge sanguin, traversé par des raies longues, fines et rapprochées d'un rouge cramoisi vif.

Œil grand, ouvert ou demi-ouvert, placé dans une cavité large, profonde, divisée dans ses parois et par ses bords en des côtes prononcées mais obtuses qui se prolongent bien le plus souvent sur la hauteur du fruit. Tuyau du calice en entonnoir très-large et très-obtus, dépassant un peu la première enveloppe du cœur dont la coupe cordiforme-triangulaire offre une très-petite étendue par rapport au volume du fruit.

Queue très-courte, forte, n'atteignant pas les bords de sa cavité large, profonde, étroite dans son fond, évasée, profondément et largement ondulée par ses bords.

Chair d'un blanc à peine teinté de vert, demi-fine, creuse, tendre, abondante en jus richement sucré, assez agréablement relevé, constituant un fruit bon pour la table et pour les usages du ménage.

ORD'S APPLE

(N° 129)

Haudbuch aller bekannten Obstsorten. BIEDENFELD.
A Guide to the Orchard. LINDLEY.
The Apple and its Varieties. ROBERT HOGG.
Catalogue JOHN SCOTT, de Merriott.
ORD. *The Fruits and the fruit-trees of America.* DOWNING.

OBSERVATIONS. — Robert Hogg dit que cette excellente variété est originaire du comté de Middlessex et qu'elle fut obtenue dans le jardin du chevalier John Ord, d'un semis fait par sa belle-sœur Mistress Anne Simpson. Les pepins employés avaient été rapportés d'Amérique en 1777, et provenaient de la variété Newtown Pippin. Il y a un demi-siècle, cette pomme était en grande faveur en Angleterre. Sa culture fut négligée quelque temps ; elle mérite d'être tirée de l'oubli dans lequel elle est tombée, comme étant un des plus beaux et excellents fruits de dessert. — L'arbre, de bonne vigueur sur paradis, s'accommode assez bien des formes régulières ; élevé en haute tige, il forme une tête de bonne tenue dont les branches se subdivisent bien régulièrement. Sa fertilité est précoce, bonne et soutenue.

DESCRIPTION.

Rameaux peu forts, très-finement anguleux dans leur contour, droits, à entre-nœuds courts, d'un rouge vineux intense un peu voilé du côté du soleil par une pellicule mince ; lenticelles blanchâtres, très-petites, peu nombreuses et peu apparentes.

Boutons à bois petits, coniques, aigus ou un peu obtus, appliqués au rameau, soutenus sur des supports très-peu saillants dont les côtés et l'arête médiane se prolongent très-finement ; écailles d'un rouge intense et glabres.

Pousses d'été d'un vert d'eau, un peu lavées de rouge violet du côté du soleil et couvertes surtout à leur sommet d'un duvet blanchâtre et épais.

Feuilles des pousses d'été petites, ovales-elliptiques, se terminant brusquement en une pointe courte et un peu large, à peine concaves ou même souvent un peu convexes, bordées de dents larges, assez peu profondes et obtuses, soutenues horizontalement sur des pétioles courts, grêles et redressés.

Stipules en alènes extraordinairement courtes et finement aiguës.

Boutons à fruit petits, conico-ovoïdes, allongés et peu aigus ; écailles d'un rouge intense et glabres.

Fleurs petites ; pétales elliptiques, planes ou peu concaves, légèrement lavés de rose en dehors et en dedans ; divisions du calice moyennes, finement aiguës, bien recourbées en dessous ; pédicelles courts, peu forts et bien duveteux.

Feuilles des productions fruitières assez petites ou presque moyennes, ovales un peu allongées et peu larges, se terminant presque régulièrement en une pointe bien aiguë, à peine repliées ou creusées et un peu arquées, bordées de dents très-larges, profondes, couchées ou recourbées et peu aiguës, s'abaissant sur des pétioles un peu longs, un peu forts, fermes et peu redressés.

Caractère saillant de l'arbre : teinte générale du feuillage d'un vert bleu intense et peu brillant ; feuilles des productions fruitières remarquables par leur serrature formée de dents extraordinairement larges et profondes ; les plus jeunes feuilles bien couvertes d'un duvet blanchâtre.

Fruit moyen, conique-épais et obtus, presque uni dans son contour ou à peine déformé par des côtes très-aplanies, atteignant sa plus grande épaisseur au-dessous du milieu de sa hauteur ; au-dessus de ce point, s'atténuant par une courbe très-largement convexe en une pointe peu longue, épaisse et obtuse à son sommet ; au-dessous du même point, s'arrondissant par une courbe plus convexe jusque dans la cavité de la queue.

Peau mince, ferme, d'abord d'un vert vif et gai semé de points d'un brun verdâtre, larges, peu nombreux et apparents. Une rouille brune s'étale en étoile dans la cavité de la queue et se disperse souvent en traits légers, surtout sur le sommet du fruit et autour de la cavité de l'œil. A la maturité, **courant et fin d'hiver,** le vert fondamental s'éclaircit peu en jaune et le côté du soleil est lavé d'un nuage de rouge brun, tantôt uniforme, tantôt un peu flammé de rouge plus foncé et souvent surchargé de quelques traits gris fauve.

Œil petit, fermé, placé dans une cavité étroite, un peu profonde, plus ou moins sensiblement plissée dans ses parois et par ses bords. Tuyau du calice en entonnoir très-court, ne dépassant pas la première enveloppe du cœur dont la coupe ovale offre une étendue assez peu proportionnée au volume du fruit.

Queue courte ou assez courte, forte, souvent charnue et accompagnée d'une bosse à son point d'attache dans une cavité peu large, peu profonde et largement ondulée par ses bords.

Chair d'un blanc verdâtre, fine, assez tendre, abondante en jus sucré, vineux, acidulé, relevé d'une saveur rafraîchissante qui range ce fruit dans la classe des Reinettes où il peut être considéré comme de première qualité, lorsque son acidité n'est pas trop développée.

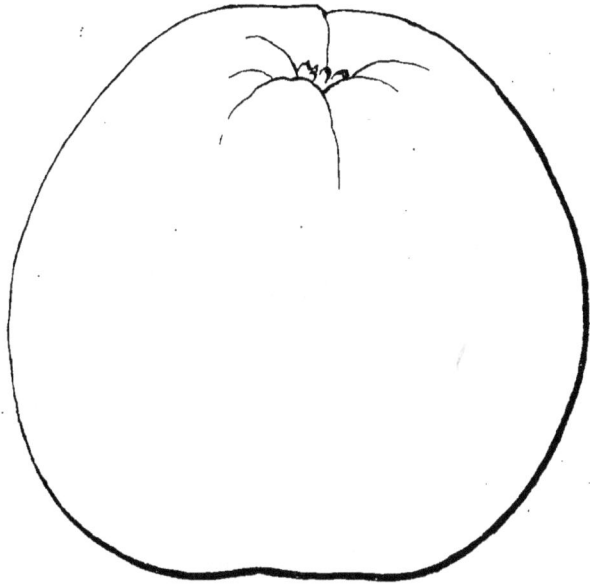

129

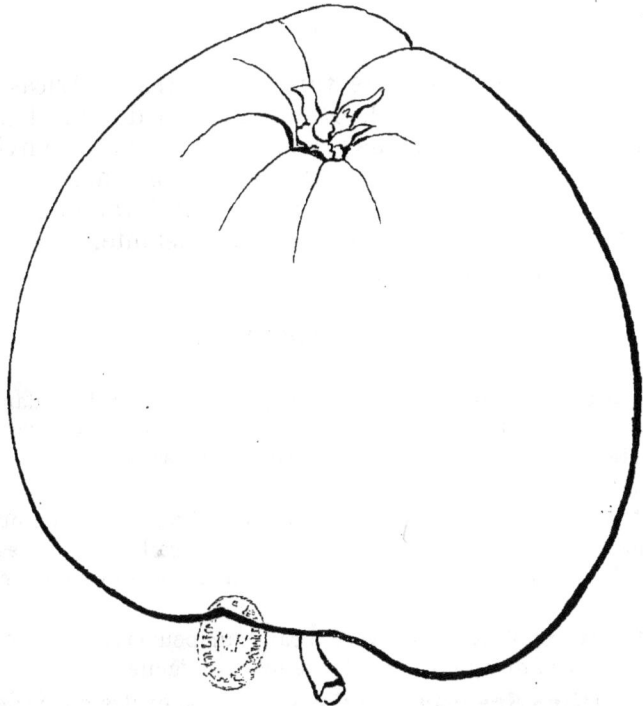

130

129. ORD'S APPLE.   130. TURKENAPFEL.

TURKENAPFEL

(N° 130)

Illustrirtes Handbuch der Obstkunde. SCHMIDT.
TURKENCALVILLE. *Systematisches Handbuch der Obstkunde.* DITTRICH.
Systematische Beschreibung der Kernobstsorten. DIEL.
Handbuch aller bekannten Obstsorten. BIEDENFELD.

OBSERVATIONS. — Cette variété, d'après M. Lucas, proviendrait des pays baignés par le Rhin. Dittrich dit que l'arbre est très-vigoureux, qu'il prend de grandes dimensions et convient au verger de campagne. — L'arbre, de vigueur bien contenue sur paradis, ne peut suffire qu'à de petites formes dont il s'accommode assez bien. Sa fertilité est précoce, grande et constante. Son fruit est propre aux usages du ménage.

DESCRIPTION.

Rameaux assez peu forts, obscurément anguleux dans leur contour, flexueux, à entre-nœuds longs, d'un brun rougeâtre sombre en grande partie voilé d'une pellicule; lenticelles grisâtres, un peu larges, rares et peu apparentes.

Boutons à bois moyens, coniques, aigus, appliqués ou presque appliqués au rameau, soutenus sur des supports saillants dont les côtés et l'arête médiane se prolongent assez obscurément; écailles d'un rouge intense et glabres.

Pousses d'été d'un vert d'eau, un peu lavées de rouge du côté du soleil et peu duveteuses sur toute leur longueur.

Feuilles des pousses d'été grandes, ovales ou ovales-elliptiques et élargies, se terminant brusquement en une pointe fine, un peu concaves, bordées de dents larges, un peu profondes, couchées et aiguës, soutenues horizontalement sur des pétioles moyens, de moyenne force et un peu redressés.

Stipules courtes, lancéolées, un peu recourbées.

Boutons à fruit assez gros, conico-ovoïdes, épais, courtement aigus; écailles d'un rouge intense et sombre largement maculé de gris blanchâtre.

Fleurs au moins moyennes; pétales elliptiques-élargis, concaves, à onglet court, se recouvrant entre eux, presque blancs en dehors et blancs en dedans; divisions du calice longues, étroites, bien recourbées en dessous; pédicelles longs, grêles, à peine duveteux.

Feuilles des productions fruitières plus grandes, plus allongées que celles des pousses d'été, ovales ou ovales-elliptiques, se terminant brusquement en une pointe courte et fine, un peu concaves, bordées de dents larges, peu profondes, couchées et peu aiguës, irrégulièrement soutenues sur des pétioles longs, forts, raides et bien divergents.

Caractère saillant de l'arbre : teinte générale du feuillage d'un vert herbacé intense et un peu brillant ; toutes les feuilles plus ou moins amples, courtement et finement acuminées.

Fruit gros, conique, irrégulier dans sa forme, déformé dans son contour par des côtes épaisses et obtuses, atteignant sa plus grande épaisseur tantôt plus, tantôt moins au-dessous du milieu de sa hauteur; au-dessus de ce point, s'atténuant par une courbe d'abord convexe puis concave en une pointe peu longue, épaisse et souvent obliquement tronquée à son sommet ; au-dessous du même point, s'arrondissant par une courbe plus ou moins convexe jusque dans la cavité de la queue.

Peau mince et un peu ferme, d'abord d'un vert clair et gai semé de points bruns un peu larges, cernés de vert plus clair, largement espacés, apparents et manquant sur certaines parties. Une rouille fine d'un brun clair rayonne en étoile dans la cavité de la queue et souvent au-delà de ses bords. A la maturité, **commencement et courant d'hiver,** le vert fondamental passe au jaune citron clair, et le côté du soleil est lavé ou flammé d'un rouge cramoisi frais qui manque dans certaines saisons et surtout sur les fruits mal exposés.

Œil grand, fermé ou demi-fermé, à divisions longues et recourbées en dehors, placé dans une cavité profonde, assez large et dont les bords abrupts sont divisés en côtes inégales et qui se prolongent d'une manière plus ou moins prononcée sur la hauteur du fruit. Tuyau du calice en entonnoir large et court, ne dépassant pas la première enveloppe du cœur dont l'axe est largement creusé et dont la coupe cordiforme n'offre pas une étendue tout-à-fait proportionnée au volume du fruit.

Queue de moyenne longueur, grêle, attachée dans une cavité profonde, évasée et bien ondulée par ses bords.

Chair d'un blanc à peine teinté de jaune sous la peau, assez fine, ferme, peu abondante en jus sucré, vineux, légèrement acidulé, sans parfum appréciable, constituant un fruit surtout propre aux usages du ménage.

SWEET AND SOUR

(N° 131)

The Fruits and the fruit-trees of America. DOWNING.
American pomology. JOHN WARDER.

OBSERVATIONS. — Downing et Warder disent que cette variété
est d'origine inconnue. — L'arbre, de vigueur normale sur paradis,
s'accommode bien des formes régulières par la bonne disposition
et la durée de ses productions fruitières. Sa haute tige forme une
tête élevée, peu compacte, à branches obliques, ascendantes. Sa
fertilité est précoce, bonne et soutenue. Son fruit est de facile
conservation, et propre aux usages de la cuisine.

DESCRIPTION.

Rameaux forts, unis ou presque unis dans leur contour, bien droits, à
entre-nœuds assez longs, d'un brun rouge très-intense en partie voilé par
une pellicule métallique brillante; lenticelles jaunâtres, un peu larges, un
peu saillantes, assez peu nombreuses et un peu apparentes.

Boutons à bois moyens, courts, bien obtus, appliqués ou presque
appliqués au rameau, soutenus sur des supports très-peu saillants dont les
côtés et l'arête médiane ne se prolongent pas ou très-obscurément; écailles
d'un rouge intense et brillant, glabres.

Pousses d'été d'un vert clair et très-vif, non lavées de rouge, couvertes d'un duvet peu abondant et hérissé.

Feuilles des pousses d'été moyennes, elliptiques un peu allongées,
se terminant un peu brusquement en une pointe un peu longue, à peine
concaves ou presque planes, bordées de dents fines, assez profondes et
finement aiguës, mal soutenues sur des pétioles un peu longs, un peu forts
et peu redressés.

Stipules en alênes assez courtes et plus ou moins fines, quelques-unes filiformes.

Boutons à fruit assez gros, conico-ovoïdes, courts, épais et très-obtus ; écailles rougeâtres et bordées de brun noirâtre, couvertes d'un duvet gris sombre.

Fleurs grandes ; pétales ovales-elliptiques, un peu concaves, souvent ondulés, à onglet très-court, se recouvrant largement entre eux, à peine lavés de rose en dehors et en dedans ; divisions du calice longues, bien recourbées ; pédicelles bien longs, un peu forts, peu duveteux.

Feuilles des productions fruitières à peine un peu plus grandes que celles des pousses d'été, elliptiques, se terminant un peu brusquement en une pointe très-fine, planes ou presque planes, bordées de dents fines, un peu profondes, plus ou moins couchées et finement aiguës, irrégulièrement soutenues sur des pétioles un peu longs, forts et divergents.

Caractère saillant de l'arbre : teinte générale du feuillage d'un vert pré bien clair et mat ; toutes les feuilles presque exactement elliptiques et garnies d'une serrature finement acérée ; tous les pétioles un peu longs et forts.

Fruit moyen, sphérique, bien déprimé à ses deux pôles, inégal dans sa hauteur et dans son contour, déformé par des côtes très-épaisses et obtuses, atteignant sa plus grande épaisseur à peu près au milieu de sa hauteur ; au-dessus et au-dessous de ce point, s'arrondissant par une courbe plus ou moins convexe du côté de l'œil, et par une courbe plus convexe du côté de la cavité de la queue autour de laquelle il s'aplatit largement.

Peau un peu ferme et épaisse, d'abord d'un vert un peu mat semé de points gris brun, un peu larges, cernés de blanc et largement espacés. Souvent dans la cavité de la queue elle prend seulement un ton vert plus foncé et ne se couvre pas de rouille. A la maturité, **courant d'hiver**, le vert fondamental passe au jaune citron clair et persiste sur la partie saillante des côtes, et le côté du soleil, sur les fruits bien exposés, est lavé d'un nuage léger de rouge brun sur lequel ressortent un peu des points d'un jaune verdâtre.

Œil moyen, fermé, à divisions restant vertes, placé dans une cavité plus ou moins profonde, évasée, divisée dans ses parois et par ses bords en des côtes plus ou moins prononcées, inégales et épaisses et qui se prolongent sur la hauteur du fruit. Tuyau du calice en entonnoir court et aigu, dépassant à peine la première enveloppe du cœur, dont la coupe presque elliptique offre peu d'étendue par rapport au volume du fruit.

Queue courte, forte, attachée dans une cavité peu profonde, bien évasée et à peine ondulée par ses bords.

Chair jaunâtre, peu fine, marcescente, ferme, suffisante en jus sucré, acidulé, un peu astringent, cependant assez agréable, constituant un fruit propre aux usages de la cuisine et de bonne conservation.

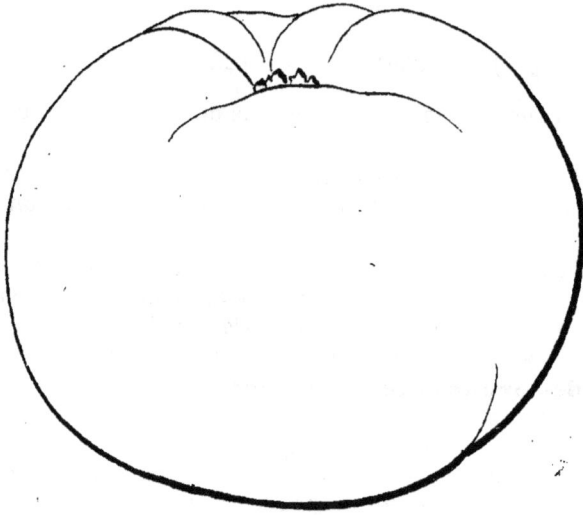

131

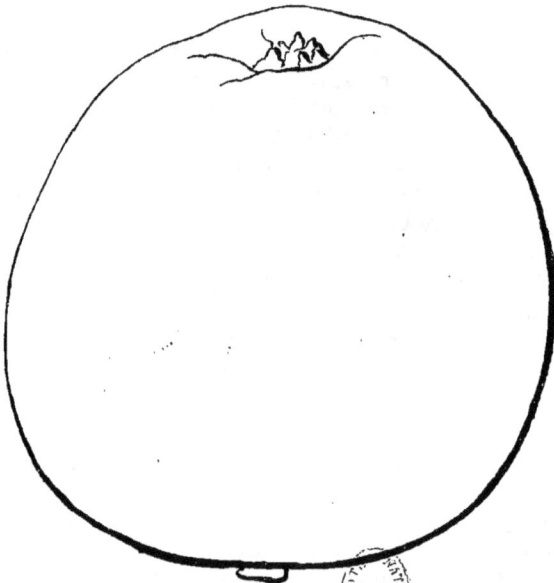

132

131. SWEET AND SOUR.   132. BARON DE TRAUTTENBERG.

BARON DE TRAUTTENBERG

(N° 132)

FREIHERR VON TRAUTTENBERG. *Illustrirtes Handbuch der Obst-kunde.* OBERDIECK.
Pomologische Notizen. OBERDIECK.

OBSERVATIONS. — Cette variété a été obtenue par M. Urbanek, curé de Majthény, dans la Hongrie, et dédiée au baron de Trauttenberg, de Prague. — L'arbre, de vigueur très-contenue sur paradis, s'accommode assez bien des formes régulières. Sa fertilité est précoce et bonne. Son fruit est de bonne qualité.

DESCRIPTION.

Rameaux peu forts, finement anguleux dans leur contour, droits, à entre-nœuds courts, d'un rouge vineux en partie voilé du côté du soleil d'une pellicule métallique ; lenticelles blanches, petites, peu nombreuses et peu apparentes.

Boutons à bois très-petits, très-courts, épatés, obtus, appliqués au rameau, soutenus sur des supports peu saillants dont les côtés et l'arête médiane se prolongent finement; écailles d'un marron rougeâtre sombre.

Pousses d'été d'un vert très-clair, un peu lavées de rouge rosat du côté du soleil et peu duveteuses sur toute leur longueur.

Feuilles des pousses d'été moyennes, ovales un peu allongées et souvent peu larges, se terminant un peu brusquement en une pointe longue, à peine concaves et arquées, souvent un peu ondulées, paraissant souvent plutôt crénelées que dentées, se recourbant sur des pétioles moyens, de moyenne force et un peu redressés.

Stipules courtes, en alênes fines.

Boutons à fruit assez petits, conico-ovoïdes, un peu allongés, maigres et un peu aigus ; écailles extérieures d'un rouge intense bordé de noir ; écailles intérieures couvertes d'un duvet gris extraordinairement court.

Fleurs petites ; pétales elliptiques-arrondis ou arrondis-élargis, concaves, à onglet très-court, se recouvrant largement entre eux, tachés de rose violet en dehors et bien lavés de même en dedans ; divisions du calice longues, étroites, peu recourbées ; pédicelles moyens, de moyenne force, un peu duveteux.

Feuilles des productions fruitières plus grandes que celles des pousses d'été, obovales-allongées et peu larges, assez sensiblement atténuées vers le pétiole et souvent inégalement partagées par leur nervure médiane, à peine concaves, un peu recourbées en dessous par leur extrémité, parfois très-largement ondulées, bordées de dents larges, assez peu profondes, arrondies ou bien obtuses, paraissant largement crénelées plutôt que dentées, irrégulièrement soutenues sur des pétioles courts, peu forts, bien fermes et bien divergents.

Caractère saillant de l'arbre : feuilles des pousses d'été d'un vert pré clair, vif et luisant ; feuilles des productions fruitières d'un vert pré plus intense et mat ; toutes les feuilles paraissant plutôt crénelées que dentées ; les plus jeunes feuilles souvent lavées de rouge.

Fruit moyen ou assez gros, conique, souvent un peu déformé dans son contour par des côtes très-aplanies, atteignant sa plus grande épaisseur au-dessous du milieu de sa hauteur ; au-dessus de ce point, s'atténuant peu par une courbe peu convexe en une pointe plus ou moins longue, épaisse et tronquée à son sommet ; au-dessous du même point, s'arrondissant par une courbe plus ou moins convexe jusque dans la cavité de la queue.

Peau mince, fine, unie, d'abord d'un vert pâle semé de points grisâtres, très-petits, rares, très-peu apparents et manquant souvent sur certaines parties. Ordinairement une rouille très-fine, très-peu dense, grisâtre, s'étale en étoile dans la cavité de la queue. A la maturité, **automne,** le vert fondamental passe au jaune citron clair, et le côté du soleil est lavé ou flammé d'un rouge orangé sur lequel ressortent peu quelques points larges et d'un rouge un peu plus intense.

Œil petit, fermé, à divisions dressées en bouquet, placé dans une cavité étroite, peu profonde, plissée dans ses parois et divisée par ses bords en des côtes peu saillantes et qui se prolongent souvent, mais d'une manière très-obscure, sur la hauteur du fruit. Tuyau du calice en entonnoir profond et aigu, dépassant la première enveloppe du cœur dont la coupe cordiforme un peu élevée est proportionnée au volume du fruit.

Queue courte, peu forte, serrée dans une cavité peu profonde, bien étroite dans son fond et ordinairement presque régulière par ses bords à peine ondulés.

Chair blanche, fine, un peu tassée, un peu ferme, suffisante en jus sucré, agréablement acidulé et relevé, constituant un fruit de bonne qualité.

LUCOMBE'S PINE-APPLE

(N° 133)

The Fruits and the fruit-trees of America. DOWNING.
The Apple and its Varieties. ROBERT HOGG.
Catalogue JOHN SCOTT, de Merriott.

OBSERVATIONS. — Cette variété fut obtenue dans la pépinière de MM. Lucombe, Pince et Cie, d'Exeter. — L'arbre, de vigueur normale sur paradis, s'accommode assez bien des formes régulières et surtout de celle de pyramide ; sa haute tige forme une tête élevée de moyenne dimension. Sa fertilité est précoce et grande. Son fruit est de bonne qualité.

DESCRIPTION.

Rameaux de moyenne force, anguleux dans leur contour, droits, à entre-nœuds de moyenne longueur, d'un brun un peu teinté de rouge et peu foncé ; lenticelles jaunâtres, rares et peu apparentes.

Boutons à bois moyens, coniques, bien renflés sur le dos, émoussés, appliqués ou presque appliqués au rameau, soutenus sur des supports saillants dont les côtés et l'arête médiane se prolongent assez distinctement ; écailles d'un marron rougeâtre peu foncé et brillant.

Pousses d'été d'un vert très-clair et presque glabres sur toute leur longueur.

Feuilles des pousses d'été assez petites, ovales, se terminant peu brusquement en une pointe longue et étroite, creusées, non arquées et souvent contournées par leur extrémité, bordées de dents fines, plusieurs fois et finement surdentées et émoussées, bien soutenues sur des pétioles courts, peu forts et redressés.

Stipules en alênes courtes, assez fines et souvent recourbées.

Boutons à fruit moyens, sphérico-ovoïdes ou presque sphériques, bien obtus ; écailles d'un rouge clair et vif.

Fleurs moyennes ; pétales elliptiques, peu concaves, à onglet très-court, se recouvrant entre eux, lavés d'un joli rose frais en dehors et en dedans ; divisions du calice courtes, fines, annulaires ; pédicelles courts, peu forts, peu duveteux.

Feuilles des productions fruitières petites, obovales-allongées ou obovales-lancéolées, souvent obtuses à leur extrémité, creusées et à peine arquées, bordées de dents fines, très-peu profondes et bien recourbées, assez bien soutenues sur des pétioles de moyenne longueur, très-grêles et cependant bien fermes.

Caractère saillant de l'arbre : teinte générale du feuillage d'un vert pré clair et vif ; toutes les feuilles finement et peu profondément dentées ; tous les pétioles plus ou moins grêles et cependant bien raides.

Fruit assez petit ou presque moyen, sphérico-conique, tantôt uni, tantôt à peine déformé dans son contour par des élévations très-aplanies, atteignant sa plus grande épaisseur à peu près au milieu de sa hauteur ; au-dessus et au-dessous de ce point, s'atténuant par des courbes presque de même longueur et presque également convexes, soit du côté de la queue, soit du côté de l'œil vers lequel il s'atténue cependant un peu plus.

Peau un peu ferme, d'abord d'un vert d'eau pâle semé de points grisâtres, cernés d'une auréole nacrée, larges et largement espacés. Une rouille d'un brun clair s'étale en étoile dans la cavité de la queue. A la maturité, **courant d'hiver,** le vert fondamental passe au jaune citron clair chaudement doré et souvent lavé de rouge orangé du côté du soleil.

Œil petit, fermé, à divisions longues et fines, placé dans une cavité étroite, peu profonde et souvent bien distinctement plissée dans ses parois et par ses bords. Tuyau du calice en forme de tube cylindrique et obtus, descendant un peu au-dessous de la première enveloppe du cœur, très-rapprochée de l'œil et dont la coupe est presque exactement elliptique.

Queue courte, forte, épaissie à son point d'attache dans une cavité étroite, peu profonde, régulière, dans laquelle elle est cependant parfois repoussée obliquement par une excroissance charnue.

Chair d'un blanc à peine teinté de jaune et surtout sous la peau, fine, tassée, assez tendre, suffisante en jus richement sucré, vineux, relevé d'un parfum propre, que quelques pomologistes comparent à celui de l'Ananas.

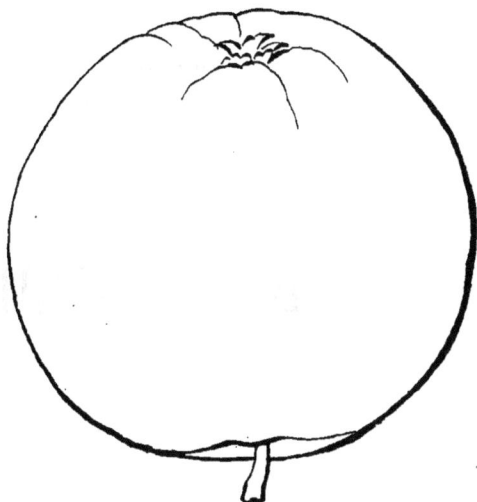

133

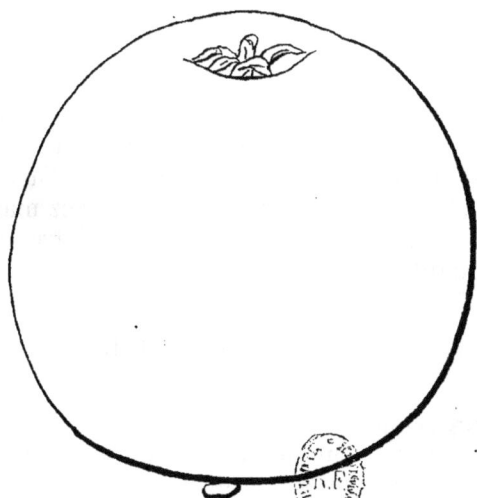

134

133. LUCOMBE'S PINE-APPLE.   134. RED INGESTRIE.

RED INGESTRIE

(N° 134)

The Fruits and the fruit-trees of America. DOWNING.
The Apple and its Varieties. ROBERT HOGG.
A Guide to the Orchard. LINDLEY.
Catalogue JOHN SCOTT, de Merriott.
RED INGESTRIE PIPPIN. *Handbuch aller bekannten Obstsorten.* BIE-
DENFELD.
ROTHE PEPPING VON INGESTRIE. *Systematisches Handbuch der
Obstkunde.* DITTRICH.

OBSERVATIONS. — D'après Lindley, cette variété fut obtenue par
Thomas-André Knight par le croisement du Pepin Orange avec le
Pepin d'or, vers 1800. Le pied-mère existe encore à Vormsley-
Grange, dans le comté d'Hereford. — L'arbre est de vigueur
moyenne sur paradis ; il s'accommode assez mal des formes régulières. Sa fertilité est très-précoce et très-grande. Son fruit est de
première qualité.

DESCRIPTION.

Rameaux peu forts, unis ou presque unis dans leur contour, droits, à
entre-nœuds courts, d'un marron rougeâtre foncé presque entièrement
voilé d'une pellicule épaisse; lenticelles petites, peu nombreuses et peu
apparentes.
Boutons à bois moyens, bien renflés sur le dos, aigus, appliqués ou
presque appliqués au rameau, soutenus sur des supports un peu saillants
dont les côtés et l'arête médiane ne se prolongent pas ou très-peu distinctement; écailles d'un marron rougeâtre foncé.

Pousses d'été à peine flexueuses, couvertes d'un duvet extraordinairement court et peu serré. .

Feuilles des pousses d'été petites, obovales-élargies, se terminant très-brusquement en une pointe un peu longue et bien finement aiguë, un peu concaves et non arquées, bordées de dents larges, profondes, un peu recourbées et bien aiguës, soutenues horizontalement sur des pétioles assez courts, bien forts et peu redressés.

Stipules moyennes, lancéolées-étroites.

Boutons à fruit petits, conico-ovoïdes, un peu aigus ; écailles extérieures d'un rouge violet très-intense presque noir ; écailles intérieures d'un violet clair.

Fleurs petites ; pétales presque exactement elliptiques, à peine concaves ou planes, à onglet court, un peu écartés entre eux, d'un rouge vineux en dehors, bien lavés de même en dedans ; divisions du calice moyennes, étroites, annulaires; pédicelles moyens, grêles, peu duveteux.

Feuilles des productions fruitières petites, obovales bien élargies, se terminant très-brusquement en une pointe courte et étroite, peu repliées et à peine arquées, largement ondulées, bordées de dents un peu profondes, un peu courbées et bien aiguës, bien soutenues sur des pétioles de moyenne longueur, bien grêles et bien raides.

Caractère saillant de l'arbre : teinte générale du feuillage d'un vert d'eau foncé et terne; toutes les feuilles petites et bordées de dents bien acérées, toutes très-brusquement acuminées ; branchage et feuillage menus.

Fruit assez petit ou presque moyen, presque cylindrique, bien uni dans son contour, presque également et largement tronqué à ses deux pôles, atteignant sa plus grande épaisseur à peu près au milieu de sa hauteur ; au-dessus et au-dessous de ce point, s'atténuant par des courbes presque de même longueur et presque également convexes.

Peau fine, mince, souple, d'abord d'un vert très-pâle semé de petits points d'un brun clair, largement espacés et peu apparents. Une rouille fine et d'un brun verdâtre s'étale en étoile dans la cavité de la queue. A la maturité, **automne,** le vert fondamental passe au jaune clair chaudement doré et rayé de rouge cerise du côté du soleil.

Œil grand, demi-ouvert, à divisions fines, grisâtres, placé dans une cavité étroite, un peu profonde, souvent faiblement sillonnée dans ses parois et unie par ses bords. Tuyau du calice descendant en forme d'entonnoir court et obtus, ne dépassant pas la première enveloppe du cœur, dont la coupe, régulièrement cordiforme, offre assez peu d'étendue pour le volume du fruit.

Queue courte, grêle, attachée dans une cavité étroite, peu profonde et bien régulière.

Chair jaune, fine, tendre, suffisante en jus sucré et très-agréablement parfumé, constituant un fruit de première qualité.

SWEET VANDERVERE

(N° 135)

The Fruits and the fruit-trees of America. Downing.
American Pomology. John Warder.
SWEET VANDEVERE. *The American fruit Culturist.* Thomas.
Catalogue John Scott, de Merriott.

Observations. — Downing donne les deux synonymes suivants :
Sweet Redstreak et Sweet Harvey à cette variété dont l'origine est
inconnue. — L'arbre, d'une vigueur contenue sur paradis, ne s'accommode pas des formes régulières, sa végétation étant tortueuse.
Sa fertilité excessive est assez précoce et bien soutenue. Son fruit
est d'assez bonne qualité.

DESCRIPTION.

Rameaux peu forts, obscurément anguleux dans leur contour, à peine
flexueux, à entre-nœuds de moyenne longueur, d'un brun rougeâtre foncé
voilé du côté du soleil d'une pellicule brillante ; lenticelles blanchâtres,
petites, assez peu nombreuses et peu apparentes.

Boutons à bois petits, très-courts, obtus, appliqués au rameau, soutenus sur des supports peu saillants dont l'arête médiane se prolonge
très-peu distinctement ; écailles d'un rouge foncé et glabres.

Pousses d'été d'un vert clair et un peu jaune, couvertes d'un duvet
très-court et peu épais.

Feuilles des pousses d'été assez petites, ovales-elliptiques, se
terminant brusquement en une pointe courte et un peu large, presque
planes et à peine arquées, bordées de dents peu larges, un peu profondes.

un peu recourbées et un peu aiguës, soutenues horizontalement sur des pétioles assez courts, forts et un peu redressés.

Stipules très-courtes, fines et caduques.

Boutons à fruit gros, conico-ellipsoïdes, émoussés ; écailles couvertes d'un duvet gris sale et épais.

Fleurs petites ; pétales elliptiques-arrondis, concaves, à onglet court, se recouvrant peu largement entre eux, tachés de rose violet en dehors, presque uniformément lavés de même en dedans ; divisions du calice moyennes, larges, à peine recourbées ; pédicelles un peu longs, un peu forts, peu duveteux.

Feuilles des productions fruitières un peu moins petites que celles des pousses d'été, ovales-elliptiques, allongées et peu larges, se terminant régulièrement en une pointe très-courte et aiguë, creusées et un peu arquées, bordées de dents larges, assez profondes et émoussées, bien soutenues sur des pétioles de moyenne longueur, peu forts, fermes et bien dressés.

Caractère saillant de l'arbre : teinte générale du feuillage d'un vert pré clair et vif ; toutes les feuilles plus ou moins petites, tendant à la forme elliptique et un peu allongées, bien soutenues sur leurs pétioles.

Fruit moyen, sphérico-conique, déprimé à ses deux pôles, uni dans son contour, atteignant sa plus grande épaisseur à peu près au milieu de sa hauteur ; au-dessus de ce point, s'arrondissant en une demi-sphère un peu tronquée ; au-dessous du même point, s'arrondissant par une courbe un peu plus convexe jusque dans la cavité de la queue.

Peau un peu ferme, bien unie, un peu onctueuse et peu odorante à la maturité, d'abord d'un vert très-clair semé de points grisâtres largement cernés de blanc et très-largement espacés. Parfois une rouille très-fine, verdâtre, rayonne en étoile dans la cavité de la queue. A la maturité, **commencement et courant d'hiver,** le vert fondamental passe au jaune citron intense doré et rayé d'un joli rouge cramoisi du côté du soleil.

Œil moyen, fermé ou demi-fermé, à divisions restant longtemps vertes, placé dans une cavité large, peu profonde, plissée dans ses parois et presque unie par ses bords. Tuyau du calice en entonnoir court et aigu, dépassant à peine la première enveloppe du cœur dont la coupe cordiforme offre une grande étendue par rapport au volume du fruit.

Queue courte, grêle, attachée dans une cavité étroite, assez profonde, bien étroite dans son fond et ondulée par ses bords.

Chair d'un jaune clair, fine, tassée, bien ferme, suffisante en jus doux, sucré, un peu relevé, constituant un fruit d'assez bonne qualité et d'une jolie apparence.

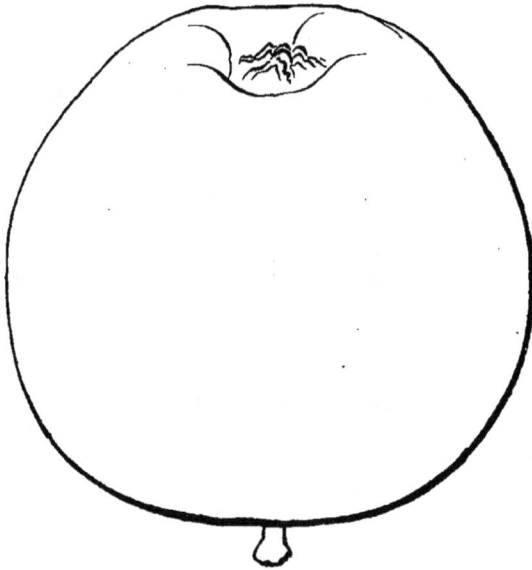

135

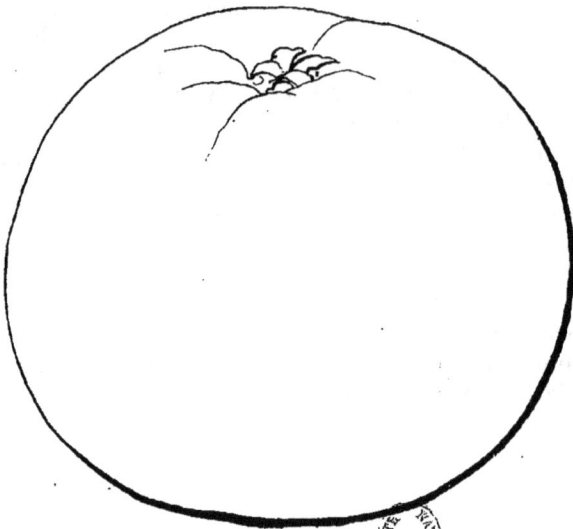

136

135. SWEET VANDERVERE.   136. AUNT HANNAH.

AUNT HANNAH

(N° 136)

The Fruits and the fruit-trees of America. DOWNING.
The American fruit Culturist. THOMAS.
AUGUST TART. American Pomology. JOHN WARDER.

OBSERVATIONS. — D'après Downing, cette variété est originaire du comté d'Essex (Massachussetts). Warder la donne en synonyme à sa pomme *August Tart*, qui mûrit en août. — L'arbre, de vigueur normale sur paradis, ne s'accommode pas facilement des formes régulières ; il est d'une végétation lente. Sa fertilité assez précoce est moyenne. Son fruit est de première qualité, de longue et bonne conservation.

DESCRIPTION.

Rameaux peu forts, obscurément anguleux dans leur contour, à peine flexueux à entre-nœuds assez courts, d'un brun violet entièrement ou presque entièrement voilé d'une pellicule mince du côté du soleil ; lenticelles blanches, très-petites, rares et peu apparentes.

Boutons à bois petits, un peu courts, peu aigus, appliqués au rameau, soutenus sur des supports un peu saillants dont les côtés et l'arête médiane se prolongent obscurément ; écailles d'un rouge intense et terne.

Pousses d'été d'un vert très-clair du côté de l'ombre, lavées de rouge rosat du côté du soleil, et couvertes d'un duvet blanc, soyeux, extraordinairement court et peu épais.

Feuilles des pousses d'été moyennes ou assez petites, ovales, se terminant peu brusquement en une pointe longue et large, un peu repliées et bien arquées, bordées de dents un peu larges, un peu profondes et émoussées, assez bien soutenues sur des pétioles assez courts, de moyenne force et redressés.

Stipules en alênes très-courtes et très-fines.

Boutons à fruit petits, ovoïdes, aigus ; écailles d'un rouge intense et vif, largement maculées de gris blanchâtre.

Fleurs petites ; pétales elliptiques-arrondis, peu concaves, à onglet très-court, se recouvrant entre eux, bien tachés de rose violet en dehors, et bien lavés de même en dedans ; divisions du calice assez longues, étroites, bien recourbées ; pédicelles courts, un peu forts, peu duveteux.

Feuilles des productions fruitières moyennes, obovales-allongées et peu larges, longuement et sensiblement atténuées vers le pétiole, se terminant peu brusquement en une pointe peu longue et souvent contournée, bien repliées et arquées, bordées de dents peu profondes, bien couchées et aiguës, bien soutenues sur des pétioles courts, de moyenne force, fermes et peu redressés.

Caractère saillant de l'arbre : teinte générale du feuillage d'un vert intense et bien luisant ; toutes les feuilles sensiblement repliées et arquées ; tous les pétioles plus ou moins courts.

Fruit moyen, sphérique plus ou moins déprimé à ses deux pôles, à peine déformé dans son contour par des côtes bien aplanies, atteignant sa plus grande épaisseur à peu près au milieu de sa hauteur ; au-dessus et au-dessous de ce point, s'arrondissant plus ou moins promptement par des courbes presque de même longueur et presque également convexes, soit du côté de la queue, soit du côté de l'œil vers lequel il s'atténue à peine un peu plus

Peau un peu ferme, unie, brillante, d'abord d'un vert décidé semé de points d'un gris noir, petits, nombreux, régulièrement espacés et apparents. Une tache d'une rouille brune bien dense rayonne en étoile dans la cavité de la queue et au-delà de ses bords. A la maturité, **courant et fin d'hiver**, le vert fondamental passe au jaune doré, et le côté du soleil est largement recouvert d'un vert bronzé un peu rougeâtre et sur lequel ressortent des points blanchâtres larges et bien régulièrement espacés.

Œil grand, fermé, à divisions recourbées en dehors, placé dans une cavité large, peu profonde, largement plissée par ses bords, et dans laquelle des perles charnues alternent avec les divisions. Tuyau du calice en entonnoir court et obtus, ne dépassant pas la première enveloppe du cœur dont la coupe cordiforme-elliptique offre une étendue proportionnée au volume du fruit.

Queue courte, peu forte, attachée dans un cavité très-étroite, profonde et très-largement ou à peine ondulée par ses bords.

Chair bien jaune, fine, tassée, un peu ferme, abondante en jus richement sucré, relevé d'un parfum de cannelle très-agréable, constituant un fruit de première qualité, de longue et bonne conservation, ayant résisté à la gelée de 1871.

SMALLEY

(N° 137)

The Fruits and the fruit-trees of America. Downing.
American Pomology. John Warder.
The American fruit Culturist. Thomas.

Observations. — D'après Downing, cette variété est originaire de Kensington (Connecticut). — L'arbre est de bonne vigueur sur paradis; il ne s'accommode pas des formes régulières; élevé en haute tige, il prend une grande dimension. Sa fertilité est précoce, moyenne et assez bien soutenue. Son fruit est d'assez bonne qualité.

DESCRIPTION.

Rameaux forts, unis dans leur contour, presque droits, à entre-nœuds courts, d'un rouge vineux intense et sombre un peu voilé d'une pellicule du côté du soleil; lenticelles d'un gris blanchâtre, larges, arrondies, nombreuses et apparentes.

Boutons à bois très-gros, coniques, un peu aigus, appliqués ou presque appliqués au rameau, soutenus sur des supports un peu saillants dont les côtés et l'arête médiane ne se prolongent pas; écailles d'un rouge intense et sombre.

Pousses d'été d'un vert d'eau très-clair, bien recouvertes d'un duvet bien blanc, soyeux et épais.

Feuilles des pousses d'été assez grandes, elliptiques-élargies, se terminant très-brusquement en une pointe courte, peu concaves ou presque planes, souvent ondulées, bordées de dents un peu profondes, fines et très-finement aiguës, assez peu soutenues sur des pétioles peu longs, très-forts et un peu souples.

Stipules longues, lancéolées-étroites et souvent recourbées.

Boutons à fruit assez petits, ovoïdes, un peu aigus ; écailles d'un rouge très-foncé et largement maculées de gris blanchâtre.

Fleurs assez grandes ; pétales elliptiques bien élargis, concaves, à onglet court, se recouvrant un peu entre eux, à peine tachés de rose en dehors, presque blancs en dedans ; divisions du calice longues et recourbées ; pédicelles très-courts, forts et cotonneux.

Feuilles des productions fruitières un peu plus grandes que celles des pousses d'été, elliptiques et quelques-unes plus petites elliptiques-arrondies, se terminant très-brusquement en une pointe extraordinairement courte, planes ou presque planes, bordées de dents profondes et finement aiguës, bien soutenues sur des pétioles courts, forts, fermes et bien divergents.

Caractère saillant de l'arbre : teinte générale du feuillage d'un vert bleu plus ou moins foncé et un peu brillant ; serrature de toutes les feuilles formée de dents extraordinairement acérées ; sommités des jeunes pousses bien recouvertes d'un duvet blanc et soyeux.

Fruit moyen, sphérico-conique, un peu déformé dans son contour par des côtes très-épaisses et bien obtuses, atteignant sa plus grande épaisseur à peu près au milieu de sa hauteur ; au-dessus et au-dessous de ce point, s'arrondissant par des courbes presque de même longueur, mais en s'atté-nuant sensiblement plus du côté de l'œil.

Peau bien fine, mince, d'abord d'un vert pâle sur lequel il est difficile de reconnaître de véritables points. Une rouille brune s'étale en étoile dans la cavité de la queue. A la maturité, **automne et commencement d'hiver,** le vert fondamental passe au jaune paille et le côté du soleil se dore ou, sur les fruits bien exposés, se couvre d'un léger nuage de rouge.

Œil moyen, fermé, placé dans une cavité étroite, très-peu profonde, divisée dans ses parois et dans ses bords par des rudiments de côtes qui se prolongent d'une manière plus ou moins sensible sur la hauteur du fruit. Tuyau du calice descendant par un tube large jusque dans la cavité du cœur dont l'axe est largement creusé et dont la coupe cordiforme-elliptique offre une étendue peu proportionnée au volume du fruit.

Queue très-courte, peu forte, attachée dans une cavité assez profonde, très-étroite dans son fond, évasée et un peu ondulée par ses bords.

Chair d'un jaune clair, demi-fine, ferme, abondante en jus sucré, vineux, constituant un fruit assez bon pour la table, mais surtout propre aux usages de ménage.

137

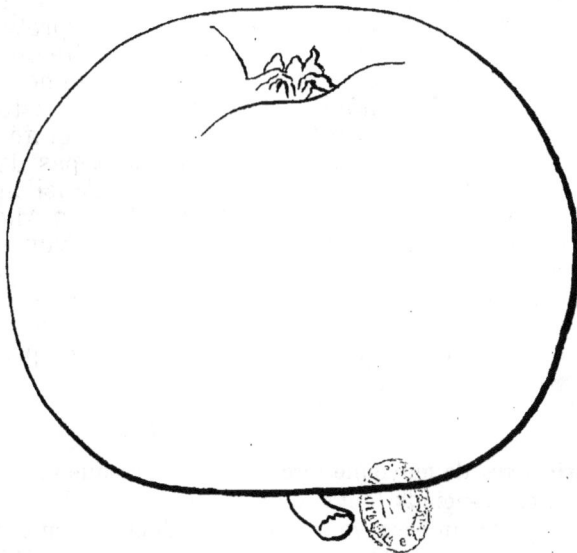

138

137. SMALLEY.   138. REINETTE DES HOPITAUX.

REINETTE DES HOPITAUX

(N° 138)

SYKE HOUSE RUSSET. *The Fruit Manual.* ROBERT HOGG.
The Fruits and the fruit-trees of America. DOWNING.
SYKEHOUSE. *Catalogue* JOHN SCOTT, de Merriott.
SYKEHOUSE RUSSET. *A Guide to the Orchard.* LINDLEY.
Handbuch aller bekannten Obstsorten. BIEDENFELD.
ENGLISCHE SPITAL-REINETTE. *Illustrirtes Handbuch der Obst-kunde.* FLOTOW.
ENGLISCHE SPITALSREINETTE. *Versuch einer Systematischen Beschreibung der Kernobstsorten.* DIEL.
REINETTE ENGLISCHE SPITALS. *Pomologische Notizen.* OBERDIECK.

OBSERVATIONS. — Robert Hogg fait remarquer que Diel, dans ses observations sur ce fruit, a faussement interprêté le mot de Sik-House et qu'il le suppose ainsi nommé Reinette de l'Hôpital à cause de sa saveur agréable aux malades, ou comme ayant été obtenu dans le jardin d'un hôpital. Lindley dit que cette variété a reçu son nom du village de Sykehouse, dans le comté d'York. D'après Oberdieck, elle ne provient probablement pas d'Angleterre, et il dit qu'elle est tout-à-fait la même que l'ancienne Reinette des Mennonites, connue depuis longtemps déjà en Allemagne, et désignée à Paris sous le nom de Reinette de Rambour. — L'arbre, d'une vigueur contenue sur paradis, réussit mieux greffé sur doucin ; il s'accommode assez mal des formes régulières à moins d'être appliqué à un treillage. Sa fertilité est assez précoce, grande, mais interrompue par des alternats. Son fruit est de première qualité.

DESCRIPTION.

Rameaux de moyenne force, unis ou presque unis dans leur contour, droits, à entre-nœuds longs, d'un brun verdâtre du côté de l'ombre, d'un brun rougeâtre intense voilé par places d'une pellicule fendillée du côté du soleil ; lenticelles grisâtres, un peu larges, un peu saillantes, nombreuses et apparentes.

Boutons à bois très-gros, coniques-allongés et aigus, appliqués au rameau, soutenus sur des supports peu saillants dont les côtés et l'arête médiane ne se prolongent pas ; écailles d'un rouge vineux intense et sombre.

Pousses d'été à peine flexueuses, couvertes sur toute leur longueur d'un duvet gris, fin et serré.

Feuilles des pousses d'été à peine moyennes, tantôt ovales, tantôt un peu obovales, se terminant brusquement en une pointe large et longue, concaves et non arquées, bordées de dents peu larges, profondes, souvent doubles, un peu recourbées et aiguës, soutenues horizontalement sur des pétioles assez courts, forts et un peu redressés.

Stipules courtes, lancéolées un peu élargies et un peu recourbées.

Boutons à fruit gros, conico-ovoïdes, un peu aigus ; écailles extérieures rougeâtres ; écailles intérieures couvertes d'un duvet blanchâtre, long et épais.

Fleurs grandes ; pétales ovales-allongés, souvent presque aigus à leur sommet, peu concaves, à onglet court, se touchant presque entre eux, à peine lavés de rose violet en dehors, blancs en dedans ; divisions du calice courtes, étroites, annulaires ; pédicelles assez courts, grêles, peu duveteux.

Feuilles des productions fruitières bien plus grandes que celles des pousses d'été, obovales-allongées, se terminant peu brusquement en une pointe courte, bien creusées et non arquées, bordées de dents bien larges, peu profondes, bien couchées et émoussées, soutenues horizontalement sur des pétioles de moyenne longueur, forts, divergents ou peu redressés.

Caractère saillant de l'arbre : teinte générale du feuillage d'un vert peu foncé et terne ; différence de forme bien grande entre les feuilles des pousses d'été et celles des productions fruitières ; pousses d'été bien duveteuses ; l'arbre pousse dans la saison des rameaux plus allongés qu'aucune autre variété.

Fruit moyen ou presque moyen, sphérique bien déprimé à ses deux pôles, uni dans son contour, atteignant sa plus grande épaisseur au milieu de sa hauteur ; au-dessus et au-dessous de ce point, s'arrondissant par des courbes égales et presque également convexes, soit du côté de la queue, soit du côté de l'œil, vers lequel il est à peine un peu plus atténué.

Peau fine, mince, souple, d'abord d'un vert d'eau semé de points gris, largement espacés, et ordinairement entièrement ou presque entièrement recouvert d'une couche de rouille uniforme d'un brun clair et sablé de sortes d'écailles d'apparence métallique. A la maturité, **commencement et courant d'hiver,** la rouille s'éclaire, et par petites places, on aperçoit quelquefois le vert fondamental passé au jaune citron, et sur presque toute sa surface ressortent des points gris blanchâtres, largement espacés et un peu saillants.

Œil assez grand, ouvert ou demi-ouvert, à divisions fines et recourbées en dehors, placé dans une cavité large, peu profonde, plissée dans ses parois et unie ou presque unie par ses bords. Tuyau du calice en forme d'entonnoir peu aigu, descendant un peu au-dessous de la première enveloppe du cœur dont la coupe cordiforme offre une étendue proportionnée au volume du fruit.

Queue courte ou de moyenne longueur, un peu forte, attachée dans une cavité peu profonde, évasée et presque unie par ses bords.

Chair d'un blanc à peine teinté de jaune, fine, tassée, un peu ferme, suffisante en jus richement sucré, très-agréablement relevé et parfumé à la manière des bonnes Reinettes grises, constituant un fruit de première qualité.

REINETTE ANANAS

(N° 139)

ANANAS REINETTE. *Abbildungen Württembergischer Obstsorten.* LUCAS.

Schweizerische Obstsorten.

Pomologische Notizen. OBERDIECK.

Systematisches Handbuch der Obstkunde. DITTRICH.

Systematische Beschreibung der Kernobstsorten. DIEL.

Handbuch der Pomologie. HINKERT.

REINETTE D'ANANAS. *Handbuch aller bekannten Obstsorten.* BIEDEN-FELD.

Catalogue JOHN SCOTT, de Merriott.

OBSERVATIONS. — Cette variété provient probablement de Hollande; elle a été découverte dans le jardin d'un couvent du Brabant septentrional. — L'arbre, de vigueur contenue sur paradis, s'accommode bien des formes régulières et surtout de la pyramide. Sa haute tige forme une tête élevée, pyramidale, de moyenne dimension. Cette variété se recommande par sa fertilité très-précoce, très-grande et soutenue, ainsi que par sa rusticité. Son fruit est de bonne qualité.

DESCRIPTION.

Rameaux de moyenne force, unis dans leur contour, droits, à entre-nœuds courts, d'un brun verdâtre du côté de l'ombre, d'un brun rougeâtre du côté du soleil à peine voilé d'une pellicule très-mince; lenticelles grisâtres, petites, nombreuses, un peu apparentes.

Boutons à bois presque moyens, coniques, élargis à leur base, aplatis et aigus, exactement appliqués au rameau, soutenus sur des supports peu saillants dont les côtés et l'arête médiane ne se prolongent pas; écailles d'un rouge clair.

Pousses d'été peu fortes et droites, couvertes d'un duvet peu épais.

Feuilles des pousses d'été petites, exactement ovales, se terminant un peu brusquement en une pointe courte et finement aiguë, concaves et peu arquées, bordées de dents assez larges, souvent doubles et arrondies, soutenues à peu près horizontalement sur des pétioles très-courts, peu forts et plus ou moins redressé.

Stipules extraordinairement courtes et fines.

Boutons à fruit conico-ovoïdes, peu épais, émoussés; écailles extérieures rougeâtres; écailles intérieures couvertes d'un duvet gris et épais.

Fleurs grandes; pétales ovales, très-frêles, à peine concaves, finement ondulés, à peine lavés de rose tendre en dehors et en dedans, à onglet court, se recouvrant à peine entre eux; divisions du calice assez courtes et bien recourbées en dessous; pédicelles assez courts, forts et cotonneux.

Feuilles des productions fruitières petites, ovales-elliptiques, peu concaves, se terminant régulièrement en une pointe courte, bordées de dents peu profondes et obtuses, bien soutenues sur des pétioles courts, grêles, dressés.

Caractère saillant de l'arbre : teinte générale du feuillage d'un vert bien foncé; toutes les feuilles petites; tous les pétioles courts; arbre bien feuillu.

Fruit petit ou presque moyen, cónico-cylindrique ou presque cylindrique, bien uni dans son contour, atteignant sa plus grande épaisseur au milieu de sa hauteur; au-dessus et au-dessous de ce point, s'atténuant par des courbes égales et presque également convexes, pour se tronquer largement soit du côté de la queue, soit du côté de l'œil.

Peau mince et cependant un peu ferme, d'abord et de bonne heure d'un blanc jaunâtre semé de points gris brun, largement et régulièrement espacés. A la maturité, **automne et commencement d'hiver,** le ton fondamental passe au jaune clair et brillant, doré du côté du soleil, et l'on n'y remarque ordinairement aucun rouge. Une large tache d'une rouille d'un brun clair couvre ordinairement la cavité de la queue.

Œil assez grand, ouvert, à divisions courtes, bien aiguës, étalées dans une cavité peu profonde, bien évasée et souvent finement plissée dans ses parois. Tuyau du calice en forme d'entonnoir bien court, ne dépassant pas la première enveloppe du cœur dont la coupe est cordiforme élevée.

Queue de moyenne longueur, grêle, insérée dans une cavité étroite, peu profonde et bien régulière dans ses parois et par ses bords.

Chair d'un blanc à peine teinté de jaune, fine, serrée, ferme, suffisante en jus sucré, acidulé et parfumé à la manière des Reinettes.

139

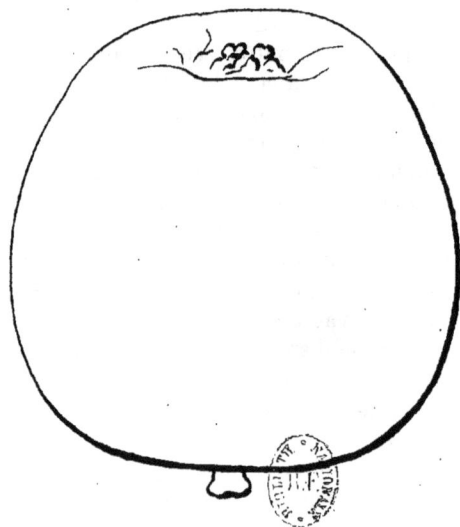

140

139. REINETTE ANANAS.   140. ROBINSON'S PIPPIN.

ROBINSON'S PIPPIN

(N° 140)

The Fruits and the fruit-trees of America. Downing.
The Apple and its Varieties. Robert Hogg.
A Guide to the Orchard. Lindley.
Handbuch aller bekannten Obstsorten. Biedenfeld.

Observations. — Lindley dit que cette variété était depuis long-temps cultivée dans le jardin potager de Kew, et Robert Hogg ajoute que Rogers pense qu'elle est originaire des pépinières de Turnham Green qui furent cultivées pendant une partie du siècle dernier par un M. Robinson. — L'arbre, de vigueur insuffisante sur paradis, exige l'appui à un treillage pour en obtenir des formes régulières. Sa haute tige, de petite dimension, forme une tête pyramidale, fastigiée. Sa fertilité est peu précoce, mais bonne. Son fruit est de bonne qualité.

DESCRIPTION.

Rameaux grêles, unis ou très-obscurément anguleux dans leur con-tour, droits, à entre-nœuds très-courts, d'un rouge brillant et souvent entièrement voilé d'une pellicule épaisse du coté du soleil ; lenticelles très-petites, peu nombreuses et peu apparentes.

Boutons à bois très-petits, coniques, émoussés, appliqués au rameau, soutenus sur des supports très-peu saillants dont les côtés et l'arête mé-diane ne se prolongent pas ou très-peu distinctement ; écailles d'un rouge intense et finement bordées de gris argenté.

Pousses d'été d'un vert clair et vif, non lavées de rouge et couvertes sur toute leur longueur d'un duvet extraordinairement court et peu épais.

Feuilles des pousses d'été moyennes ou assez petites, elliptiques un peu allongées, se terminant brusquement en une pointe courte, un peu concaves et à peine arquées, bordées de dents larges, un peu profondes, surdentées et un peu aiguës, assez bien soutenues sur des pétioles courts, peu forts et redressés.

Stipules en alènes courtes et fines.

Boutons à fruit petits, conico-ovoïdes, émoussés ; écailles d'un rouge intense et à peine duveteuses.

Fleurs moyennes ; pétales ovales-elliptiques, peu concaves, à onglet très-court, se recouvrant un peu entre eux, à peine lavés de rose en dehors, presque blancs en dedans ; divisions du calice moyennes, finement aiguës, recourbées ; pédicelles courts, peu forts, un peu duveteux.

Feuilles des productions fruitières plus grandes que celles des pousses d'été, obovales-elliptiques et allongées, courtement et peu sensiblement atténuées vers le pétiole, se terminant peu brusquement en une pointe très-courte et bien recourbée, peu repliées ou presque planes, bordées de dents assez peu profondes, bien couchées et finement aiguës, s'abaissant un peu sur des pétioles moyens, de moyenne force et peu redressés.

Caractère saillant de l'arbre : teinte générale du feuillage d'un vert pré assez intense et mat ; toutes les feuilles tendant à la forme elliptique et un peu allongées.

Fruit petit, sphérico-cylindrique ou sphérico-conique, uni dans son contour, atteignant sa plus grande épaisseur tantôt au milieu, tantôt un peu au-dessous du milieu de sa hauteur ; au-dessus de ce point, s'atténuant très-peu par une courbe très-peu convexe en une pointe courte ou très-courte, très-épaisse et très-largement tronquée à son sommet ; au-dessous du même point, s'arrondissant par une courbe largement convexe jusque dans la cavité de la queue.

Peau ferme, d'abord d'un vert gai semé de points d'un gris verdâtre, largement espacés, un peu apparents, et souvent en grande partie caché sous un nuage de rouille plus ou moins dense. A la maturité, **courant d'hiver,** le vert fondamental passe au jaune verdâtre un peu doré, ou, sur les fruits les mieux exposés, lavé d'un nuage de rouge brun du côté du soleil.

Œil grand, fermé, à divisions réfléchies en dedans, placé tantôt à fleur du fruit, tantôt dans une dépression très peu profonde, large, bien évasée et presque unie par ses bords. Tuyau du calice descendant par un tube cylindrique, court et obtus, peu au-dessous de la première enveloppe du cœur dont la coupe cordiforme-arrondie offre assez peu d'étendue par rapport au volume du fruit.

Queue courte, un peu forte, attachée dans une cavité très-peu profonde, évasée et ordinairement régulière.

Chair d'un blanc verdâtre, fine, tassée, un peu ferme, croquante, abondante en jus sucré, acidulé, un peu parfumé, constituant un fruit de première qualité, lorsque l'acide n'en est pas trop vif.

YELLOW PEARMAIN

(N° 141).

American Pomology. JOHN WARDER.
.. *The American fruit Culturist.* THOMAS.
CLARKE PEARMAIN. *The Fruits and the fruit-trees of America.*
DOWNING.

OBSERVATIONS. — Downing donne aussi les synonymes suivants
à la Yellow Pearmain : Gloucester Pearmain, Columbian Russet,
Golden Pearmain, et dit qu'elle est une ancienne variété de la
Caroline du Nord. — L'arbre, de vigueur normale sur paradis, mais
ne convenant nullement aux formes régulières, est d'une croissance
lente, ses boutons à bois étant très-disposés à s'annuler. Sa fertilité,
assez précoce, est très-bonne et soutenue. Son fruit est d'assez
bonne qualité.

DESCRIPTION.

Rameaux de moyenne force, obscurément anguleux dans leur contour,
presque droits, à entre-nœuds assez courts, d'un rouge peu foncé et terne,
non voilé ou à peine voilé d'une pellicule fendillée du côté du soleil ; lenticelles grisâtres, allongées, peu nombreuses et peu apparentes.

Boutons à bois assez petits, courts, obtus ou très-courtement aigus,
appliqués au rameau, soutenus sur des supports un peu saillants dont les
côtés et l'arête médiane se prolongent peu distinctement ; écailles entièrement recouvertes d'un très-court duvet grisâtre.

Pousses d'été d'un vert d'eau, lavées de rouge violet du côté du soleil
et couvertes d'un duvet court et assez peu épais.

Feuilles des pousses d'été petites, ovales ou ovales-elliptiques, se terminant brusquement en une pointe un peu longue, un peu large et cependant finement aiguë, concaves et à peine arquées, bordées de dents un peu profondes et bien aiguës, s'abaissant peu sur des pétioles courts, grêles et un peu souples.

Stipules courtes, lancéolées-élargies et souvent un peu courbées.

Boutons à fruit assez petits, coniques, courts, très-obtus; écailles de couleur marron à peine ou non teinté de rouge, recouvertes d'un très-court duvet grisâtre.

Fleurs petites ou assez petites; pétales ovales-elliptiques, un peu concaves, à onglet court, un peu écartés entre eux, tachés de rose en dehors, un peu lavés de même couleur en dedans; divisions du calice très-courtes, finement aiguës, à peine recourbées; pédicelles assez courts, peu forts et peu duveteux.

Feuilles des productions fruitières plus petites que celles des pousses d'été, elliptiques ou ovales-elliptiques, se terminant peu brusquement en une pointe courte, largement creusées, à peine ou non arquées, bordées de dents un peu profondes, bien couchées et bien aiguës, assez bien soutenues sur des pétioles courts, grêles et divergents.

Caractère saillant de l'arbre : teinte générale du feuillage d'un vert d'eau peu foncé et peu brillant; toutes les feuilles petites et garnies d'une serrature acérée; tous les pétioles courts et grêles.

Fruit moyen, sphérique, plus ou moins conique, presque uni dans son contour, atteignant sa plus grande épaisseur plus ou moins au-dessous du milieu de sa hauteur; au-dessus de ce point, s'atténuant par une courbe peu convexe en une pointe plus ou moins courte et tronquée sur une petite étendue à son sommet; au-dessous du même point, s'arrondissant par une courbe bien convexe jusque dans la cavité de la queue.

Peau un peu ferme, d'abord d'un vert gai semé de points d'un gris noir, très-petits, largement espacés et peu apparents. Une rouille très-fine et d'un fauve très-clair rayonne en étoile dans la cavité de la queue et manque souvent. A la maturité, **courant d'hiver,** le vert fondamental passe au jaune clair largement lavé du côté du soleil d'un beau rouge feu traversé par des raies fines d'un rouge cramoisi, et sur ce rouge ressortent peu de petits points jaunes.

Œil petit, fermé, placé dans une cavité étroite, peu profonde, plissée dans ses parois et souvent divisée dans ses bords par des rudiments de côtes qui se prolongent parfois, mais peu sensiblement, sur la hauteur du fruit. Tuyau du calice descendant par un tube très-étroit jusque dans la cavité du cœur dont l'axe est creux, et dont la coupe cordiforme-ovale offre assez peu d'étendue par rapport au volume du fruit.

Queue de moyenne longueur, peu forte, attachée dans une cavité profonde, évasée et ordinairement régulière par ses bords.

Chair d'un jaune clair, fine, bien tassée, bien ferme, suffisante en jus sucré, acidulé et un peu parfumé, constituant un fruit d'assez bonne qualité.

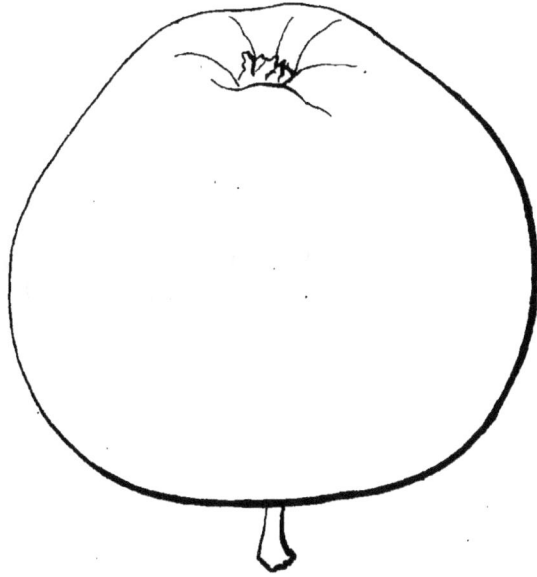

141

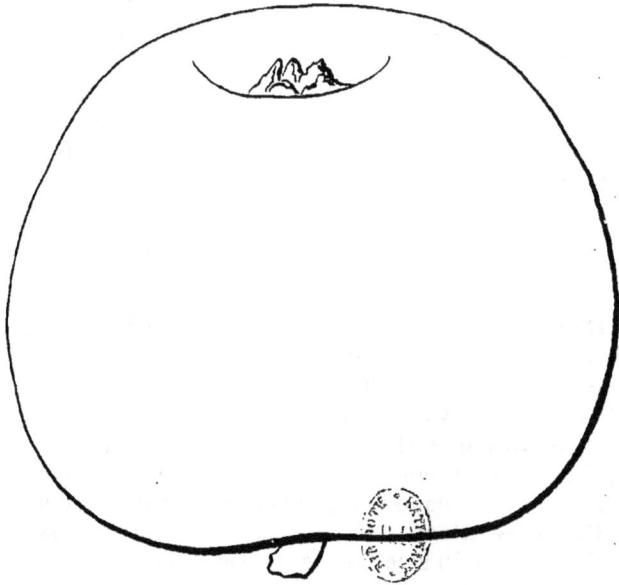

142

141. YELOW PEARMAIN.   142. SWEET WINESAP.

SWEET WINESAP

(VINEUSE DOUCE)

(N° 142)

The Fruits and the fruit-trees of America. Downing.
American Pomology. John Warder.
The American fruit Culturist. Thomas.

Observations. — Downing donne plusieurs synonymes à cette variété : Henry Sweet, Sweet Pearmain of some, Ladies Sweet of some, Red Sweet Winesap ; il dit qu'elle est originaire de Pensylvanie et très-productive. — L'arbre, de grande vigueur sur paradis, s'accommode peu des formes régulières et convient mieux à la haute tige ; il forme une tête élevée et de grande dimension, à branches dressées. Sa fertilité est précoce et grande. Son fruit est de bonne qualité.

DESCRIPTION.

Rameaux forts, unis dans leur contour, droits, à entre-nœuds courts, d'un rouge violet intense un peu sombre et le plus souvent non voilé d'une pellicule ; lenticelles blanchâtres, assez petites, nombreuses, bien régulièrement espacées et apparentes.

Boutons à bois assez gros, très-courts, aplatis, très-obtus, bien appliqués au rameau, soutenus sur des supports très-peu saillants dont les côtés et l'arête médiane ne se prolongent pas ; écailles d'un rouge vineux sombre.

Pousses d'été d'un vert clair et vif, de bonne heure lavées de brun violet du côté du soleil et couvertes à leur partie supérieure d'un duvet laineux, long, bien couché et peu abondant.

Feuilles des pousses d'été moyennes ou assez grandes, ovales-arrondies, se terminant brusquement en une pointe longue et large, à peine repliées, convexes par leurs côtés et bien arquées, bordées de dents larges, un peu profondes, recourbées et émoussées, se recourbant sur des pétioles moyens, forts et redressés.

Stipules assez longues, lancéolées-élargies et souvent un peu recourbées.

Boutons à fruit moyens, coniques, un peu allongés, un peu aigus ; écailles d'un rouge très-vif.

Fleurs moyennes ; pétales ovales-elliptiques, concaves, à onglet court, se recouvrant un peu entre eux, tachés de rose violet en dehors, légèrement lavés de même en dedans ; divisions du calice assez longues, étroites, finement aiguës, peu recourbées ; pédicelles moyens, grêles, à peine duveteux.

Feuilles des productions fruitières à peu près de même grandeur que celles des pousses d'été, obovales-elliptiques, courtement et peu sensiblement atténuées vers le pétiole, se terminant très-brusquement en une pointe un peu longue, bien aiguë et le plus souvent contournée, presque planes et ordinairement très-largement ondulées, bordées de dents peu profondes, bien couchées et aiguës, soutenues horizontalement sur des pétioles un peu longs, un peu forts, fermes et peu redressés.

Caractère saillant de l'arbre : teinte générale du feuillage d'un vert herbacé intense et mat; feuilles des pousses d'été bien épaisses et bullées dans leur surface; feuilles des productions fruitières beaucoup moins épaisses, bien contournées par leur extrémité et glabres à leur page inférieure aussi bien qu'à leur page supérieure.

Fruit moyen, sphérico-conique, plus ou moins déprimé à ses deux pôles, uni dans son contour, atteignant sa plus grande épaisseur au-dessous du milieu de sa hauteur; au-dessus de ce point, s'atténuant par une courbe peu convexe en une pointe plus ou moins courte, épaisse et très-largement tronquée à son sommet; au-dessous du même point, s'arrondissant par une courbe bien convexe pour ensuite s'aplatir autour de la cavité de la queue.

Peau fine, mince, unie, devenant onctueuse et odorante à la maturité, d'abord d'un vert clair et gai semé de points grisâtres, très-largement espacés, manquant souvent au centre de la petite tache nacrée qui leur forme une auréole. Une tache d'une rouille brune un peu dense couvre ordinairement la cavité de la queue et manque assez souvent. A la maturité, **automne,** le vert fondamental s'éclaircit peu en jaune et le côté du soleil, sur une large étendue, se couvre d'un nuage de rouge traversé par des raies d'un rouge plus foncé et distinctes, et souvent ce nuage de rouge recouvre toute la surface du fruit.

Œil grand, fermé ou presque fermé, placé dans une cavité profonde, largement évasée, unie dans ses parois et par ses bords. Tuyau du calice en forme d'entonnoir, dépassant bien la première enveloppe du cœur dont la coupe régulièrement cordiforme est proportionnée au volume du fruit.

Queue tantôt assez courte et forte, tantôt un peu longue et assez grêle, attachée dans une cavité large, profonde et régulière.

Chair d'un blanc jaunâtre ou verdâtre, fine, tassée et cependant tendre, suffisante en jus bien sucré et agréablement relevé, constituant un fruit de bonne qualité.

KIRKE'S GELBER PEPPING

(N° 143)

Systematisches Handbuch der Obstkunde. DITTRICH.
KIRKE'S GOLDEN PIPPIN. *The Apple and its Varieties.* ROBERT HOGG.
Handbuch aller bekannten Obstsorten. BIEDENFELD.
A Guide to the Orchard. LINDLEY.

OBSERVATIONS. — Lindley dit que cette variété fut obtenue, il y a peu d'années, d'un semis du Pepin d'Or, par M. Kirke, dans sa pépinière de Old Brompton, près de Londres. — L'arbre est trop délicat pour le verger et ne peut convenir qu'au jardin fruitier. Il est de bonne vigueur sur paradis, mais exigeant l'appui à un treillage pour être conduit sous forme régulière. Sa fertilité est très-précoce et très-grande. Son fruit est de bonne qualité.

DESCRIPTION.

Rameaux grêles, allongés, très-obscurément anguleux ou presque unis dans leur contour, à peine flexueux, à entre-nœuds de moyenne longueur, d'un brun olivâtre du côté de l'ombre, un peu teintés de rouge et à peine voilés d'une pellicule très-mince du côté du soleil ; lenticelles blanches, assez petites, nombreuses et apparentes.

Boutons à bois moyens, coniques, un peu renflés sur le dos, un peu aigus, appliqués ou presque appliqués au rameau, soutenus sur des supports un peu saillants dont l'arête médiane, le plus souvent, se prolonge très-peu distinctement ; écailles d'un rouge clair.

Pousses d'été d'un vert très-clair, lavées de rose vineux sur une assez grande partie de leur longueur et couvertes d'un duvet très-fin, couché et peu épais.

Feuilles des pousses d'été moyennes ou assez grandes, ovales-arrondies et élargies, se terminant peu brusquement en une pointe longue et large, très-largement creusées et recourbées en dessous seulement par leur pointe, bordées de dents profondes, souvent surdentées et aiguës, bien soutenues sur des pétioles moyens, de moyenne force et redressés.

Stipules moyennes, lancéolées-élargies, souvent recourbées.

Boutons à fruit moyens ou assez petits, coniques, un peu allongés et un peu aigus; écailles d'un rouge clair.

Fleurs moyennes; pétales elliptiques-arrondis, concaves, d'un rose très-tendre en dehors et en dedans; divisions du calice courtes et peu recourbées; pédicelles longs, grêles et peu duveteux.

Feuilles des productions fruitières bien plus grandes que celles des pousses d'été, elliptiques plus ou moins allongées et élargies, se terminant régulièrement en une pointe peu longue, presque planes et souvent largement ondulées, bordées de dents bien profondes, souvent surdentées, un peu couchées et aiguës, assez bien soutenues sur des pétioles un peu longs, de moyenne force et fermes.

Caractère saillant de l'arbre : teinte générale du feuillage d'un vert pré clair et mat; feuilles des pousses d'été remarquablement arrondies-élargies; feuilles des productions fruitières bien amples et planes ou presque planes; toutes les feuilles garnies d'une serrature plus ou moins profonde.

Fruit petit, sphérico-conique, uni dans son contour, atteignant sa plus grande épaisseur peu au-dessous du milieu de sa hauteur; au-dessus de ce point, s'atténuant par une courbe très-peu convexe en une pointe très-courte, très-épaisse et très-largement tronquée à son sommet; au-dessous du même point, s'arrondissant par une courbe largement convexe jusque dans la cavité de la queue.

Peau un peu ferme, d'abord d'un vert gai semé de points grisâtres, un peu larges, largement et régulièrement espacés et cernés de vert plus clair. Une rouille d'un brun grisâtre rayonne en étoile dans la cavité de la queue et manque aussi quelquefois. A la maturité, **courant et fin d'hiver**, le vert fondamental passe au jaune citron conservant un ton un peu verdâtre, les points deviennent bien plus apparents et le côté du soleil se dore ou rarement se lave d'un soupçon de rouge brun.

OEil grand, fermé, à divisions courtes, placé dans une cavité peu profonde, évasée, finement plissée dans ses parois et par ses bords. Tuyau du calice descendant par un tube étroit jusque dans la cavité du cœur dont la coupe cordiforme-elliptique offre assez peu d'étendue par rapport au volume du fruit.

Queue longue, grêle, attachée dans une cavité peu profonde, évasée, unie ou presque unie par ses bords.

Chair verdâtre et veinée de jaune, assez fine, ferme, suffisante en jus sucré, vineux et parfumé, constituant un fruit de bonne qualité, mais n'atteignant pas celle de l'ancien Pepin d'Or.

143

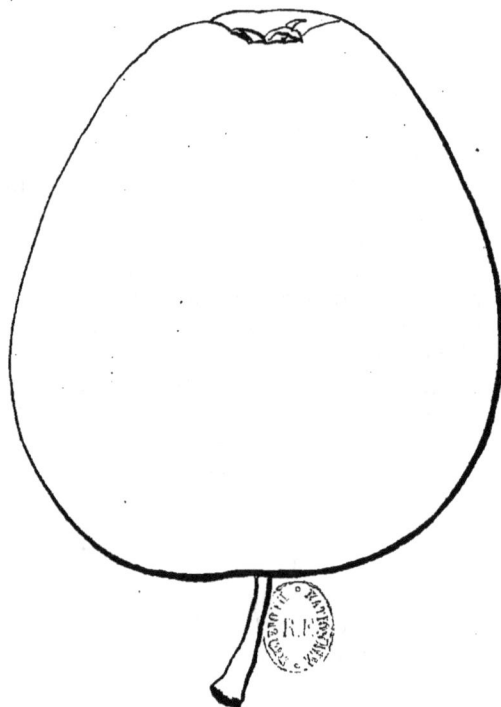

144

143. KIRKE'S GELBER PEPPING.   144. CORNELL'S FANCY.

CORNELL'S FANCY

(N° 144)

The Fruits and the fruit-trees of America. DOWNING.
American Pomology. JOHN WARDER.
The American fruit Culturist. THOMAS.

OBSERVATIONS. — Downing dit cette variété originaire de Pensylvanie, et lui donne le synonyme de Cornell's Favorite.—L'arbre est vigoureux et fertile ; il s'accommode assez bien sur paradis des formes régulières. Sa fertilité est très-précoce et bonne. Son fruit est de première qualité.

DESCRIPTION.

Rameaux de moyenne force bien soutenue, unis ou presque unis dans leur contour, droits, à entre-nœuds courts, d'un rouge sanguin intense à peine voilé du côté du soleil d'une pellicule brillante ; lenticelles petites, rares et peu apparentes.

Boutons à bois moyens, courts, un peu épais, courtement aigus, appliqués au rameau, soutenus sur des supports un peu saillants dont les côtés et l'arête médiane se prolongent finement et plus ou moins distinctement ; écailles d'un rouge intense.

Pousses d'été d'un vert très-clair, couvertes d'un duvet laineux et hérissé.

Feuilles des pousses d'été assez grandes, ovales bien élargies, se terminant un peu brusquement en une pointe longue, étroite et aiguë, largement creusées et un peu arquées, bordées de dents larges, très-profondes et aiguës, soutenues horizontalement sur des pétioles un peu longs, un peu forts et redressés.

Stipules courtes, presque filiformes.

Boutons à fruit moyens, conico-ovoïdes, courtement aigus ; écailles d'un rouge intense et sombre.

Fleurs moyennes ou assez grandes ; pétales ovales-élargis, bien concaves, à onglet peu long, se recouvrant peu entre eux, largement tachés de rose violet en dehors et bien lavés de même en dedans ; divisions du calice moyennes, recourbées ; pédicelles longs, de moyenne force, à peine duveteux.

Feuilles des productions fruitières un peu plus grandes que celles des pousses d'été, ovales ou ovales-elliptiques et allongées, se terminant brusquement en une pointe courte et bien contournée, largement creusées et arquées, bordées de dents assez fines, profondes, couchées et finement aiguës, bien soutenues sur des pétioles un peu longs, grêles et cependant raides et redressés.

Caractère saillant de l'arbre : teinte générale du feuillage d'un vert bleu intense et un peu brillant ; serrature des feuilles des pousses d'été remarquablement profonde ; toutes les feuilles largement et bien régulièrement creusées.

Fruit moyen ou assez gros, conique-allongé, parfois un peu déformé dans son contour par des côtes bien aplanies, atteignant sa plus grande épaisseur bien au-dessous du milieu de sa hauteur ; au-dessus de ce point, s'atténuant par une courbe peu convexe en une pointe longue, un peu épaisse et tronquée à son sommet ; au-dessous du même point, s'arrondissant par une courbe largement convexe jusque dans la cavité de la queue.

Peau fine, mince, unie, d'abord d'un vert pâle sur lequel il est difficile de reconnaître quelques points bruns très-petits, très-rares et très-irrégulièrement distribués. On ne trouve ordinairement aucune trace de rouille sur sa surface. A la maturité, **automne,** le vert fondamental passe au jaune pâle, lavé et rayé d'un rouge fin du côté du soleil.

Œil fermé, à divisions longues et fines, recourbées en dehors, placé dans une cavité étroite, peu profonde, sensiblement plissée dans ses parois et dont les bords offrent peu d'épaisseur. Tuyau du calice en forme d'entonnoir large et obtus, ne dépassant pas la première enveloppe du cœur dont la coupe cordiforme-élevée est proportionnée à la grosseur du fruit.

Queue plus ou moins longue, grêle, attachée dans une cavité étroite, peu profonde et régulière par ses bords.

Chair blanche, bien fine, tendre, suffisante en jus richement sucré et agréablement parfumé, constituant un fruit de première qualité.

NEW HAWTHORNDEN

(N° 145)

The Apple and its Varieties. ROBERT HOGG.
Catalogue THOMAS RIVERS, de Sawbridgeworth.
Handbuch aller bekannten Obstsorten. BIEDENFELD.
Catalogue DE BAVAY.
Catalogue JOHN SCOTT, de Merriott.

OBSERVATIONS. — Les auteurs anglais que je viens de citer, de même que Biedenfeld, ne donnent aucune indication sur l'origine de cette variété. — L'arbre, de bonne vigueur sur paradis, s'accommode bien des formes régulières. Sa fertilité est précoce et grande. Son fruit est propre aux usages du ménage.

DESCRIPTION.

Rameaux de moyenne force, finement anguleux dans leur contour, droits, à entre-nœuds un peu longs, d'un rouge peu foncé et le plus souvent non voilé d'une pellicule ; lenticelles petites, très-rares et un peu apparentes.

Boutons à bois très-petits, aplatis, émoussés et bien appliqués au rameau, soutenus sur des supports très-peu saillants ; dont les côtés et l'arête médiane se prolongent plus ou moins distinctement et finement ; écailles entièrement recouvertes d'un duvet très-court, blanchâtre.

Pousses d'été d'un vert remarquablement clair, non lavées de rouge et couvertes d'un duvet très-court et assez peu abondant.

Feuilles des pousses d'été grandes, ovales-élargies ou ovales-arrondies, se terminant régulièrement en une pointe obtuse, concaves ou convexes, bordées de dents assez profondes, un peu couchées et aiguës, s'abaissant un peu sur des pétioles longs, forts et redressés.

Stipules en alènes très-courtes, très-fines et très-caduques.

Boutons à fruit moyens, conico-ovoïdes, émoussés ; écailles extérieures d'un rouge intense ; écailles intérieures à peine duveteuses.

Fleurs petites ; pétales-elliptiques ou elliptiques-arrondis, peu concaves, à onglet un peu long, un peu écartés entre eux, blancs en dehors et en dedans ; divisions du calice moyennes, recourbées en dessous ; pédicelles assez courts, grêles et un peu laineux.

Feuilles des productions fruitières très-grandes, elliptiques ou elliptiques-arrondies, à peine concaves ou presques planes, bordées de dents larges, un peu profondes et un peu aiguës, bien soutenues sur des pétioles courts, un peu forts et un peu redressés.

Caractère saillant de l'arbre : teinte générale du feuillage d'un vert pré clair et gai ; ampleur de toutes les feuilles plutôt un peu molles que fermes ; tous les pétioles plus ou moins forts.

Fruit gros, sphérique, largement et sensiblement déprimé à ses deux pôles, uni ou presque uni dans son contour, atteignant sa plus grande épaisseur à peu près au milieu de sa hauteur ; au-dessus de ce point, s'arrondissant par une courbe largement convexe ; au-dessous du même point, s'arrondissant par une courbe plus convexe pour ensuite s'aplatir autour de la cavité de la queue.

Peau mince, unie, devenant un peu onctueuse et odorante à la maturité, d'abord d'un vert très-pâle semé de points bruns, petits, irrégulièrement espacés et peu apparents. Une rouille d'un brun fauve rayonne en étoile dans la cavité de la queue et manque quelquefois. A la maturité, **commencement et courant d'hiver,** le vert fondamental passe au jaune paille brillant et le côté du soleil se dore ou rarement se lave d'un soupçon de rouge.

Œil grand, demi-ouvert ou fermé, placé dans une cavité peu large, un peu profonde, plissée dans ses parois et souvent largement ondulée par ses bords. Tuyau du calice descendant par un tube large et cylindrique jusque dans la cavité du cœur, dont l'axe est creux, et la coupe cordiforme-elliptique offre une petite étendue par rapport au volume du fruit.

Queue extraordinairement courte, forte, laineuse, attachée dans une cavité large, profonde, évasée et très-largement ou à peine ondulée par ses bords.

Chair bien blanche, peu fine, un peu creuse, demi-tendre, abondante en jus sucré, vineux, acidulé, sans parfum appréciable, constituant un fruit propre aux usages du ménage.

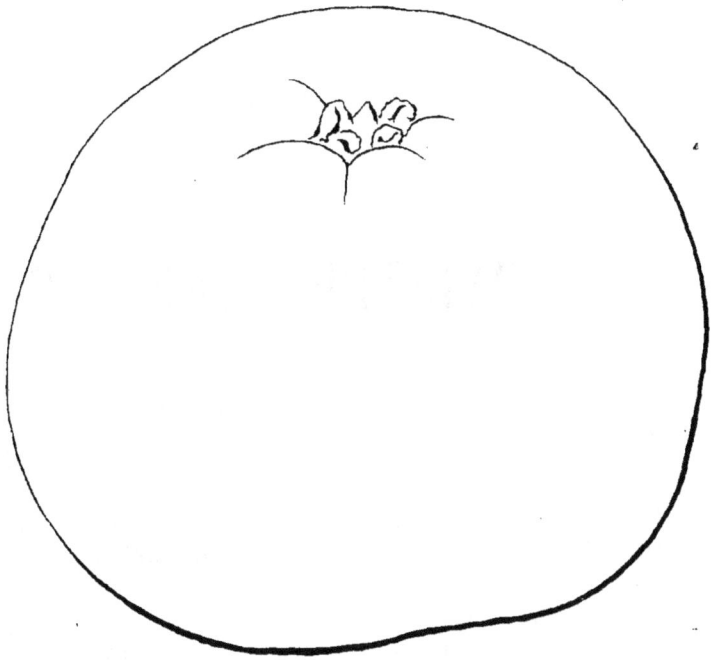

145

145. NEW-HAWTHORNDEN.   146. WINTER QUEENING.

WINTER QUEENING

(N° 146)

Handbuch aller bekannten Obstsorten. BIEDENFELD.

WINTER QUOINING. *The Apple and its Varieties.* ROBERT HOGG.

LANGER ROTHER HIMBEERAPFEL. *Versuch einer Systematischen Beschreibung.* DIEL.

Systematisches Handbuch der Obstkunde. DITTRICH.

LANGER HIMBEER APFEL. *Illustrirtes Handbuch der Obstkunde,* FLOTOW.

Pomologische Notizen. OBERDIECK.

OBSERVATIONS. — Robert Hogg adopte l'orthographe *Winter Quoining*, comme dérivant du mot anglais *coin* ou *quoin* qui signifierait que le fruit est anguleux. Cette variété anglaise, très-ancienne, est aussi bonne pour la table que pour être employée aux usages de la cuisine. — L'arbre, de vigueur normale sur paradis, s'accommode bien des formes régulières et surtout de celle de vase. Sa fertilité est assez précoce et bonne.

DESCRIPTION.

Rameaux forts, obscurément anguleux dans leur contour, droits, à entre-nœuds courts, d'un rouge violet très-foncé et brillant, parfois en partie voilé d'une pellicule brillante; lenticelles blanches, larges, très-nombreuses, arrondies et bien apparentes.

Boutons à bois moyens, courts, obtus, bien appliqués au rameau, soutenus sur des supports saillants dont les côtés et l'arête médiane se prolongent plus ou moins obscurément; écailles d'un rouge vineux intense.

Pousses d'été d'un vert d'eau, couvertes d'un duvet blanchâtre et épais.

Feuilles des pousses d'été moyennes ou assez grandes, elliptiques, se terminant brusquement en une pointe courte et large, concaves, bordées de dents profondes et bien aiguës, bien soutenues sur des pétioles courts, forts et redressés.

Stipules extraordinairement courtes, fines et caduques.

Boutons à fruit assez gros, conico-ovoïdes, courts, épais et obtus ; écailles rouges, couvertes d'un duvet gris et fin.

Fleurs assez petites ; pétales elliptiques-arrondis, bien concaves, à onglet court, se recouvrant bien entre eux, tachés de rose violet assez intense en dehors, lavés de même en dedans ; divisions du calice longues, larges, bien recourbées ; pédicelles un peu longs, de moyenne force, bien verts, à peine duveteux.

Feuilles des productions fruitières grandes, elliptiques-élargies, échancrées vers le pétiole, se terminant très-brusquement en une pointe courte et large, à peine repliées, bien arquées et souvent un peu convexes par leurs côtés, bordées de dents larges, profondes, couchées et bien aiguës, se recourbant sur des pétioles courts, forts et peu redressés.

Caractère saillant de l'arbre : teinte générale du feuillage d'un vert bleu intense et mat ; toutes les feuilles tendant à la forme elliptique ; feuilles des productions fruitières garnies d'une serrature formée de dents remarquablement larges, couchées et aiguës.

Fruit gros, sphérico-conique ou conique, tantôt un peu plus haut que large, tantôt plus large que haut, déformé dans son contour par des côtes plus ou moins prononcées, atteignant sa plus grande épaisseur au-dessous du milieu de sa hauteur ; au-dessus de ce point, s'atténuant par une courbe largement convexe en une pointe plus ou moins courte, épaisse et plus ou moins largement tronquée à son sommet ; au-dessous du même point, s'arrondissant par une courbe bien convexe pour ensuite s'aplatir autour de la cavité de la queue.

Peau mince, souple, d'abord d'un vert assez intense semé de quelques points grisâtres, largement espacés et peu apparents. Une rouille fauve couvre la cavité de la queue et forme souvent une sorte de réseau autour de la cavité de l'œil. A la maturité, **automne et commencement d'hiver,** le vert fondamental passe au jaune citron intense et dont le plus souvent on n'aperçoit qu'une très-petite étendue, car il est presque entièrement recouvert d'un rouge de sang traversé par des raies d'un rouge cerise assez distinctes, et sur lequel ressortent des points jaunâtres et largement espacés.

Œil moyen, fermé, à divisions recourbées en dehors, placé dans une cavité plus ou moins large, peu profonde, divisée dans ses parois et par ses bords en cinq côtes prononcées alternant avec des plis et qui se prolongent d'une manière sensible sur la hauteur du fruit. Tuyau du calice descendant par un tube large et profond jusque dans la cavité du cœur, dont la coupe cordiforme offre une étendue proportionnée au volume du fruit.

Queue tantôt assez courte, tantôt plus longue et grêle, et dans le premier cas souvent épaissie en une bosse charnue, dans une cavité profonde, évasée et souvent distinctement ondulée par ses bords.

Chair d'un blanc un peu verdâtre ou un peu jaunâtre, fine, assez peu tassée, peu ferme, peu abondante en jus richement sucré et légèrement parfumé, constituant un fruit assez agréable pour la table, mais surtout excellent cuit.

REINETTE BLANCHE D'ESPAGNE

(N° 147)

The Apple and its Varieties. ROBERT HOGG.
WHITE SPANISH REINETTE. *A Guide to the Orchard.* LINDLEY.
The Fruits and the fruit-trees of America. DOWNING.
REINETTE D'ESPAGNE. *Handbuch aller bekannten Obstsorten.* BIEDENFELD.
Versuch einer Systematischen Beschreibung der Kernobstsorten. DIEL.
Systematisches Handbuch der Obstkunde. DITTRICH.
POMME BLANC D'ESPAGNE. *Nouveau traité des Arbres fruitiers.* LOISELEUR-DESLONGCHAMPS.

OBSERVATIONS. — Downing dit avec raison que cette variété est entièrement distincte du Fall Pippin des Américains avec lequel quelques pomologistes l'ont confondue, et que j'ai déjà décrit. — L'arbre, de vigueur contenue sur paradis, s'accommode assez bien des formes régulières et surtout de celle de vase. Il est rustique, vigoureux. Sa fertilité est assez précoce, moyenne et soutenue. Son fruit est de bonne qualité.

DESCRIPTION.

Rameaux assez forts, un peu anguleux dans leur contour, droits, à entre-nœuds assez longs, d'un brun rougeâtre sombre en grande partie voilé d'une pellicule épaisse du côté du soleil ; lenticelles blanchâtres, assez nombreuses et un peu saillantes.

Boutons à bois moyens, courts, courtement aigus, appliqués ou presque appliqués au rameau, soutenus sur des supports saillants dont les côtés et l'arête médiane se prolongent plus ou moins distinctement ; écailles d'un rouge intense et terne.

Pousses d'été d'un vert clair et vif, à peine lavées de rouge rosat du côté du soleil et couvertes d'un duvet extraordinairement court et un peu épais.

Feuilles des pousses d'été grandes, ovales bien élargies, se terminant brusquement en une pointe longue et étroite, à peine concaves ou presque convexes et arquées, bordées de dents très-profondes et très-finement aiguës, se recourbant sur des pétioles moyens, forts et redressés.

Stipules longues, lancéolées et souvent un peu recourbées.

Boutons à fruit assez gros, coniques un peu renflés et obtus ; écailles d'un rouge intense et couvertes d'un duvet très-court, gris jaunâtre.

Fleurs grandes ; pétales elliptiques, concaves, remarquablement ondulés, à onglet extraordinairement court, se recouvrant largement entre eux, un peu tachés de rose violet en dehors et à peine lavés de même en dedans ; divisions du calice moyennes, étroites, bien recourbées en dessous ; pédicelles moyens, de moyenne force, un peu cotonneux.

Feuilles des productions fruitières bien différentes par leur forme de celles des pousses d'été, elliptiques bien allongées, à peine un peu plus atténuées vers le pétiole, se terminant presque brusquement en une pointe courte, peu repliées ou creusées et à peine arquées, bordées de dents fines, peu profondes, bien couchées et un peu aiguës, s'abaissant un peu sur des pétioles un peu longs, assez grêles et flexibles.

Caractère saillant de l'arbre : teinte générale du feuillage d'un vert pré clair et vif ; feuilles des pousses d'été garnies d'une serrature extraordinairement profonde et aiguë, et celles de leur base bien plus développées, bien creusées, ondulées et bordées de dents encore plus profondes et extraordinairement aiguës.

Fruit gros ou très-gros, sphérico-conique ou conico-cylindrique, déformé dans son contour par des côtes épaisses et obtuses, et souvent plus élevé d'un côté que de l'autre, atteignant sa plus grande épaisseur peu au-dessous du milieu de sa hauteur ; au-dessus de ce point, s'arrondissant par une courbe largement convexe jusque dans la cavité de l'œil ; au-dessous du même point, s'arrondissant par une courbe un peu plus convexe jusque dans la cavité de la queue.

Peau fine, mince, souple, un peu onctueuse et odorante à la maturité, d'abord d'un vert très-clair, blanchâtre, semé de points bruns, petits, très-largement espacés et peu apparents ; souvent ces points sont remplacés par de petites taches nacrées. Une teinte d'un vert foncé rayonne en étoile dans la cavité de la queue. A la maturité, **commencement et courant d'hiver**, le vert fondamental passe au jaune blanchâtre, et le côté du soleil est chaudement doré ou lavé d'un nuage de rouge orangé.

Œil très-grand, ouvert, placé dans une cavité assez large, profonde, dont les bords divisés par des côtes épaisses et obtuses sont coupés le plus souvent obliquement. Tuyau du calice en entonnoir très-large et très-obtus, ne dépassant pas la première enveloppe du cœur, dont la coupe régulièrement cordiforme offre une étendue proportionnée au volume du fruit.

Queue longue, un peu forte, attachée dans une cavité étroite, un peu profonde et largement ondulée par ses bords.

Chair d'un blanc teinté de jaune, demi-fine, tendre, suffisante en jus sucré et agréablement relevé, constituant un fruit de bonne qualité.

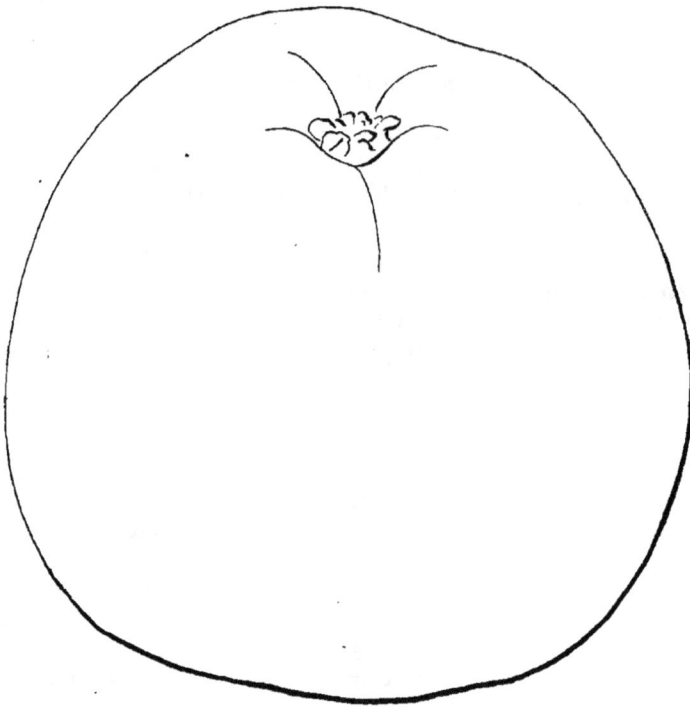

147

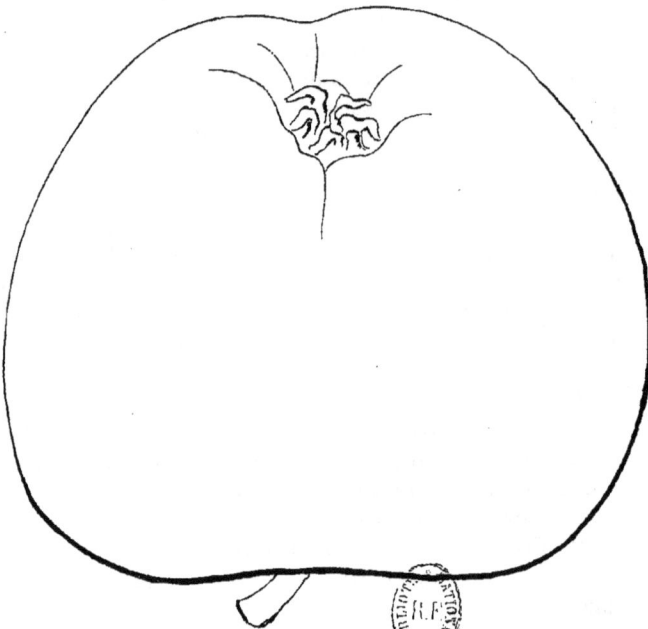

148

147. REINETTE BLANCHE D'ESPAGNE.   148. CAKE APPLE.

CAKE APPLE

(N° 148)

CONNECTICUT CAKE. *The Fruits and the fruit-trees of America.* DOWNING.

CAKE. *American Pomology.* JOHN WARDER.

OBSERVATIONS. — D'après Downing, cette variété est originaire du Connecticut. — L'arbre, de vigueur normale sur paradis, ne s'accommode pas facilement des formes régulières. Sa fertilité, assez précoce, est grande, bien soutenue. Son fruit est de bonne qualité.

DESCRIPTION.

Rameaux forts, unis dans leur contour, à peine flexueux, à entre-nœuds courts et inégaux entre eux, d'un brun violet presque noir à peine voilé d'une pellicule mince du côté du soleil; lenticelles blanches, assez peu nombreuses, un peu larges et apparentes.

Boutons à bois gros, renflés sur le dos, peu aigus, appliqués au rameau, soutenus sur des supports saillants dont les côtés et l'arête médiane ne se prolongent pas ou très-peu distinctement; écailles d'un rouge intense, recouvertes d'un duvet grisâtre.

Pousses d'été presque entièrement lavées de rouge vineux, couvertes d'un duvet très-court et un peu épais.

Feuilles des pousses d'été grandes ou assez grandes, ovales-élargies ou ovales-arrondies, se terminant brusquement en une pointe longue et finement aiguë, bien concaves, bordées de dents assez profondes, un peu couchées et bien aiguës, soutenues horizontalement sur des pétioles courts, très-forts et redressés.

Stipules moyennes, lancéolées-élargies et souvent recourbées.

Boutons à fruit moyens, ovoïdes, un peu renflés et aigus; écailles d'un rouge peu foncé et largement maculé de gris blanchâtre.

Fleurs grandes; pétales ovales très-élargis, peu concaves, à onglet très-court, se recouvrant très-largement entre eux, presque blancs en dehors et blancs en dedans; divisions du calice très-longues, très-larges, recourbées en dessous; pédicelles moyens, bien forts, peu duveteux.

Feuilles des productions fruitières grandes ou très-grandes, elliptiques ou obovales-elliptiques, très-courtement et peu sensiblement atténuées vers le pétiole, se terminant très-brusquement en une pointe très-courte, à peine repliées et à peine arquées, bordées de dents assez fines, assez peu profondes et bien aiguës, régulièrement étalées sur des pétioles courts, forts et peu redressés.

Caractère saillant de l'arbre : teinte générale du feuillage d'un vert pré, brillant sur les feuilles des pousses d'été et mat sur les feuilles des productions fruitières ; toutes les feuilles amples, remarquablement épaisses et garnies d'une serrature bien acérée.

Fruit moyen ou assez gros, sphérico-conique, bien déprimé à ses deux pôles, souvent un peu déformé dans son contour par des côtes très-épaisses et obtuses, atteignant sa plus grande épaisseur peu au-dessous du milieu de sa hauteur; au-dessus de ce point, s'arrondissant par une courbe largement convexe jusque dans la cavité de l'œil; au-dessous du même point, s'arrondissant par une courbe plus convexe jusque dans cavité de la queue.

Peau très-fine, très-mince, d'abord d'un vert gai semé de points d'un gris vert, très-larges, largement espacés et bien apparents. Une rouille brune rayonne en étoile dans la cavité de la queue et au-delà de ses bords. A la maturité, **courant et fin d'hiver,** le vert fondamental passe au jaune conservant un ton un peu verdâtre, et le côté du soleil est couvert d'un nuage de rouge orangé, parfois traversé par des raies courtes et larges d'un rouge plus foncé et sur lequel ressortent de nombreux points jaunâtres.

Œil grand, ouvert, à divisions larges, recourbées en dehors, placé dans une cavité large, profonde et ondulée par ses bords. Tuyau du calice descendant par un tube cylindrique et large jusque dans la cavité du cœur dont la coupe cordiforme-elliptique n'offre pas une étendue proportionnée au volume du fruit.

Queue assez longue, forte, attachée dans une cavité large, profonde et obscurément ondulée par ses bords.

Chair d'un blanc un peu verdâtre, demi-fine, demi-ferme, abondante en jus sucré, vineux, acidulé, constituant un fruit bon pour la table, un excellent fruit de cuisine et de longue conservation, mais disposé à se ternir par le transport à cause de la délicatesse de sa peau.

CULP

(N° 149)

The Fruits and the fruit-trees of America. DOWNING.
American Pomology. JOHN WARDER.
The American fruit Culturist. THOMAS.
Catalogue JOHN SCOTT, de Merriott.

OBSERVATIONS. — Downing dit que cette variété est originaire du comté de Jefferson (Ohio); elle fut propagée par M. Georges Culp. — L'arbre, de vigueur contenue sur paradis, s'accommode assez bien des formes régulières ; élevé en haute tige, il prend de grandes dimensions ; il est très-vigoureux et fécond. D'après Warder, il est de tenue régulière et de fertilité peu précoce, mais bonne. Son fruit a le mérite d'être bien attaché ; il n'est que de seconde qualité.

DESCRIPTION.

Rameaux de moyenne force, un peu anguleux dans leur contour, droits, à entre nœuds de moyenne longueur, d'un brun jaunâtre ou jaunâtres, presque entièrement recouverts d'une pellicule épaisse sous laquelle saillissent un peu quelques lenticelles rares et petites.

Boutons à bois gros, coniques, bien renflés sur le dos, un peu aigus, appliqués au rameau, soutenus sur des supports saillants dont l'arête médiane se prolonge assez distinctement; écailles d'un rouge clair et à peine duveteuses.

Pousses d'été d'un vert assez intense, lavées de rouge sanguin vif du côté du soleil et couvertes sur toute leur longueur d'un duvet court et assez peu abondant.

Feuilles des pousses d'été moyennes, elliptiques ou elliptiques-arrondies, se terminant brusquement en une pointe assez longue et large, largement concaves, bordées de dents larges, profondes, un peu couchées et courtement aiguës, bien fermes sur leurs pétioles un peu longs, forts et bien redressés.

Stipules en alênes très-courtes et très-caduques.

Boutons à fruit moyens, conico-ovoïdes, un peu aigus ; écailles d'un rouge clair.

Fleurs moyennes ou assez grandes ; pétales elliptiques-arrondis, bien concaves, tachés d'un rose violacé foncé en dehors, légèrement lavés de la même couleur en dedans ; divisions du calice longues, larges, bien recourbées en dessous ; pédicelles de moyenne longueur, forts et cotonneux.

Feuilles des productions fruitières le plus souvent moins grandes que celles des pousses d'été, obovales-élargies ou obovales-arrondies, se terminant peu brusquement en une pointe courte et le plus souvent contournée, peu concaves ou presque planes et souvent largement ondulées dans leur contour, bordées de dents larges, assez peu profondes, un peu couchées et courtement aiguës, bien fermes sur leurs pétioles de moyenne longueur, assez peu forts, raides et divergents.

Caractère saillant de l'arbre : teinte générale du feuillage d'un vert pré assez intense et peu brillant ; toutes les feuilles remarquablement épaisses, consistantes et bien fermes sur leurs pétioles, garnies d'une serrature formée de dents larges et courtement aiguës.

Fruit assez gros, sphérico-conique, plus ou moins déprimé à ses deux pôles, plus ou moins déformé dans son contour par des côtes épaisses et bien aplanies, atteignant sa plus grande épaisseur un peu au-dessous du milieu de sa hauteur ; au-dessus de ce point, s'atténuant par une courbe largement convexe en une pointe plus ou moins courte, épaisse et largement tronquée à son sommet ; au-dessous de ce point, s'arrondissant par une courbe bien convexe pour ensuite s'aplatir un peu autour de la cavité de la queue.

Peau un peu ferme, un peu onctueuse et odorante à la maturité, d'abord d'un vert décidé semé de petits points d'un gris brun, largement et irrégulièrement espacés, peu apparents et manquant souvent sur certaines parties. Une rouille dense d'un brun grisâtre rayonne en étoile dans la cavité de la queue et bien au-delà de ses bords. A la maturité, **courant et fin d'hiver,** le vert fondamental s'éclaircit à peine et le côté du soleil est lavé d'un nuage de rouge sombre et bien fondu.

Œil grand, demi-ouvert ou presque fermé, placé dans une cavité large, profonde, plissée dans ses parois et souvent divisée par ses bords en des côtes prononcées qui se prolongent d'une manière plus ou moins distincte sur la hauteur du fruit. Tuyau du calice en entonnoir aigu, descendant au-dessous de la première enveloppe du cœur, dont la coupe cordiforme un peu déprimée est proportionnée au volume du fruit.

Queue un peu longue, peu forte, attachée dans une large cavité en entonnoir étroit dans son fond, bien évasé et bien ondulé par ses bords.

Chair d'un blanc à peine teinté de vert, demi-fine, peu ferme, abondante en eau douce, sucrée, à peine acidulée, sans parfum appréciable, à ranger parmi les Pommes douces propres aux usages du ménage.

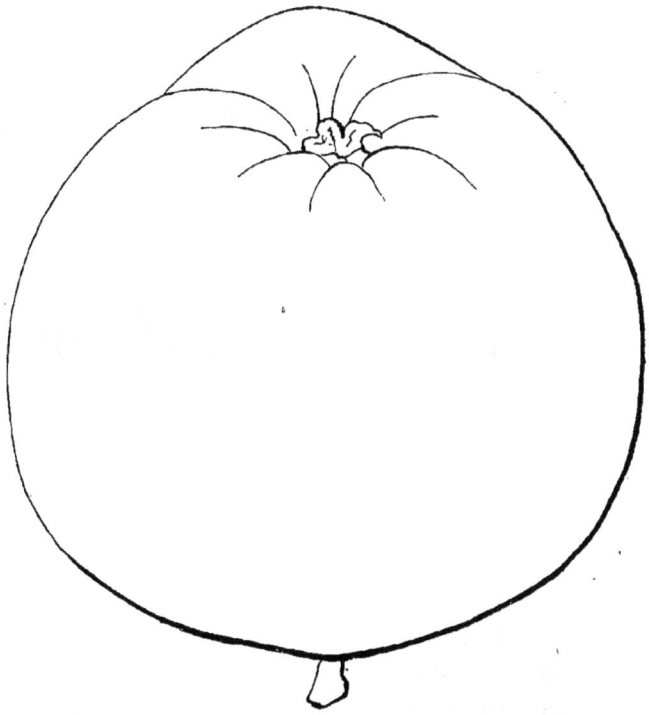

149

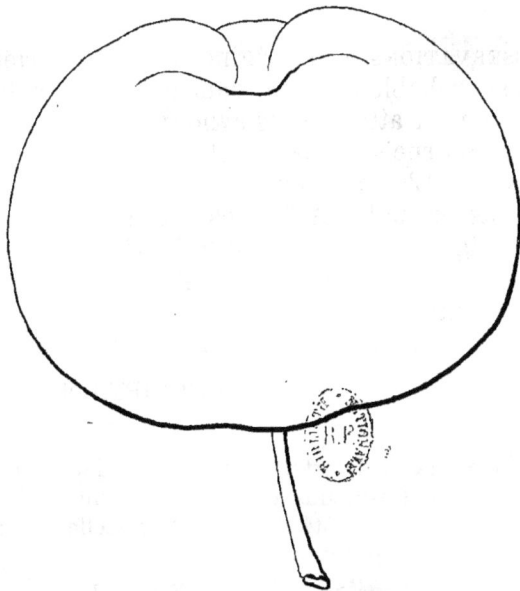

150

149. CULP.   150. FALL WINE OF OHIO.

FALL WINE OF OHIO

(N° 150)

FALL WINE. *The Fruits and the fruit-trees of America.* DOWNING.
American Pomology. JOHN WARDER.
The American fruit Culturist. THOMAS.
Catalogue JOHN SCOTT, de Merriott.

OBSERVATIONS. — L'origine de cette variété est inconnue, mais elle est probablement née dans les contrées de l'Est des Etats-Unis. Downing lui attribue les synonymes suivants : Sweet Wine, Ohio Wine, Sharpe's Spice, Uncle Sam's Best, Musk Spice, Hower or House. — L'arbre, d'une vigueur contenue sur paradis, s'accommode assez mal des formes régulières; il est rustique; élevé en haute tige, il forme une tête déprimée, à branches pendantes. Sa fertilité est précoce, grande et bien constante. Son fruit est de bonne qualité.

DESCRIPTION.

Rameaux peu forts, finement anguleux dans leur contour, à peine flexueux, à entre-nœuds courts, bruns du côté de l'ombre, d'un rouge vineux intense du côté du soleil; lenticelles blanches, très-petites, nombreuses et peu apparentes.

Boutons à bois petits, très-courts, très-obtus, appliqués au rameau, soutenus sur des supports très-saillants dont les côtés et l'arête médiane se prolongent finement et distinctement; écailles d'un rouge intense et glabres.

Pousses d'été d'un vert pâle, lavées de rouge rosat du côté du soleil et couvertes sur toute leur longueur d'un duvet très-court et assez peu abondant.

Feuilles des pousses d'été grandes ou très-grandes, ovales-allongées et élargies, se terminant presque régulièrement en une pointe finement aiguë, largement creusées en gouttière, bien arquées, largement ondulées dans leur contour, bordées de dents larges, profondes, couchées et aiguës, irrégulièrement soutenues sur des pétioles longs, forts et souvent peu redressés ou presque horizontaux.

Stipules en alènes courtes, fines et très-caduques.

Boutons à fruit assez gros, conico-ovoïdes, obtus, obscurément anguleux; écailles d'un rouge intense et glabres.

Fleurs à peine moyennes ; pétales exactement ovales, étroits, convexes ou à peine concaves, à long onglet, bien écartés entre eux, lavés de rose violacé en dehors et en dedans ; divisions du calice longues, étroites, recourbées ; pédicelles bien longs, un peu grêles, à peine duveteux.

Feuilles des productions fruitières moins grandes que celles des pousses d'été, ovales bien allongées, très-courtement et peu sensiblement atténuées vers le pétiole, se terminant régulièrement ou presque régulièrement en une pointe souvent bien recourbée, à peine repliées sur leur nervure médiane et arquées, bordées de dents larges, profondes, couchées et assez aiguës, s'abaissant peu sur des pétioles longs, forts, bien raides et bien divergents.

Caractère saillant de l'arbre : teinte générale du feuillage d'un vert herbacé assez intense et cependant vif; toutes les feuilles d'une belle ampleur et plus ou moins allongées; tous les pétioles longs et plus ou moins forts.

Fruit moyen, sphérique, très-déprimé à ses deux pôles, souvent à peine déformé dans son contour par des côtes très-aplanies, atteignant sa plus grande épaisseur à peu près au milieu de sa hauteur ; au-dessus et au-dessous de ce point, s'arrondissant par des courbes de même longueur et à peu près également convexes, soit du côté de la queue, soit du côté de l'œil vers lequel il s'atténue à peine un peu plus.

Peau fine, mince, unie, d'abord d'un vert très-clair semé de points gris, peu larges, largement et irrégulièrement espacés et peu apparents. A la maturité, **novembre,** le vert fondamental passe au jaune citron clair et le côté du soleil est couvert d'un nuage de rouge traversé par des raies déliées de rouge plus foncé.

Œil petit, bien fermé, à divisions bien fines, enfoncé dans une cavité étroite, profonde, assez distinctement plissée dans ses parois et par ses bords. Tuyau du calice en entonnoir très-court, large et obtus, ne dépassant pas la première enveloppe du cœur dont la coupe presque elliptique est proportionnée au volume du fruit.

Queue bien longue, grêle, attachée dans une cavité assez profonde, évasée, à peine ondulée par ses bords et ordinairement non recouverte de rouille.

Chair d'un jaune clair, fine, tassée, un peu ferme, suffisante en eau douce, sucrée, assez agréablement parfumée, constituant un fruit d'assez bonne qualité.

MARIEN APFEL SCHÖNER

(N° 151)

BELLE MARIE. *Handbuch aller bekannten Obstsorten.* BIEDENFELD.

SCHÖNE MARIEN APFEL. *Versuch einer Systematischen Beschreibung der Kernobstsorten.* DIEL.

OBSERVATIONS. — Cette variété est d'origine incertaine. Diel dit qu'il la reçut d'abord du jardinier Stein, d'Harlem, qui la tenait de France, puis sous le nom de Pomme de Vin, du professeur Crede, de Marbourg. — L'arbre, de vigueur contenue sur paradis, ne convient nullement aux formes régulières ; greffé sur franc, il est vigoureux et de grande dimension. Sa fertilité est précoce et bonne. Son fruit est de bonne qualité.

DESCRIPTION.

Rameaux de moyenne force, obscurément anguleux dans leur contour, droits, à entre-nœuds de moyenne longueur ou assez longs, d'un rouge vineux intense, un peu voilés du côté du soleil d'une pellicule brillante ; lenticelles blanches, un peu allongées, nombreuses et un peu apparentes.

Boutons à bois petits, un peu renflés sur le dos, courtement aigus, appliqués au rameau, soutenus sur des supports saillants dont les côtés et l'arête médiane se prolongent assez peu distinctement ; écailles d'un rouge vineux très-foncé.

Pousses d'été d'un vert d'eau, colorées de rouge violet du côté du soleil et peu duveteuses sur toute leur longueur.

Feuilles des pousses d'été assez grandes, ovales-élargies, se terminant brusquement en une pointe assez longue et finement aiguë, à peine repliées sur leur nervure médiane et à peine arquées, bordées de dents très-larges, une ou plusieurs fois surdentées, profondes, obtuses ou très-courtement aiguës, soutenues horizontalement sur des pétioles longs, assez forts et redressés.

Stipules courtes, fines et très-caduques.

Boutons à fruit moyens, conico-ovoïdes, allongés et aigus ; écailles d'un rouge vineux intense et mat.

Fleurs grandes ; pétales ovales-allongés, concaves, très-légèrement lavés de rose en dehors, blancs en dedans, à onglet long, écartés entre eux ; divisions du calice assez longues, larges à leur base, souvent presque annulaires ; pédicelles moyens, de moyenne force, peu duveteux.

Feuilles des productions fruitières grandes, obovales-elliptiques et allongées, peu sensiblement atténuées vers le pétiole, se terminant très-brusquement en une pointe très-courte et très-fine, planes ou presque planes, bordées de dents larges, souvent surdentées, profondes, courbées et courtement aiguës, soutenues horizontalement sur des pétioles longs, de moyenne force et à peine redressés.

Caractère saillant de l'arbre : teinte générale du feuillage d'un vert pré assez vif et un peu brillant ; toutes les feuilles plus ou moins planes ou à peine repliées sur leur nervure médiane ; tous les pétioles plus ou moins longs.

Fruit moyen, sphérico-conique ou presque sphérique, un peu déprimé à ses deux pôles, tantôt entièrement uni, tantôt presque uni dans son contour, atteignant sa plus grande épaisseur à peu près au milieu de sa hauteur ; au-dessus et au-dessous de ce point, s'arrondissant par des courbes presque de même longueur et presque également convexes, soit du côté de la queue, soit du côté de l'œil vers lequel il s'atténue à peine un peu plus.

Peau un peu épaisse, bien unie, d'abord d'un vert pâle semé de larges taches nacrées rarement surmontées d'un petit point d'un gris brun. Parfois une rouille très-fine, jaunâtre, couvre la cavité de la queue, qui le plus souvent est entièrement unie. A la maturité, **automne,** le vert fondamental passe au jaune citron brillant, doré sur les parties mieux éclairées, et lavé du côté du soleil d'un joli rouge rosat bien fondu et relevé de points d'un rouge plus foncé, et une sorte de fleur blanchâtre recouvre la surface du fruit avant qu'il soit cueilli.

Œil moyen, bien fermé, à divisions fines, dressées et recourbées en dehors, placé dans une cavité très-peu profonde, évasée, unie par ses bords, plissée dans ses parois, et ces plis s'alternent avec des perles charnues. Tuyau du calice en entonnoir court, dépassant peu la première enveloppe du cœur dont la coupe offre une assez grande étendue par rapport au volume du fruit.

Queue assez courte, un peu forte, attachée dans une cavité étroite, un peu profonde et ordinairement régulière dans ses parois et par ses bords.

Chair d'un blanc à peine teinté de jaune vers l'enveloppe du cœur, fine, tendre, abondante en jus sucré, acidulé, relevé d'une saveur rafraîchissante, agréable, constituant un fruit de bonne qualité.

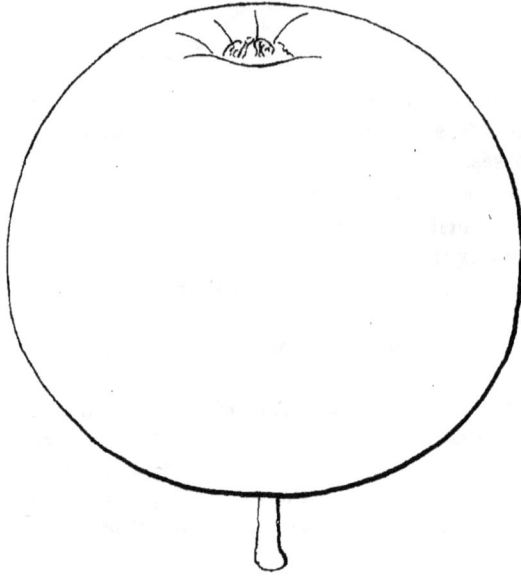

151

152

151. MARIEN APFEL SCHÖNER.   152. D'AARTS.

D'AARTS

(N° 152)

Handbuch aller bekannten Obstsorten. BIEDENFELD.
Catalogue DE BAVAY.

OBSERVATIONS. — Probablement d'origine flamande. — L'arbre,
de grande vigueur sur paradis et encore plus grande sur franc,
s'accommode bien des formes régulières. Sa haute tige forme une
tête sphérique compacte. Sa fertilité, d'abord peu précoce, devient
ensuite grande et soutenue. Son fruit est de seconde qualité.

DESCRIPTION.

Rameaux de moyenne force, unis ou presque unis dans leur contour,
droits, à entre-nœuds assez longs, d'un brun violet en partie voilé d'une
pellicule opaque ; lenticelles jaunâtres, assez nombreuses et peu apparentes.

Boutons à bois moyens, coniques, un peu allongés et bien aigus,
appliqués ou presque appliqués au rameau, soutenus sur des supports un
peu saillants dont les côtés et l'arête médiane ne se prolongent pas ou peu
distinctement ; écailles d'un rouge vif.

Pousses d'été d'un vert très-clair, un peu lavées de rouge clair du
côté du soleil et peu duveteuses sur toute leur longueur.

Feuilles des pousses d'été grandes, ovales, bien élargies du côté
du pétiole, se terminant brusquement en une pointe longue et étroite, très-
largement concaves ou presque planes, bordées de dents très-profondes,
souvent surdentées et bien aiguës, bien soutenues sur des pétioles de
moyenne longueur, assez grêles et cependant fermes.

Stipules de moyenne longueur, lancéolées-étroites et souvent courbées.

Boutons à fruit assez gros, conico-ovoïdes, peu aigus ; écailles d'un rouge intense et vif.

Fleurs moyennes ou assez grandes ; pétales ovales, peu concaves, à onglet court, se recouvrant à peine entre eux, tachés de rose violet intense en dehors, bien lavés de même en dedans ; divisions du calice longues, étroites, presque annulaires ; pédicelles longs, grêles, à peine duveteux.

Feuilles des productions fruitières plus grandes que celles des pousses d'été, ovales ou un peu obovales-allongées, se terminant assez brusquement en une pointe peu longue et finement aiguë, à peine concaves ou presque planes et le plus souvent largement ondulées dans leur contour, bordées de dents profondes, souvent un peu surdentées et finement aiguës, bien fermes sur leurs pétioles un peu longs, très-grêles, raides et bien redressés.

Caractère saillant de l'arbre : teinte générale du feuillage d'un vert herbacé tendre et bien mat ; toutes les feuilles plus ou moins amples et garnies d'une serrature formée de dents remarquablement aiguës ; tous les pétioles plus ou moins grêles et bien raides.

Fruit moyen, sphérico-conique, parfois un peu déprimé à ses deux pôles, déformé dans son contour par des côtes peu épaisses et peu saillantes, atteignant sa plus grande épaisseur à peu près au milieu de sa hauteur ; au-dessus de ce point, s'arrondissant en demi-sphère régulièrement et par une courbe largement convexe jusque vers l'œil ; au-dessous du même point, s'arrondissant par une courbe plus convexe jusque vers la cavité de la queue.

Peau un peu ferme, unie, un peu onctueuse et odorante à la maturité, d'abord d'un vert très-pâle, blanchâtre, semé de points bruns très-petits, largement et irrégulièrement espacés, peu apparents et manquant sur certaines parties. On trouve parfois quelques traits d'une rouille fine et d'un brun clair rayonnant dans la cavité de la queue. A la maturité, **courant d'hiver,** le vert fondamental passe au jaune paille blanchâtre ou un peu verdâtre et le côté du soleil est seulement un peu doré.

Œil très-petit, bien fermé, placé dans une cavité très-étroite, très-peu profonde, divisée dans ses parois et par ses bords en des rudiments de côtes qui se prolongent d'une manière plus ou moins sensible sur la hauteur du fruit. Tuyau du calice descendant par un tube un peu large jusque dans la cavité du cœur dont l'axe est creux et dont la coupe cordiforme-elliptique offre une étendue proportionnée au volume du fruit.

Queue un peu longue, grêle, attachée dans une cavité étroite, peu profonde et ondulée par ses bords.

Chair d'un blanc à peine teinté de jaune, assez fine, ferme, peu abondante en jus sucré, acidulé, relevé d'une saveur rafraîchissante, constituant un fruit seulement de seconde qualité pour la table, et de bonne qualité pour la cuisine.

VIOLETTE NOIRE GLACÉE

(N° 153)

Handbuch aller bekannten Obstsorten. BIEDENFELD.

GROSSE POMME NOIRE D'AMÉRIQUE. *Traité complet sur les pépinières.* CALVEL.

Nouveau traité des Arbres fruitiers. LOISELEUR-DESLONGCHAMPS.

BLACK APPLE. *The Fruits and the fruit-trees of America.* DOWNING.

BLACK AMERICAN. *The Apple and its Varieties.* ROBERT HOGG.

SCHWARZ SCHILLERNDER KOHLAPFEL. *Systematische Beschreibung der Kernobstsorten.* DIEL.

SCHWARZSCHILLERNDE KOHLAPFEL. *Systematisches Handbuch der Obstkunde.* DITTRICH.

OBSERVATIONS. — Downing ajoute le synonyme Jersey Black qui me paraît douteux, car Warder décrit sous ce nom une variété évidemment différente de la nôtre. — L'arbre, de vigueur contenue sur paradis, ne s'accommode pas des formes régulières. Sa fertilité est peu précoce et bien interrompue. Son fruit est de bonne qualité et curieux par son apparence.

DESCRIPTION.

Rameaux de moyenne force, finement anguleux dans leur contour, droits, à entre-nœuds de moyenne longueur, d'un beau rouge vineux vif, voilés du côté du soleil d'une pellicule argentée ; lenticelles très-petites, très-rares et très-peu apparentes.

Boutons à bois moyens, un peu renflés sur le dos, courtement et finement aigus, appliqués au rameau, soutenus sur des supports un peu saillants dont les côtés et l'arête médiane se prolongent très-finement ; écailles d'un beau rouge vif.

Pousses d'été d'un vert vif, colorées de rouge violet du côté du soleil et peu duveteuses sur toute leur longueur.

Feuilles des pousses d'été grandes ou très-grandes, ovales très-élargies ou ovales-elliptiques, quelques-unes ovales-arrondies, se terminant brusquement en une pointe courte et large, très-largement ou à peine concaves, à peine ou non arquées, bordées de dents larges, profondes, couchées et assez aiguës, soutenues horizontalement sur des pétioles très-courts, forts et redressés.

Stipules moyennes, lancéolées, souvent recourbées et caduques.

Boutons à fruit moyens, conico-ovoïdes, un peu aigus ; écailles d'un rouge vineux intense et vif.

Fleurs petites ; pétales ovales-arrondis ou ovales-elliptiques, concaves, à onglet court, se recouvrant à peine entre eux, bien tachés de rose violet en dehors et lavés de même en dedans ; divisions du calice extraordinairement longues, étroites et réfléchies en dessous ; pédicelles moyens, très-grêles et à peine duveteux.

Feuilles des productions fruitières très-inégales entre elles, quelques-unes plus grandes, obovales bien allongées, se terminant très-brusquement en une pointe très-courte et bien aiguë, largement creusées en gouttière et le plus souvent bien ondulées dans leur contour, bordées de dents fines, un peu profondes, un peu couchées et finement aiguës, assez bien soutenues sur des pétioles de moyenne longueur, un peu forts, divergents ou peu redressés.

Caractère saillant de l'arbre : teinte générale du feuillage d'un vert herbacé intense et mat ; toutes les feuilles d'une belle ampleur et garnies d'une serrature formée de dents assez vivement aiguës ; pétioles des feuilles des pousses d'été remarquablement courts.

Fruit moyen, sphérico-conique ou parfois conique, court et épais, un peu déformé dans son contour par des côtes très-épaisses et obtuses, atteignant sa plus grande épaisseur au-dessous du milieu de sa hauteur ; au-dessus de ce point, s'atténuant par une courbe plus ou moins courte, épaisse et tronquée à son sommet ; au-dessous du même point, s'arrondissant par une courbe assez convexe jusque dans la cavité de la queue.

Peau mince, unie, brillante lorsqu'elle est frottée, d'abord d'un vert intense et mat sur lequel on remarque difficilement des points d'un gris brun épars et peu apparents. A la maturité, **courant d'hiver.** le vert fondamental passe au jaune terne conservant souvent un ton un peu verdâtre et ordinairement presque entièrement caché sous un nuage d'un pourpre vineux passant presque au noir bronzé sur les parties les plus directement exposées.

Œil grand, fermé, placé dans une cavité peu profonde, bien évasée et plissée dans ses parois et par ses bords, et ces plis se continuent sur la hauteur du fruit par des élévations inégales, épaisses et obtuses. Tuyau du calice en entonnoir très-court et largement obtus, ne dépassant pas la première enveloppe du cœur dont la coupe cordiforme-arrondie offre une grande étendue par rapport au volume du fruit.

Queue de moyenne longueur, de moyenne force, attachée dans une cavité très-peu profonde, bien évasée et à peine ondulée par ses bords.

Chair d'un blanc verdâtre, bien fine, tassée, un peu croquante sans être ferme, abondante en jus sucré, relevé d'une saveur assez agréable, constituant un fruit de bonne qualité et curieux par son apparence.

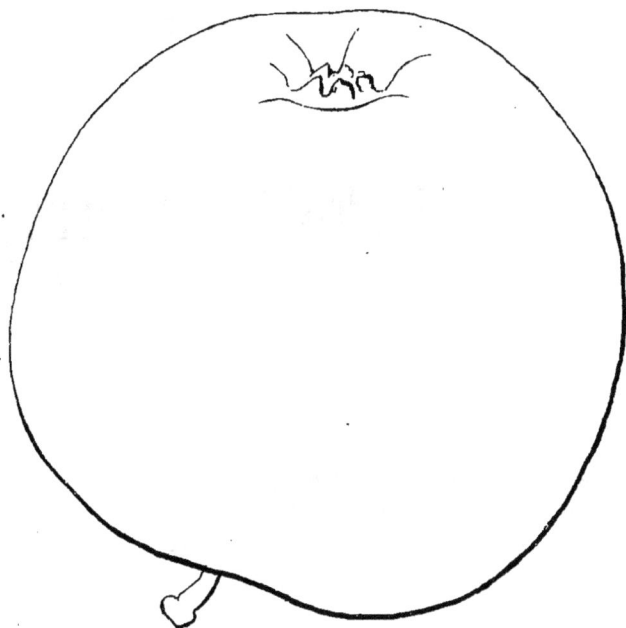

153

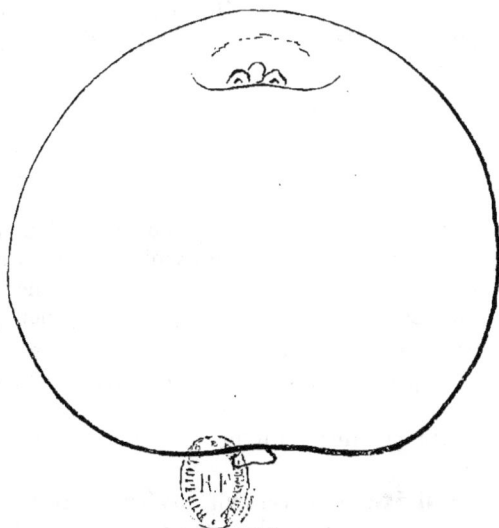

154

153. VIOLETTE NOIRE GLACÉE.   154. EVENING PARTY.

EVENING PARTY

(N° 154)

The Fruits and the fruit-trees of America. DOWNING.
American Pomology. JOHN WARDER.
The American fruit Culturist. THOMAS.
Catalogue JOHN SCOTT, de Merriott.

OBSERVATIONS. — D'après Downing, cette pomme est originaire du Comté de Berks (Pensylvanie). Warder pense que son nom lui a été donné comme propre à être servie au dessert à cause de sa jolie apparence. — L'arbre est vigoureux ; élevé en haute tige, il forme une tête arrondie s'étendant au loin, à branches flexibles. Sa végétation est très-contenue sur paradis et s'accommode peu des formes régulières, à moins de l'appliquer à un treillage. Sa fertilité est très-précoce, grande et constante. Son fruit est de bonne qualité.

DESCRIPTION.

Rameaux grêles, à peine anguleux dans leur contour, à entre-nœuds très-inégaux entre eux, d'un brun violacé intense un peu voilé du côté du soleil d'une pellicule mince ; lenticelles d'un blanc jaunâtre, petites, arrondies, nombreuses, régulièrement espacées, un peu apparentes.

Boutons à bois moyens, courts, un peu renflés sur le dos, bien obtus, appliqués ou presque appliqués au rameau, soutenus sur des supports saillants dont les côtés et l'arête médiane se prolongent parfois, mais peu distinctement ; écailles d'un brun rouge un peu recouvert d'un duvet blanchâtre.

Pousses d'été d'un vert vif, lavées de rouge rosat du côté du soleil et peu duveteuses sur toute leur longueur.

Feuilles des pousses d'été moyennes, ovales bien élargies, se terminant brusquement en une pointe courte et large, très-largement creusées ou peu concaves, bordées de dents très-peu profondes, un peu couchées et peu aiguës, bien soutenues sur des pétioles courts, grêles et bien formes.

Stipules courtes, fines, très-caduques.

Boutons à fruit petits, conico-ovoïdes, peu aigus ; écailles extérieures jaunâtres et bordées de brun ; les intérieures roses et finement bordées de brun noir.

Fleurs assez grandes ; pétales elliptiques-élargis ou arrondis, concaves, à onglet très-court, se recouvrant largement entre eux, lavés de rose en dehors et très-légèrement en dedans ; divisions du calice moyennes, bien recourbées, presque annulaires ; pédicelles courts, peu forts, peu duveteux.

Feuilles des productions fruitières moyennes, les unes elliptiques-arrondies, les autres obovales bien élargies, se terminant un peu brusquement en une pointe extraordinairement courte, à peine concaves ou presque planes, bordées de dents très-peu profondes, bien couchées, émoussées ou peu aiguës, bien soutenues sur des pétioles assez courts, bien grêles et bien fermes.

Caractère saillant de l'arbre : teinte générale du feuillage d'un vert herbacé un peu intense et mat ; toutes les feuilles plus ou moins élargies et plus ou moins courtes, presque planes ou peu concaves et bordées d'une serrature formée de dents remarquablement peu profondes ; tous les pétioles plus ou moins courts et plus ou moins grêles.

Fruit moyen ou presque moyen, sphérique déprimé à ses deux pôles, ordinairement uni dans son contour, atteignant sa plus grande épaisseur à peu près au milieu de sa hauteur ; au-dessus et au-dessous de ce point, s'arrondissant régulièrement par des courbes égales et presque également convexes, soit du côté de l'œil, soit du côté de la queue.

Peau fine, très-mince, souple, onctueuse et exhalant un parfum pénétrant à la maturité, d'abord d'un vert clair et gai semé de points gris un peu saillants, peu nombreux et apparents. Une tache de rouille d'un gris verdâtre, fine et bien dense couvre parfois la cavité de la queue, et s'étend un peu au-delà de ses bords. A la maturité, **courant d'hiver,** le vert fondamental passe au jaune citron clair, et le côté du soleil est couvert d'un nuage de rouge vineux traversé par des raies d'un rouge sanguin plus foncé, et sur ce rouge les points presque blancs sont très-visibles quoique de petite dimension.

Œil grand, fermé, à divisions longues et serrées en bouquet, placé dans une cavité en forme de godet profond et régulier, uni ou presque uni dans ses parois. Tuyau du calice en forme d'entonnoir court et obtus, ne dépassant pas la première enveloppe du cœur dont la coupe cordiforme offre peu d'étendue par rapport au volume du fruit.

Queue courte ou de moyenne longueur, très-grêle, attachée dans une cavité profonde, très-étroite dans son fond, peu évasée et bien régulière par ses bords.

Chair d'un blanc un peu verdâtre, bien fine, serrée, un peu ferme, abondante en eau douce, sucrée, mais pas assez relevée pour constituer un fruit de première qualité.

VIRGINIA RED

(N° 155)

OBSERVATIONS. — Cette variété m'a été envoyée par Downing. — L'arbre est de bonne vigueur même sur paradis ; élevé en haute tige, il forme une tête d'un beau port. Sa fertilité est précoce et bonne. Son fruit est de très-bonne qualité.

DESCRIPTION.

Rameaux de moyenne force, un peu anguleux dans leur contour, presque droits, à entre-nœuds de moyenne longueur, d'un beau rouge sanguin intense ; lenticelles blanches, petites, assez nombreuses et apparentes.

Boutons à bois petits, courts, un peu renflés sur le dos et très-obtus, appliqués au rameau, soutenus sur des supports saillants dont les côtés et l'arête médiane se prolongent assez distinctement ; écailles rougeâtres et couvertes d'un duvet grisâtre, extraordinairement court.

Pousses d'été d'un vert d'eau peu foncé, lavées de rouge sanguin du côté du soleil, et peu duveteuses sur toute leur longueur.

Feuilles des pousses d'été grandes, ovales-allongées, un peu élargies, se terminant peu brusquement en une pointe longue et large, bien creusées en gouttière, à peine ou non arquées, bordées de dents très-larges, surdentées, profondes et courtement aiguës, bien fermes sur des pétioles longs, assez forts et bien dressés.

Stipules longues, lancéolées bien élargies.

Boutons à fruit petits, coniques, courts, épais et obtus ; écailles d'un rouge intense et un peu duveteuses.

Fleurs grandes ; pétales ovales-elliptiques, bien concaves, à onglet court, se recouvrant à peine entre eux, tachés de rose violet en dehors, lavés de même en dedans ; divisions du calice bien longues, peu recourbées en dessous ; pédicelles assez longs, peu forts, peu duveteux.

Feuilles des productions fruitières plus grandes que celles des pousses d'été, obovales bien allongées, courtement et sensiblement atténuées vers le pétiole, se terminant plus ou moins brusquement en une pointe courte et large, bien creusées et à peine arquées, bordées de dents assez fines, assez peu profondes et courtement aiguës, bien soutenues sur des pétioles très-longs, de moyenne force, fermes et dressés.

Caractère saillant de l'arbre : teinte générale du feuillage d'un vert pré vif et brillant ; la plupart des feuilles et surtout celles des productions fruitières remarquablement allongées et bien régulièrement creusées en gouttière ; tous les pétioles remarquablement longs.

Fruit gros, sphérique ou sphérico-conique, plus ou moins déprimé à ses deux pôles, uni dans son contour, atteignant sa plus grande épaisseur à peu près au milieu de sa hauteur ; au-dessus et au-dessous de ce point, s'arrondissant par des courbes presque égales et presque également convexes, soit du côté de la queue, soit du côté de l'œil vers lequel il s'atténue cependant un peu plus.

Peau mince, souple, d'abord d'un vert clair et gai semé de points d'un brun clair, un peu larges, largement espacés et apparents. Une tache d'une rouille brune rayonne en étoile dans la cavité de la queue et souvent au-delà de ses bords. A la maturité, **automne,** le vert fondamental passe au jaune d'or et le côté du soleil, sur une large étendue, est lavé d'un nuage de rouge orangé, taché et flammé d'un joli rouge cramoisi frais.

Œil assez grand, fermé, à divisions courtes, dressées, placé dans une cavité peu profonde, évasée, finement plissée dans ses parois et régulière par ses bords. Tuyau du calice en entonnoir aigu, dépassant à peine la première enveloppe du cœur dont la coupe cordiforme offre assez peu d'étendue par rapport au volume du fruit.

Queue de moyenne longueur, grêle, attachée dans une cavité profonde, largement évasée, unie ou à peine ondulée par ses bords.

Chair jaunâtre, assez fine, tendre, abondante en jus sucré, vineux et parfumé, constituant un fruit de bonne qualité, très-propre à la culture de spéculation par sa magnifique apparence et par sa saveur réellement riche.

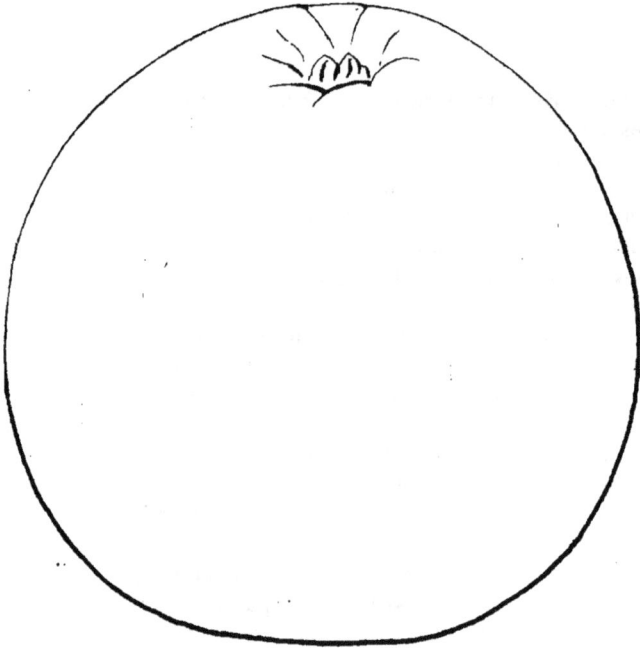

155

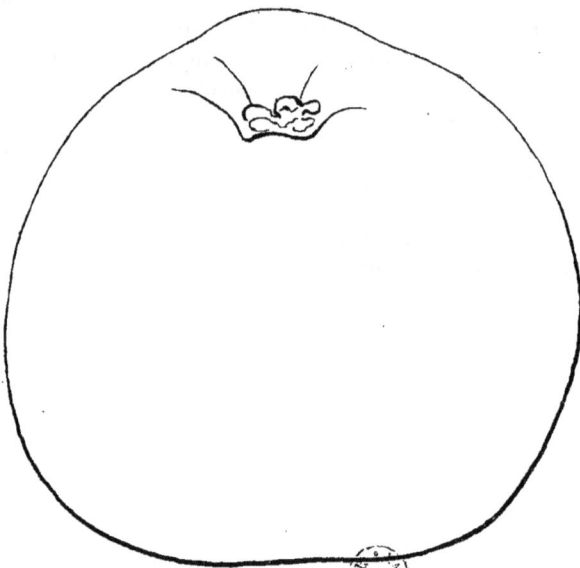

156

155. VIRGINIA RED.   156. WINTER PEACH APPLE.

WINTER PEACH APPLE

(N° 156)

PEACH. *The Fruits and the fruit-trees of America.* DOWNING.
PEACH APPLE WINTER. *Catalogue* THOMAS RIVERS, de Sawbridge-
worth.
PEACH WINTER. *Catalogue* JOHN SCOTT, de Merriott.

OBSERVATIONS. — D'après Rivers, cette excellente pomme américaine est d'origine inconnue. — L'arbre, de vigueur normale sur
paradis, s'accommode assez mal des formes régulières. Sa fertilité
est peu précoce et moyenne. Son fruit est de bonne qualité, de
longue et facile conservation.

DESCRIPTION.

Rameaux de moyenne force, un peu anguleux dans leur contour,
presque droits, à entre-nœuds de moyenne longueur, d'un brun rougeâtre
en grande partie voilé d'une pellicule métallique; lenticelles petites, peu
nombreuses et peu apparentes.

Boutons à bois petits, courts, élargis à leur base et obtus à leur
sommet, un peu aplatis et appliqués au rameau, soutenus sur des supports
un peu saillants dont les côtés et l'arête médiane se prolongent plus ou
moins distinctement; écailles d'un rouge intense.

Pousses d'été d'un vert un peu teinté de jaune, lavées de rouge sanguin du côté du soleil, et couvertes sur toute leur longueur d'un duvet
bien couché et peu abondant.

Feuilles des pousses d'été moyennes, ovales-élargies, distinctement
échancrées vers le pétiole, se terminant brusquement en une pointe assez
longue, largement concaves ou creusées en gouttière, bordées de dents
larges, profondes et aiguës, assez bien soutenues sur des pétioles courts,
peu forts et redressés.

Stipules un peu longues, finement lancéolées et caduques.

Boutons à fruit moyens, conico-ovoïdes, obtus ou émoussés ; écailles d'un rouge intense.

Fleurs assez grandes ; pétales elliptiques-élargis ou elliptiques-arrondis, peu concaves, à onglet court, se recouvrant à peine entre eux, tachés de rose violet et un peu lavés de même en dedans ; divisions du calice moyennes, très-larges et bien recourbées en dessous ; pédicelles extraordinairement courts, forts et peu duveteux.

Feuilles des productions fruitières grandes, ovales-elliptiques et allongées, se terminant brusquement en une pointe longue et large, largement creusées et non arquées, bordées de dents assez profondes, couchées et aiguës, assez peu soutenues sur des pétioles moyens, très-grêles, dressés et un peu souples.

Caractère saillant de l'arbre : teinte générale du feuillage d'un vert herbacé très-clair et mat, bien brillant au contraire sur les feuilles des pousses d'été dont les plus jeunes sont ordinairement lavées de rouge ; feuilles des productions fruitières bien allongées et longuement acuminées.

Fruit moyen, sphérique bien déprimé à ses deux pôles et parfois un peu conique, un peu déformé dans son contour par des côtes très-épaisses et très-largement aplanies, atteignant sa plus grande épaisseur à peu près au milieu de sa hauteur ; au-dessus et au-dessous de ce point, s'arrondissant par des courbes presque de même longueur et presque également convexes, soit du côté de la queue, soit du côté de l'œil vers lequel il s'atténue à peine un peu plus.

Peau très-fine, très-mince et souple, d'abord d'un vert clair et gai semé de points d'un gris vert, très-petits, cernés d'un peu de vert plus clair, assez nombreux et très-peu apparents. Une rouille d'un brun grisâtre rayonne en étoile dans la cavité de la queue. A la maturité, **courant d'hiver,** le vert fondamental s'éclaircit en jaune en conservant souvent un ton un peu verdâtre, et le côté du soleil est lavé d'un nuage de rouge orangé.

Œil grand, fermé, placé dans une cavité large, un peu profonde, finement plissée dans ses parois et largement ondulée par ses bords. Tuyau du calice en entonnoir un peu long, descendant au-dessous de la première enveloppe du cœur dont la coupe cordiforme-déprimée ou cordiforme-elliptique offre assez peu d'étendue par rapport au volume du fruit.

Queue courte, peu forte, boutonnée, attachée dans une cavité profonde, évasée et largement ondulée par ses bords.

Chair d'un blanc verdâtre, assez fine, tassée, ferme, suffisante en jus sucré, finement acidulé, relevé d'une saveur assez agréable, constituant un fruit de bonne qualité, de longue et facile conservation, appartenant à la classe des Reinettes.

ASHMEAD'S KERNEL

(N° 157)

The Fruits and the fruit-trees of America. Downing.
The Apple and its Varieties. Robert Hogg.
Handbuch aller bekannten Obstsorten. Biedenfeld.
Catalogue John Scott, de Merriott.

Observations. — Robert Hogg donne les renseignements suivants sur cette variété : « Cette délicieuse pomme fut obtenue de semis au commencement du dernier siècle, à Glowcester (Angleterre), par le docteur Ashmead, un éminent médecin de cette ville. Le pied-mère existait il y a peu d'années sur le terrain qui avait été le jardin du docteur Ashmead et qui était devenu nécessaire à des constructions. Il s'élevait sur la place maintenant occupée par la rue Clarence. Il est difficile d'assurer l'époque certaine de sa naissance, mais M. Hignell, l'horticulteur renommé de Tewkesbury, dans le comté de Glowcester, m'a assuré que le premier fruit qu'il vit de cette variété provenait d'un arbre de la pépinière de M. Wheeler, de Glowcester, en 1796, et que ce sujet, qui était le produit d'un rameau pris sur le pied-mère, avait alors environ une trentaine d'années, d'où l'on peut conclure que cette variété avait acquis une certaine célébrité vers le milieu du siècle dernier. L'Ashmead's Kernel depuis longtemps était la pomme favorite de tous les jardins de la partie Ouest du comté de Glowcester, mais elle ne paraît pas avoir été connue dans d'autres localités. » — L'arbre, de vigueur contenue sur paradis, ne se prête pas aux formes régulières ; il est vigoureux et rustique sur franc, à branches divergentes. Sa fertilité est précoce et grande. Son fruit est de bonne qualité.

DESCRIPTION.

Rameaux de moyenne force, unis ou presque unis dans leur contour, presque droits, à entre-nœuds longs et souvent inégaux entre eux, d'un brun rougeâtre terne en très-grande partie caché sous une pellicule d'apparence métallique et épaisse ; lenticelles blanchâtres, petites, assez peu nombreuses et peu apparentes.

Boutons à bois moyens, courts, épatés, obtus, appliqués au rameau, soutenus sur des supports un peu saillants dont l'arête médiane ne se prolonge pas ou très-peu distinctement ; écailles d'un rouge sombre et un peu duveteuses.

Pousses d'été d'un vert intense, un peu lavées de rouge brun du côté du soleil, et couvertes sur toute leur longueur d'un duvet extraordinairement court et peu abondant.

Feuilles des pousses d'été assez petites, ovales ou ovales-arrondies, se terminant un peu brusquement en une pointe plus ou moins courte et bien ferme, largement concaves ou creusées en gouttière, bordées de dents larges, souvent surdentées, assez peu profondes, obtuses ou émoussées, bien soutenues sur des pétioles courts, peu forts et un peu redressés.

Stipules extraordinairement courtes et très-caduques.

Boutons à fruit petits, courts, épais et obtus ; écailles d'un rouge très-foncé et recouvertes d'un duvet gris noirâtre.

Fleurs assez petites ; pétales ovales un peu allongés et peu larges, bien atténués à leur sommet, peu concaves, à onglet un peu long, un peu écartés entre eux, un peu tachés de rose violet en dehors et peu lavés de même en dedans ; divisions du calice longues, étroites, bien recourbées en dessous ; pédicelles courts, grêles, peu duveteux.

Feuilles des productions fruitières à peu près de même grandeur que celles des pousses d'été, les unes obovales-allongées, les autres obovales un peu élargies, se terminant assez brusquement en une pointe longue et large, très-largement creusées et le plus souvent contournées par leur extrémité, bordées de dents larges, le plus souvent surdentées, assez peu profondes et émoussées, bien soutenues sur des pétioles moyens ou assez courts, de moyenne force et raides.

Caractère saillant de l'arbre : teinte générale du feuillage d'un vert bleu intense et brillant ; toutes les feuilles épaisses et assez fermes ; pétioles bien colorés d'un joli rouge rosat.

Fruit moyen, sphérique, bien déprimé à ses deux pôles, à peine déformé dans son contour par des élévations très-aplanies, atteignant sa plus grande épaisseur à peu près au milieu de sa hauteur ; au-dessus et au-dessous de ce point, s'arrondissant par des courbes bien convexes et de même longueur, soit du côté de la queue, soit du côté de l'œil vers lequel parfois il s'atténue à peine un peu plus.

Peau fine, mince, d'abord d'un vert gai semé de points d'un gris brun, un peu larges, régulièrement espacés et apparents. On remarque parfois quelques traces de rouille soit sur les bords de la cavité de l'œil, soit dans la cavité de la queue. A la maturité, **courant d'hiver,** le vert fondamental passe au jaune clair et le côté du soleil est largement lavé d'un nuage de rouge brun bien fondu et sur lequel ressortent peu des points grisâtres.

Œil fermé ou demi-fermé, placé dans une cavité large, profonde, bien évasée, plissée dans ses parois et ondulée par ses bords. Tuyau du calice en entonnoir extraordinairement large et obtus, atteignant la cavité du cœur très-rapprochée de l'œil et dont la coupe cordiforme-elliptique offre assez peu d'étendue par rapport au volume du fruit.

Queue tantôt courte et forte, tantôt plus longue et grêle, attachée dans une cavité profonde, largement évasée et régulière par ses bords.

Chair d'un blanc à peine teinté de jaune, fine, peu ferme, abondante en jus richement sucré, vineux et aromatisé, constituant un fruit de première qualité, mais n'atteignant pas chez moi toute la saveur que lui attribue Robert Hogg.

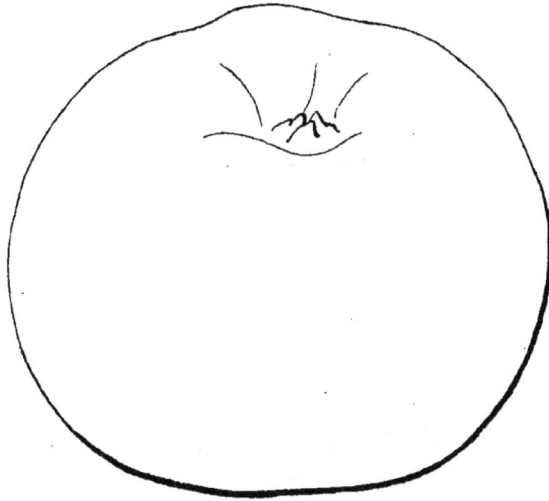

157

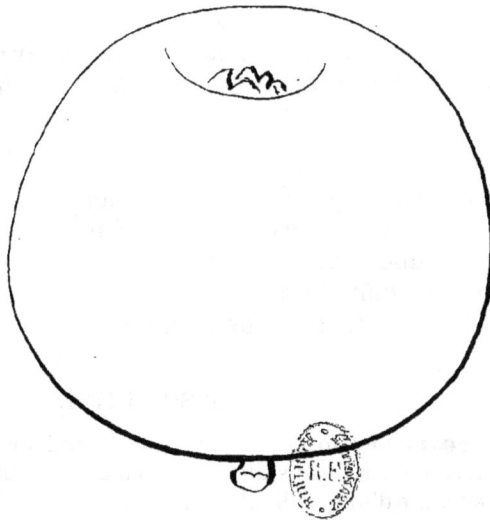

158

157. ASHMEAD'S KERNEL.   158. FENOUILLET GRIS.

FENOUILLET GRIS

(N° 158)

Traité des Arbres fruitiers. DUHAMEL.
Congrès pomologique de France.
Dictionnaire de Pomologie. ANDRÉ LEROY.
The Apple and its Varieties. ROBERT HOGG.
A Guide to the Orchard. LINDLEY.
The Fruits and the fruit-trees of America. DOWNING.
FENOUILLET, POMME D'ANIS. *Pomologie.* JEAN-HERMANN KNOOP.
GRAUE FENCHELAPFEL. *Versuch einer Systematischen Beschrei-bung der Kernobstsorten.* DIEL.
Systematisches Handbuch der Obstkunde. DITTRICH.
FENCHELAPFEL GRAUER. *Pomologische Notizen.* OBERDIECK.

OBSERVATIONS. — Cette variété ancienne est probablement d'origine française. — L'arbre délicat, d'une végétation insuffisante sur paradis, d'une vigueur peu grande sur franc, forme une tête de petite dimension et un peu buissonneuse. Sa fertilité assez précoce est bonne. Son fruit est de bonne qualité.

DESCRIPTION.

Rameaux peu forts, presque unis dans leur contour, droits, à entre-nœuds très-courts, bruns du côté de l'ombre, d'un brun rougeâtre intense et un peu voilé d'une pellicule mince du côté du soleil; lenticelles jaunâtres, très-petites, assez peu nombreuses et peu apparentes.

Boutons à bois très-petits, coniques un peu renflés sur le dos, émoussés et appliqués au rameau, soutenus sur des supports peu saillants dont les côtés et l'arête médiane se prolongent très-obscurément sur le rameau; écailles d'un marron rougeâtre très-foncé, un peu bordées de gris blanchâtre.

Pousses d'été d'un vert d'eau, lavées de rouge brun du côté du soleil et peu duveteuses sur toute leur longueur.

Feuilles des pousses d'été petites, ovales un peu élargies, se terminant un peu brusquement en une pointe longue, largement creusées en gouttière et non arquées, bordées de dents profondes, un peu recourbées, souvent inégales entre elles et un peu aiguës, soutenues horizontalement sur des pétioles courts, grêles et peu redressés.

Stipules très-courtes, en alênes souvent recourbées.

Boutons à fruit très-petits, conico-ovoïdes, peu aigus; écailles glabres, d'un rouge très-foncé et bordées de brun noirâtre.

Fleurs petites ; pétales elliptiques ou ovales-elliptiques, presque planes, se touchant entre eux, à peine tachés de rose très-clair en dehors, presque blancs en dedans ; divisions du calice courtes, recourbées en dessous ; pédicelles extraordinairement courts, un peu forts et laineux.

Feuilles des productions fruitières petites, ovales ou obovales, quelques-unes très-courtement et à peine atténuées, les autres longuement et plus sensiblement atténuées vers le pétiole, se terminant peu brusquement en une pointe peu longue, bien creusées et un peu arquées, bordées de dents très-larges, plusieurs fois surdentées, plus ou moins profondes, souvent très-inégales entre elles et aiguës, bien soutenues sur des pétioles courts, très-grêles et fermes.

Caractère saillant de l'arbre : teinte générale du feuillage d'un vert herbacé tendre et mat ; toutes les feuilles le plus souvent irrégulièrement dentées ; tous les pétioles remarquablement grêles.

Fruit petit, presque sphérique ou sphérico-conique, plus ou moins déprimé à ses deux pôles, uni dans son contour, atteignant sa plus grande épaisseur à peu près au milieu de sa hauteur ; au-dessus et au-dessous de ce point, s'arrondissant par des courbes à peu près égales et presque également convexes, soit du côté de la queue, soit du côté de l'œil vers lequel il s'atténue ordinairement un peu plus.

Peau un peu ferme, d'abord d'un vert d'eau entièrement ou presque entièrement recouvert d'une couche de rouille brune, bien uniforme, et sur laquelle saillissent des points d'un gris jaunâtre largement espacés. A la maturité, **courant d'hiver,** le vert fondamental passe au jaune citron intense que l'on entrevoit sur les parties où la rouille est moins dense, et le côté du soleil se couvre d'un roux doré ou se lave d'un peu de rouge.

Œil moyen, ouvert, placé dans une cavité étroite, un peu profonde, unie dans ses parois et régulière par ses bords. Tuyau du calice descendant par un tube très-étroit et bien aigu jusqu'à la cavité du cœur dont la coupe presque elliptique offre assez peu d'étendue par rapport au volume du fruit.

Queue courte, forte, attachée dans une cavité en forme d'entonnoir large, profond et régulier.

Chair blanchâtre, devenant souvent un peu spongieuse à l'entière maturité, peu abondante en jus richement sucré, parfumé d'anis, constituant un fruit bon pour la table et surtout délicieux pour les usages de la cuisine.

FÈVE PETITE DU RHIN

(N° 159)

KLEINER BOHNAPFEL. *Illustrirtes Handbuch der Obstkunde.* Lucas.
BOHNAPFEL KLEINER. *Pomologische Notizen.* Oberdieck.
KLEINER RHEINISCHER BOHNAPFEL. *Versuch einer Systematischen Beschreibung der Kernobstsorten.* Diel.

Observations.—Cette variété est très-répandue dans les contrées de l'Allemagne baignées par le Rhin et d'où elle est originaire. Diel la considère comme une bonne variété pour le verger de campagne.—L'arbre, de végétation contenue sur paradis, s'accommode bien des formes régulières; il convient mieux à la haute tige sur franc, quoique d'une croissance lente, il acquiert une grande dimension; il est remarquable par sa rusticité. Sa fertilité est assez précoce, grande, pourtant un peu interrompue. Son fruit est d'assez bonne qualité.

DESCRIPTION.

Rameaux de moyenne force, obscurément anguleux dans leur contour, presque droits, à entre-nœuds courts, d'un brun rougeâtre intense en partie voilé du côté du soleil par une pellicule mince; lenticelles jaunâtres, larges, un peu allongées, assez nombreuses et apparentes.

Boutons à bois assez gros, coniques, un peu renflés sur le dos, courtement aigus, appliqués ou presque appliqués au rameau, soutenus sur des suppports peu saillants, dont l'arête médiane se prolonge obscurément; écailles d'un rouge d'acajou intense et brillant souvent bordé de gris blanchâtre.

Pousses d'été d'un vert un peu teinté de jaune et presque entièrement colorées de rouge vineux, couvertes sur toute leur longueur d'un duvet assez abondant.

Feuilles des pousses d'été petites ou assez petites, régulièrement ovales ou ovales un peu arrondies, se terminant peu brusquement en une pointe courte, concaves et non arquées, bordées de dents peu profondes, bien couchées et courtement aiguës, soutenues horizontalement sur des pétioles très-courts, forts et peu redressés.

Stipules assez longues, lancéolées-étroites et aiguës, souvent un peu recourbées.

Boutons à fruit moyens, ovoïdes, aigus ; écailles glabres, d'un marron rougeâtre intense et brillant largement maculées de gris blanchâtre.

Fleurs moyennes ; pétales ovales-elliptiques, concaves, souvent ondulés, à peine tachés de rose violet en dehors, blancs en dedans ; divisions du calice longues, étroites, recourbées en dessous ; pédicelles moyens, de moyenne force, duveteux.

Feuilles des productions fruitières moyennes ou assez grandes, ovales, parfois brusquement et très-courtement atténuées vers le pétiole, se terminant peu brusquement en une pointe courte, large et cependant très-aiguë, bien creusées et non arquées, bordées de dents peu profondes, extraordinairement couchées et bien aiguës, soutenues sur des pétioles très-courts, peu forts et redressés.

Caractère saillant de l'arbre : teinte générale du feuillage d'un vert pré assez intense et peu brillant; serrature de toutes les feuilles formée de dents remarquablement couchées ; la plupart des feuilles régulièrement concaves ou creusées en gouttière ; tous les pétioles plus ou moins courts.

Fruit petit ou presque moyen, conique ou conico-cylindrique, uni dans son contour, atteignant sa plus grande épaisseur plus ou moins au-dessous du milieu de sa hauteur ; au-dessus de ce point, s'atténuant peu par une courbe peu convexe en une pointe plus ou moins longue, épaisse et tronquée à son sommet ; au-dessous du même point, s'arrondissant par une courbe largement convexe jusque dans la cavité de la queue.

Peau épaisse, ferme, d'abord d'un vert clair semé de points bruns un peu larges, cernés de vert plus clair, largement espacés et apparents. Une rouille brune rayonne en étoile dans la cavité de la queue. A la maturité, **fin d'hiver et printemps,** le vert fondamental passe au jaune mat et le côté du soleil, sur les fruits bien exposés, est lavé et pointillé d'un rouge jaunâtre traversé par des raies courtes et fines d'un rouge cramoisi, et sur lequel ressortent des points jaunes, larges et largement espacés.

Œil assez grand, fermé, à divisions réfléchies en dedans et restant longtemps vertes, placé dans une cavité peu large, peu profonde, à peine plissée dans ses parois et à peine ondulée par ses bords. Tuyau du calice en entonnoir aigu, dépassant la première enveloppe du cœur dont la coupe cordiforme-ovale offre assez peu d'étendue par rapport au volume du fruit.

Queue assez longue, un peu forte, attachée dans une cavité étroite, très-peu profonde, unie dans ses parois et par ses bords.

Chair verdâtre, un peu grossière, d'abord ferme, puis devenant plus tendre à l'entière maturité, abondante en jus sucré, vineux, finement acidulé, relevé d'une saveur rafraîchissante, constituant un fruit d'assez bonne qualité, de la plus longue conservation et très-propre au transport par la résistance de sa peau et de sa chair.

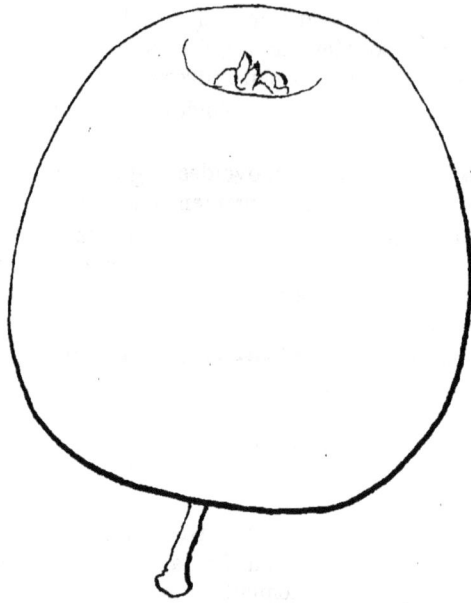

159

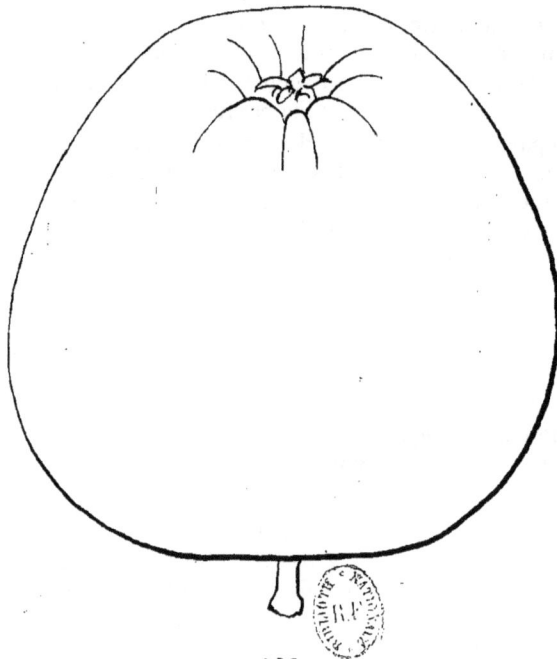

160

159. FÈVE PETITE DU RHIN.   160. CALVILLE CARMIN.

CALVILLE CARMIN

(N° 160)

CARMIN CALVILLE. *Handbuch aller bekannten Obstsorten.* BIEDEN-FELD.

CARMINCALVILLE. *Systematisches Handbuch der Obstkunde.* DIT-TRICH.

Systematische Beschreibung der Kernobstsorten. DIEL.

Anleitung des besten Obstes. OBERDIECK.

OBSERVATIONS.— Diel n'a pu rapporter la Calville Carmin à aucune des variétés de Calvilles connues; il l'a reçue des pépinières de M. Kellner, à Sarrebruck, sous le nom de Calville rouge d'Hiver, dont elle diffère entièrement par sa végétation et sa fertilité très-douteuse. Oberdieck la trouve très-semblable à l'ancienne Calville rouge d'Hiver, et cependant elles ne sont pas identiques. — L'arbre est d'une vigueur contenue et de croissance lente sur paradis; cette variété convient mieux sur franc et abandonnée à elle-même. Sa fertilité peu précoce est à peine moyenne. Son fruit est de première qualité.

DESCRIPTION.

Rameaux assez forts, obscurément anguleux dans leur contour, bien droits, à entre-nœuds de moyenne longueur et inégaux entre eux, de couleur lie de vin très-foncée, un peu voilée par places par une pellicule mince; lenticelles grisâtres, larges, un peu allongées, saillantes et extraordinairement nombreuses.

Boutons à bois assez petits, courts, obtus ou peu aigus, aplatis et appliqués au rameau, soutenus sur des supports très-peu saillants dont les côtés et l'arête médiane se prolongent obscurément; écailles d'un rouge extraordinairement foncé.

Pousses d'été d'un vert très-clair, lavées de rouge violet du côté du soleil et couvertes sur toute leur longueur d'un duvet assez peu abondant et un peu hérissé.

Feuilles des pousses d'été très-grandes ou grandes, ovales un peu allongées et un peu élargies, se terminant presque régulièrement en une pointe longue et large, presque planes et ondulées dans leur contour, bordées de dents profondes et finement aiguës, assez peu soutenues sur des pétioles moyens, de moyenne force et un peu souples.

Stipules assez courtes, lancéolées-étroites, bien aiguës et parfois un peu recourbées.

Boutons à fruit petits, ovoïdes, un peu aigus; écailles d'un rouge vif et brillant.

Fleurs petites ou assez petites; pétales ovales-élargis, bien concaves, souvent ondulés et chiffonnés, à onglet presque nul, se recouvrant entre eux, d'un joli rose clair et vif en dehors, à peine lavés de même en dedans; divisions du calice moyennes, finement aiguës, bien recourbées; pédicelles courts, assez peu forts et laineux.

Feuilles des productions fruitières très-grandes, obovales bien allongées, se terminant très-brusquement en une pointe très-courte, planes, à peine ondulées dans leur contour, bordées de dents très-profondes, un peu recourbées et finement aiguës, assez bien soutenues sur des pétioles courts, forts et divergents.

Caractère saillant de l'arbre : teinte générale du feuillage d'un vert herbacé clair et teinté de jaune; la plupart des feuilles d'une belle ampleur, planes ou presque planes et toutes bordées de dents remarquablement acérées.

Fruit moyen, sphérico-conique ou conique, tantôt presque uni dans son contour, tantôt un peu déformé par des côtes épaisses et obtuses, atteignant sa plus grande épaisseur plus ou moins au-dessous du milieu de sa hauteur; au-dessus de ce point, s'atténuant par une courbe peu convexe en une pointe courte ou un peu longue, épaisse, obtuse ou tronquée à son sommet; au-dessous du même point, s'arrondissant par une courbe bien largement convexe jusque dans la cavité de la queue.

Peau un peu ferme, unie, d'abord d'un vert clair semé de points bruns très-petits, rares et peu apparents. Une rouille fine et d'un brun verdâtre rayonne en étoile dans la cavité de la queue. A la maturité, **automne et commencement d'hiver,** le vert fondamental passe au jaune mat dont souvent on n'aperçoit qu'une très-petite étendue, car il est presque entièrement recouvert d'un nuage de rouge sanguin traversé par des raies d'un rouge carmin, fines et plus distinctes sur les parties moins éclairées.

Œil grand, fermé, à divisions dressées en bouquet, placé dans une cavité peu profonde, évasée, profondément plissée dans ses parois et par ses bords, et ces plis se prolongent d'une manière plus ou moins sensible sur la hauteur du fruit. Tuyau du calice en entonnoir court, ne dépassant pas la première enveloppe du cœur dont la coupe cordiforme-élevée offre une grande étendue par rapport au volume du fruit.

Queue de moyenne longueur, grêle, attachée, dans une cavité étroite, peu profonde, unie ou à peine ondulée par ses bords.

Chair d'un blanc verdâtre, parfois un peu colorée de rose, fine, tendre, suffisante en jus sucré, acidulé, agréablement parfumé à la manière des Calvilles, constituant un fruit de première qualité.

GROS FAROS

(N° 161)

Traité des Arbres fruitiers. DUHAMEL.
Nouveau traité des Arbres fruitiers. LOISELEUR-DESLONGCHAMPS.
Manuel complet du Jardinier. NOISETTE.
Illustrirtes Handbuch der Obstkunde. FLOTOW.
The Apple and its Varieties. ROBERT HOGG.

OBSERVATIONS. — M. Flotow, dans le *Illustrirtes*, demande si le Gros Faros n'est pas identique avec la Calville de Dantzig ; mes observations m'ont prouvé que ces deux variétés n'ont aucun rapport. — L'arbre, de vigueur normale sur paradis, s'accommode mal des formes régulières ; il est propre surtout à la haute tige. Sa fertilité est précoce, bonne, mais interrompue. Son fruit est de seconde qualité.

DESCRIPTION.

Rameaux assez forts, un peu anguleux dans leur contour, presque droits, à entre-nœuds de moyenne longueur, d'un brun rougeâtre en partie voilé d'une pellicule métallique; lenticelles un peu larges, assez peu nombreuses et un peu apparentes.

Boutons à bois gros, épais, bien obtus, appliqués au rameau, soutenus sur des supports saillants dont les côtés et l'arête médiane se prolongent plus ou moins distinctement; écailles d'un rouge intense et sombre.

Pousses d'été d'un vert clair et vif, lavées de rouge vif du côté du soleil et couvertes sur toute leur longueur d'un duvet long, assez peu abondant et hérissé.

Feuilles des pousses d'été moyennes ou assez petites, ovales bien élargies, se terminant brusquement en une pointe longue et large, largement ou à peine concaves, ondulées dans leur contour, bordées de dents très-larges, très-profondes, très-inégales entre elles et assez aiguës, mollement soutenues sur des pétioles de moyenne longueur, grêles et bien souples.

Stipules courtes ou très-courtes, lancéolées-étroites.

Boutons à fruit assez gros, conico-ovoïdes, émoussés ; écailles d'un rouge intense et sombre.

Fleurs moyennes ou assez grandes ; pétales elliptiques-arrondis, bien concaves, à onglet court, se recouvrant un peu entre eux, largement tachés et lavés de rose violet en dehors et en dedans ; divisions du calice moyennes, larges, recourbées ; pédicelles courts, forts, laineux.

Feuilles des productions fruitières moyennes, elliptiques ou un peu obovales-elliptiques, se terminant brusquement en une pointe courte et large, peu concaves ou presque planes, ondulées dans leur contour, bordées de dents profondes, couchées et bien aiguës, bien soutenues sur des pétioles très-courts, très-grêles et cependant fermes.

Caractère saillant de l'arbre : teinte générale du feuillage d'un vert herbacé, tendre et mat ; feuilles des pousses d'été mollement soutenues sur des pétioles bien souples ; toutes les feuilles garnies d'une serrature formée de dents profondes, souvent très-inégales entre elles et plus ou moins aiguës ; tous les pétioles grêles.

Fruit moyen ou presque gros, sphérico-conique, plus ou moins déprimé à ses deux pôles, bien élargi du côté de la queue et sensiblement atténué du côté de l'œil, souvent un peu déformé dans son contour par des côtes très-aplanies, atteignant sa plus grande épaisseur au-dessous du milieu de sa hauteur ; au-dessus de ce point, s'atténuant promptement par une courbe peu convexe en une pointe plus ou moins courte, épaisse et plus ou moins largement tronquée à son sommet ; au-dessous du même point, s'arrondissant par une courbe bien convexe pour ensuite s'aplatir largement autour de la cavité de la queue.

Peau mince, fine, d'abord d'un vert clair sur lequel il est difficile de reconnaître des points d'un gris verdâtre, extraordinairement petits et manquant souvent sur certaines parties. Une rouille brune, épaisse, squammeuse, recouvre la cavité de la queue et rayonne en étoile au-delà de ses bords. A la maturité, **courant et fin d'hiver,** le vert fondamental passe au jaune clair conservant un ton un peu verdâtre, très-largement recouvert du côté du soleil d'un nuage de rouge sanguin taché et rayé de rouge plus foncé, et ces raies s'étendent souvent jusque sur les parties à l'ombre.

Œil grand, ouvert ou demi-ouvert, à divisions longues, fines et recourbées en dehors, placé dans une cavité étroite, un peu profonde, à peine plissée dans ses parois et un peu ondulée par ses bords. Tuyau du calice descendant par un tube large et obtus au-dessous de la première enveloppe du cœur, dont la coupe cordiforme bien déprimée offre assez peu d'étendue par rapport au volume du fruit.

Queue courte, peu forte, un peu laineuse, attachée dans une cavité profonde, étroite dans son fond, bien largement évasée et à peine ondulée par ses bords.

Chair blanche, assez fine, un peu ferme, suffisante en jus sucré, acidulé, sans parfum bien appréciable, constituant un fruit seulement de seconde qualité et surtout propre aux usages du ménage, d'une longue et facile conservation, propre au transport ; cette pomme a résisté sans geler aux froids de 1871-1872.

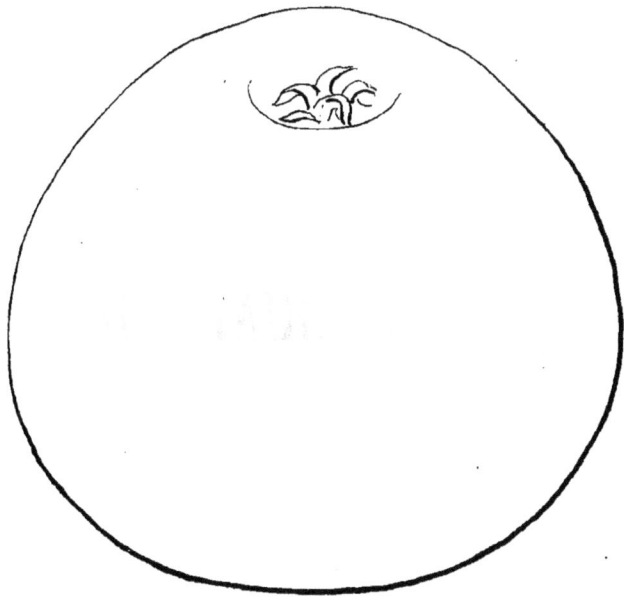

161

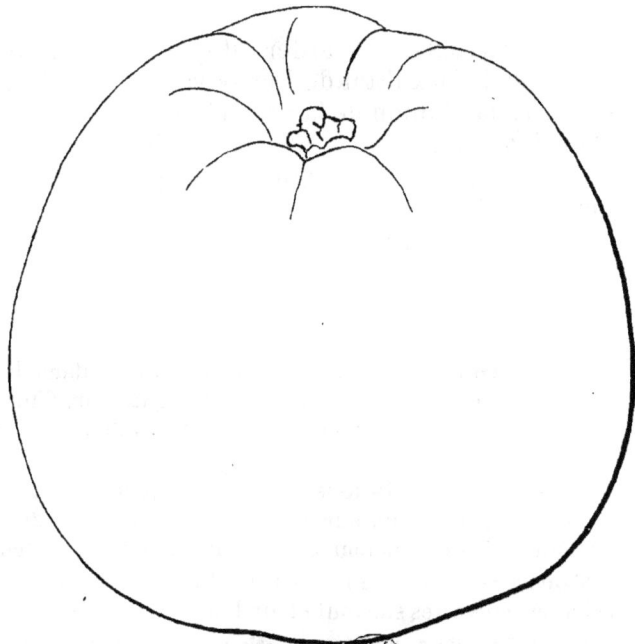

162

161. GROS FAROS.   162. IMPÉRIALE D'YORK.

IMPÉRIALE D'YORK

(N° 162)

YORK IMPERIAL. *The Fruits and the fruit-trees of America*. DOWNING.
The American fruit Culturist. THOMAS.
American Pomology. JOHN WARDER.

OBSERVATIONS. — Warder dit que cette variété est originaire des
environs d'York (Etat de Pensylvanie) ; ses fruits ont été exposés
en 1855 à la réunion de la Société de cet Etat qui eut lieu à Lebanon.
Downing lui donne le synonyme de Johnson's Fine Winter. —
L'arbre est de bonne vigueur sur paradis ; il s'accommode facilement des formes régulières ; il forme une tête élancée et peu compacte sur franc. Sa fertilité est précoce et bonne. Son fruit est de
bonne qualité.

DESCRIPTION.

Rameaux de moyenne force, anguleux dans leur contour, à peine
flexueux, à entre-nœuds de moyenne longueur, d'un brun rougeâtre peu
foncé ; lenticelles gris blanchâtre, un peu allongées, assez peu nombreuses
et peu apparentes.

Boutons à bois assez petits, coniques, courts, peu aigus, appliqués
au rameau, soutenus sur des supports saillants dont l'arête médiane se
prolonge bien distinctement ; écailles d'un rouge intense.

Pousses d'été d'un vert très-clair, à peine lavées de rouge du côté du
soleil et couvertes sur toute leur longueur d'un duvet fin et assez abondant.

Feuilles des pousses d'été assez petites ou presque moyennes,
ovales ou ovales-elliptiques, bien échancrées du côté du pétiole, se terminant
brusquement en une pointe très-courte et bien aiguë, bien creusées en
gouttière et un peu arquées, bordées de dents larges, souvent surdentées,
un peu profondes, obtuses ou très-courtement aiguës, bien soutenues sur
des pétioles moyens, peu forts, raides et plus ou moins redressés.

Stipules en alênes, obtuses, extraordinairement courtes et très-caduques.

Boutons à fruit moyens, ovoïdes, obtus ; écailles extérieures rougeâtres et à peine duveteuses ; écailles intérieures duveteuses.

Fleurs petites ; pétales elliptiques-arrondis, concaves, à onglet court, se recouvrant bien entre eux, un peu tachés de rose en dehors, à peine lavés de même en dedans ; divisions du calice courtes, finement aiguës, peu recourbées ; pédicelles courts, grêles et cotonneux.

Feuilles des productions fruitières moyennes, ovales un peu élargies, à peine un peu plus atténuées vers le pétiole, se terminant régulièrement en une pointe très-courte, bien creusées et arquées, bordées de dents très-larges, profondes et obtuses, se recourbant sur des pétioles assez courts, grêles et bien raides.

Caractère saillant de l'arbre : teinté générale du feuillage d'un vert pré vif et brillant ; serrature des feuilles des productions fruitières et des feuilles inférieures des pousses d'été formée de dents remarquablement larges et obtuses ; toutes les feuilles bien régulièrement et sensiblement creusées et plus ou moins arquées.

Fruit moyen, conico-cylindrique et largement tronqué à ses deux pôles, un peu déformé dans son contour par des côtes aplanies, atteignant sa plus grande épaisseur peu au-dessous du milieu de sa hauteur ; au-dessus de ce point, s'atténuant par une courbe peu convexe pour se terminer en une pointe courte, très-épaisse et très-largement tronquée à son sommet ; au-dessous du même point, s'arrondissant par une courbe plus convexe pour ensuite s'aplatir sur une petite étendue autour de la cavité de la queue.

Peau un peu ferme, d'abord d'un vert très-clair semé de points bruns, très-largement espacés et apparents. Une rouille fine et d'un brun clair rayonne dans la cavité de la queue. A la maturité, **courant et fin d'hiver,** le vert fondamental passe au beau jaune d'or et le côté du soleil, sur une assez large étendue, est lavé d'un nuage de rouge orangé traversé par des raies courtes et peu distinctes d'un rouge plus foncé.

Œil moyen, fermé, placé dans une cavité large, profonde, divisée dans ses parois et par ses bords en des côtes plus ou moins prononcées et qui se prolongent d'une manière plus ou moins sensible sur la hauteur du fruit. Tuyau du calice en entonnoir bien aigu, descendant un peu au-dessous de la première enveloppe du cœur, dont la coupe cordiforme-elliptique offre une petite étendue pour le volume du fruit.

Queue très-courte, forte, enfoncée dans une cavité assez profonde, étroite dans son fond, un peu évasée et ondulée par ses bords.

Chair d'un jaune clair, assez fine, ferme, croquante, suffisante en jus sucré et agréablement relevé, constituant un fruit de bonne qualité, conservant longtemps sa jolie apparence et ses couleurs fraiches.

BRUSTAPFEL

(N° 163)

DER BRUSTAPFEL. *Illustrirtes Handbuch der Obstkunde.* OBERDIECK.
Pomologische Notizen. OBERDIECK.
Versuch einer Systematischen Beschreibung. DIEL.

OBSERVATIONS. — Diel dit qu'il a reçu cette variété des jardins de
M. Stein, à Kirberg (duché de Nassau) ; il ne s'explique pas facilement l'origine de son nom. Aurait-il été donné à cause de sa forme,
ou pour rappeler que son emploi est utile dans les affections de
poitrine ? — L'arbre, de bonne vigueur sur paradis, s'accommode
assez bien de la forme pyramidale ; il est propre surtout à la haute
tige sur franc, et forme une tête de grande dimension. Sa fertilité
est précoce, grande et soutenue. Son fruit est de seconde qualité.

DESCRIPTION.

Rameaux forts, très-obscurément anguleux dans leur contour, à peine
flexueux, à entre-nœuds longs, d'un brun rougeâtre intense, presque entièrement voilés par une pellicule épaisse; lenticelles blanchâtres, larges, un
peu allongées, assez nombreuses et apparentes.

Boutons à bois gros, coniques, un peu courts, épais et cependant
aigus, appliqués ou presque appliqués au rameau, soutenus sur des supports un peu saillants dont les côtés et l'arête médiane se prolongent assez
peu distinctement ; écailles d'un rouge intense et terne.

Pousses d'été d'un vert assez intense et vif, lavées de rouge vineux du
côté du soleil et couvertes sur toute leur longueur d'un duvet fin et peu
abondant.

Feuilles des pousses d'été grandes, elliptiques bien élargies ou
elliptiques-arrondies, se terminant très-brusquement en une pointe un peu
courte, largement concaves et souvent un peu contournées par leur pointe,

bordées de dents larges, profondes et courtement aiguës, bien soutenues sur des pétioles un peu longs, un peu forts et assez bien redressés.

Stipules moyennes, lancéolées et souvent recourbées.

Boutons à fruit gros, conico-ovoïdes, aigus ; écailles d'un rouge très-intense, bordées de brun foncé et à peine duveteuses.

Fleurs moyennes ou assez grandes ; pétales ovales bien élargis, à peine concaves, à onglet très-court, se recouvrant largement entre eux, tachés de rose violet en dehors et à peine lavés de même en dedans ; divisions du calice très-longues, très-larges, bien recourbées ; pédicelles un peu longs, forts et un peu laineux.

Feuilles des productions fruitières tantôt ovales bien élargies, tantôt obovales bien allongées et étroites, les unes se terminant presque régulièrement en une pointe très-courte, les autres se terminant brusquement en une pointe assez longue et étroite, très-largement ou à peine concaves, largement ondulées dans leur contour, bordées de dents tantôt fines et peu profondes, tantôt larges et plus profondes et toutes bien aiguës, bien soutenues sur des pétioles longs, assez grêles et cependant bien raides.

Caractère saillant de l'arbre : teinte générale du feuillage d'un vert pré intense et bien luisant ; feuilles des productions fruitières le plus souvent largement et distinctement ondulées, soutenues sur des pétioles remarquablement fermes.

Fruit moyen ou assez gros, sphérico-conique ou cylindrico-conique, déformé dans son contour par des côtes aplanies, atteignant sa plus grande épaisseur à peu près au milieu de sa hauteur ; au-dessus et au-dessous de ce point, s'arrondissant par des courbes presque de même longueur et assez également convexes, soit du côté de la queue, soit du côté de l'œil, vers lequel il s'atténue cependant un peu plus.

Peau un peu ferme, d'abord d'un vert intense semé de points d'un gris brun, très-petits, assez nombreux et très-peu apparents. Une rouille d'un brun grisâtre, parfois un peu squammeuse, couvre la cavité de la queue et s'étale souvent un peu au-delà de ses bords. A la maturité, **commencement et courant d'hiver,** le vert fondamental passe au jaune citron mat que l'on entrevoit à travers des raies nombreuses, larges et allongées d'un rouge vineux, entremêlées de raies plus courtes, plus larges, d'un rouge sanguin intense, et çà et là ressortent des points larges, jaunâtres, largement espacés et apparents.

Œil grand, fermé, à divisions restant longtemps vertes, un peu cotonneuses, placé dans une cavité étroite, assez peu profonde, plissée dans ses parois et un peu divisée dans ses bords par des côtes bien émoussées et qui se prolongent plus ou moins sensiblement sur la hauteur du fruit. Tuyau du calice en entonnoir aigu, dépassant peu la première enveloppe du cœur dont la coupe régulièrement cordiforme offre une étendue proportionnée au volume du fruit.

Queue de moyenne longueur, grêle, attachée dans une cavité étroite, peu profonde et ordinairement largement ondulée par ses bords.

Chair d'un blanc à peine teinté de jaune, fine, un peu tassée, un peu ferme, suffisante en jus sucré, vineux, acidulé, constituant un fruit ayant un peu la saveur de l'Epine-Vinette et surtout propre aux usages du ménage.

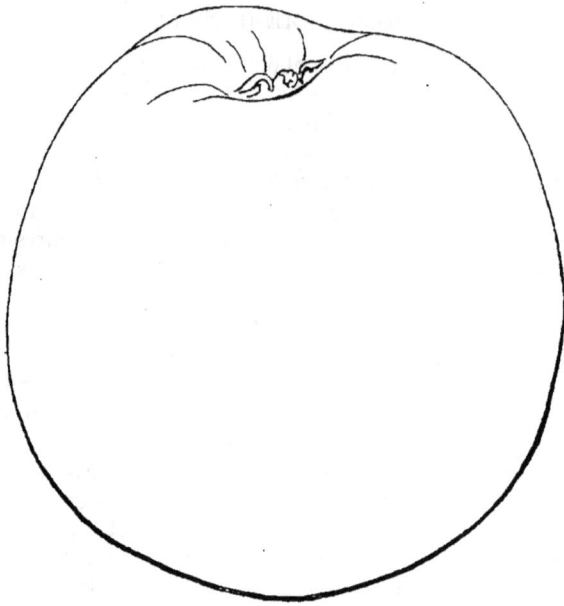

163

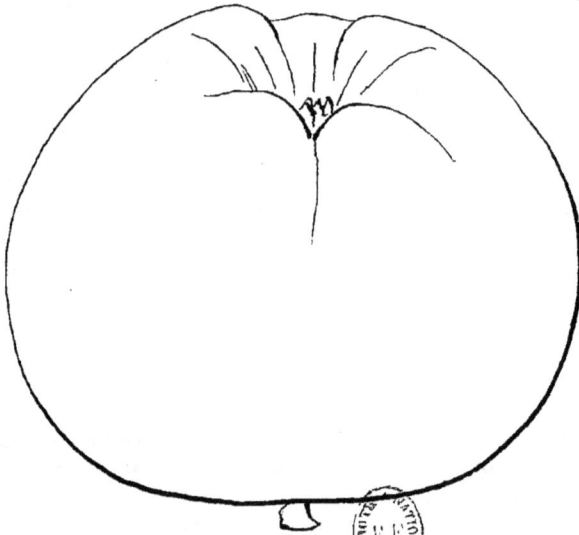

164

163. BRUSTAPFEL.   164. BUCHANAN'S PIPPIN.

BUCHANAN'S PIPPIN

(N° 164)

The Fruits and the fruit-trees of America. DOWNING.
The American fruit Culturist. THOMAS.
BUCHANAN'S. *American Pomology.* JOHN WARDER.

OBSERVATIONS. — D'après Downing, cette variété a été obtenue par M. Robert Buchanan, de Cincinnati (Ohio). — L'arbre, d'une vigueur contenue sur paradis, s'accommode bien des formes régulières. Sa haute tige sur franc est vigoureuse et forme un tête sphérique. Sa fertilité est précoce, grande et constante. Son fruit est d'assez bonne qualité.

DESCRIPTION.

Rameaux de moyenne force, anguleux dans leur contour, droits, à entre-nœuds courts, d'un rouge vineux très-intense; lenticelles blanc jaunâtre, petites, fines, extraordinairement nombreuses, serrées et régulièrement espacées et un peu apparentes.

Boutons à bois moyens, coniques, renflés sur le dos, peu aigus, appliqués au rameau, soutenus sur des supports bien saillants dont les côtés et l'arête médiane se prolongent distinctement; écailles d'un rouge bien foncé.

Pousses d'été d'un vert intense, presque entièrement colorées de rouge violet et recouvertes sur toute leur longueur d'un duvet épais et hérissé.

Feuilles des pousses d'été moyennes ou assez grandes, ovales-allongées, s'atténuant longuement et presque régulièrement en une pointe ferme, bien creusées en gouttière et à peine arquées, bordées de dents inégales entre elles, peu profondes, peu aiguës ou émoussées, soutenues horizontalement sur des pétioles assez courts, de moyenne force et redressés.

Stipules en alènes courtes, lancéolées-étroites et très-caduques.

Boutons à fruit moyens, conico-ovoïdes, peu aigus; écailles extérieures d'un rouge intense bordé de brun; écailles intérieures d'un brun rougeâtre.

Fleurs bien petites; pétales presque elliptiques, concaves, tachés d'un rose violacé intense en dehors, légèrement lavés de la même couleur en dedans; divisions du calice de moyenne longueur, peu recourbées en dessous; pédicelles extraordinairement courts, peu forts et laineux.

Feuilles des productions fruitières plus allongées que celles des pousses d'été, ovales-lancéolées, se terminant régulièrement en une pointe peu aiguë, largement creusées en gouttière et peu arquées, bordées de dents larges, plus ou moins profondes, couchées, émoussées ou souvent obtuses, assez peu soutenues sur des pétioles un peu longs, grêles et un peu souples.

Caractère saillant de l'arbre : teinte générale du feuillage d'un vert herbacé peu foncé et peu brillant; toutes les feuilles plus ou moins allongées et surtout celles des productions fruitières.

Fruit moyen, sphérico-conique, plus ou moins déprimé à ses deux pôles, le plus souvent obscurément anguleux dans son contour, atteignant sa plus grande épaisseur au-dessous du milieu de sa hauteur; au-dessus de ce point, s'atténuant par une courbe largement convexe en une pointe courte ou très-courte, épaisse et largement tronquée; au-dessous du même point, s'arrondissant promptement par une courbe bien convexe jusque dans la cavité de la queue.

Peau un peu ferme, d'abord d'un vert décidé semé de points gris cernés de blanchâtre, larges, un peu saillants, bien espacés et bien apparents. Une tache de rouille d'un gris verdâtre, épaisse, un peu squammeuse, s'étend en étoile dans la cavité de la queue et bien au-delà de ses bords. A la maturité, **courant et fin d'hiver,** le vert fondamental passe au jaune brillant conservant encore parfois une teinte un peu verdâtre, et le côté du soleil se couvre d'un nuage de rouge brun flammé d'un joli rouge cerise clair et vif, et sur lequel apparaissent des points jaunes, nombreux et serrés.

Œil fermé ou demi-fermé, à divisions étroites, bien aiguës, fermes, dressées ou réfléchies en dehors, placé dans une cavité étroite, un peu profonde, souvent profondément divisée dans ses parois et par ses bords par des sillons formant des côtes assez prononcées et qui se prolongent parfois mais obscurément sur la hauteur du fruit. Tuyau du calice en entonnoir étroit et aigu, descendant un peu au-dessous de la première enveloppe du cœur dont la coupe est cordiforme-élargie.

Queue courte, un peu forte, insérée dans une petite cavité étroite et peu profonde.

Chair d'un jaune verdâtre, demi-fine, ferme, croquante, abondante en eau richement sucrée, acidulée, agréablement relevée, qui constituerait un fruit de bonne qualité pour la table, si elle ne laissait un peu trop de marc dans la bouche.

CALVILLE DE ROSE

(N° 165)

LOTHRINGER BUNTE. GULDERLING. *Systematisches Handbuch der Obstkunde.* DITTRICH.

Handbuch aller bekannten Obstsorten. BIEDENFELD.

FRÜHER ROSEN-CALVILLE. *Illustrirtes Handbuch der Obstkunde.* OBERDIECK.

Versuch einer Systematischen Beschreibung der Kernobstsorten. DIEL.

OBSERVATIONS. — Diel dit que cette variété est originaire de Lorraine ; il la reçut d'un couvent de Franciscains, d'Hadamar ; on ne sait si son nom lui a été donné pour la couleur de son fruit ou pour le parfum de sa chair qui rappelle celui de la rose. — L'arbre croit très-vivement ; il convient surtout au grand verger ; il forme une tête très-élevée, à branches fortes. Sa fertilité est précoce et grande. Son fruit est de bonne qualité.

DESCRIPTION.

Rameaux bien droits, à entre-nœuds courts, d'un beau rouge violacé brillant ; lenticelles gris blanchâtre, larges, pas très-nombreuses.

Boutons à bois moyens ou petits, exactement appliqués au rameau, triangulaires, aigus ; écailles d'un marron noirâtre, duveteuses.

Pousses d'été de moyenne force, d'un joli rouge sanguin à leur base, couvertes d'un duvet gris, assez long, couché et assez serré.

Feuilles des pousses d'été grandes, ovales, bien élargies surtout à leur base, se terminant assez insensiblement en une pointe un peu longue, relevées seulement par leurs bords qui sont garnis d'assez larges dents, bien aiguës, bien profondes, soutenues à peu près horizontalement par des pétioles longs, forts, horizontaux.

Stipules assez grandes, lancéolées-élargies, souvent recourbées en croissant.

Boutons à fruit coniques-allongés, aigus ; écailles d'un beau rouge foncé, largement bordées de marron noirâtre.

Fleurs moyennes ; pétales cordiformes-allongés, planes, bien étalés, d'un rose tendre avant leur épanouissement, presque blancs en dedans ; divisions du calice assez longues, bien vertes, foliacées, annulaires ; pédicelles assez longs, grêles, très-peu laineux.

Feuilles des productions fruitières moins grandes que celles des pousses d'été, obovales-allongées et cependant se terminant brusquement en une pointe courte et contournée, peu repliées et très-largement ondulées, bordées de dents fines, profondes et bien aiguës, un peu repliées en dehors sur leur nervure médiane, soutenues horizontalement par des pétioles longs, grêles et raides.

Caractère saillant de l'arbre : feuilles des pousses d'été beaucoup plus amples que celles des productions fruitières ; denture de toutes les feuilles profonde et bien acérée.

Fruit moyen, sphérico-conique, peu déprimé à ses deux pôles, déformé dans son contour par quelques côtes aplanies, atteignant sa plus grande épaisseur un peu au-dessous du milieu de sa hauteur ; au-dessus de ce point, s'atténuant par une courbe assez convexe en une pointe à peine tronquée à son sommet ; au-dessous du même point, s'arrondissant par une courbe assez régulière vers la cavité de la queue.

Peau très-fine et mince, d'abord d'un vert pâle semé de petits points gris noirâtre, dont quelques-uns sont un peu cernés de blanc nacré. A la maturité, **décembre, janvier,** la peau devient squameuse et le vert fondamental passe au jaune paille brillant, le côté du soleil est voilé d'un léger nuage de rouge sur lequel se détachent des raies d'un rouge cerise clair. On trouve aussi une large tache de rouille verdâtre qui couvre la cavité de la queue et s'étend sur une partie de la base du fruit.

OEil grand, demi-fermé, placé dans une cavité étroite, assez profonde, divisée dans ses bords en côtes assez saillantes qui se prolongent sur la hauteur du fruit. Tuyau du calice en forme d'entonnoir évasé, descendant un peu au-dessous de la première enveloppe du cœur dont la coupe cordiforme est plus rapprochée du sommet que de la base du fruit.

Queue de moyenne longueur, assez forte, dépassant un peu la cavité très-profonde dans laquelle elle est engagée, et dont les bords sont légèrement aplatis.

Chair d'un blanc légèrement jaunâtre, très-fine, tendre quoique serrée, suffisante en eau sucrée, acidulée, très-agréablement parfumée, constituant un fruit d'excellente qualité.

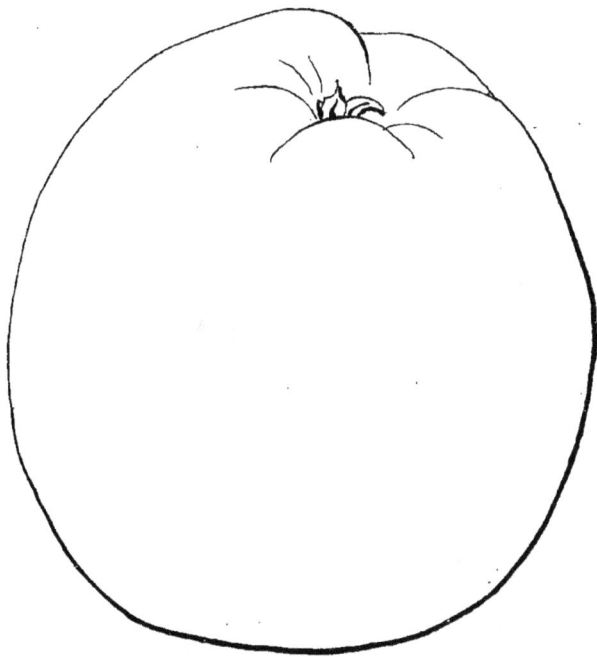

165

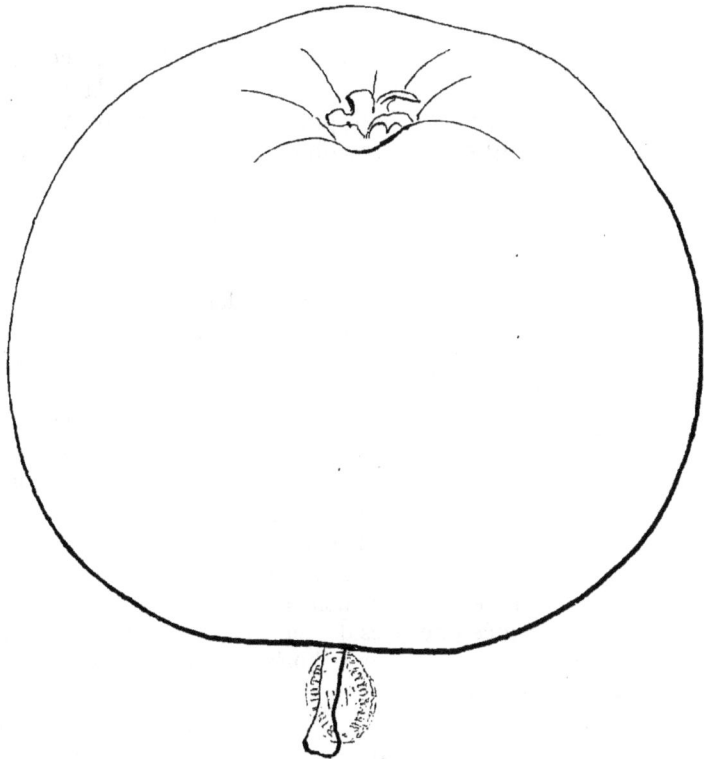

166

165. CAVILLE DE ROSE.   166. BETTY GEESON.

BETTY GEESON

(N° 166)

Catalogue THOMAS RIVERS, de Sawbridgeworth.
Catalogue JOHN SCOTT, de Merriott.

OBSERVATIONS. — Thomas Rivers indique cette variété seulement comme fruit à cuire et sans origine. — L'arbre, de vigueur insuffisante sur paradis, est peu propre aux formes régulières, à moins de l'appliquer à un treillage. Sa fertilité assez précoce est seulement moyenne.

DESCRIPTION.

Rameaux grêles, anguleux dans leur contour, bien droits, à entre-nœuds assez longs, d'un brun jaunâtre ou verdâtre en partie voilé d'une pellicule métallique ; lenticelles petites, rares et très-peu apparentes.

Boutons à bois très-petits, très-courts, obtus ou très-courtement aigus, bien appliqués au rameau et un peu comme perdus dans leurs supports saillants dont l'arête médiane se prolonge bien distinctement ; écailles rouges et souvent recouvertes d'un duvet très-court, gris noirâtre.

Pousses d'été d'un vert intense, lavées de rouge brun du côté du soleil et couvertes sur toute leur longueur d'un duvet blanc, long et abondant.

Feuilles des pousses d'été moyennes, elliptiques-arrondies, se terminant très-brusquement en une pointe longue et large, bien concaves et non arquées, bordées de dents larges, bien profondes, souvent surdentées et très-aiguës, soutenues horizontalement sur des pétioles assez courts, forts et peu redressés.

Stipules en alênes longues et fines et parfois recourbées.

Boutons à fruit petits, conico-ovoïdes, maigres, allongés, aigus ; écailles d'un brun rouge bordé de brun noirâtre et entièrement glabres.

Fleurs extraordinairement grandes; pétales arrondis-élargis, concaves, tachés de rose tendre en dehors, blancs en dedans ; divisions du calice extraordinairement longues et larges, peu recourbées ; pédicelles courts, très-forts et très-laineux.

Feuilles des productions fruitières moyennes ou à peine moyennes, obovales-lancéolées, très-longuement et sensiblement atténuées vers le pétiole, se terminant peu brusquement ou presque régulièrement en une pointe très-finement aiguë et souvent recourbée en dessous, largement creusées en gouttière et souvent largement ondulées, bordées de dents fines, très-peu profondes, bien couchées et finement aiguës, assez bien soutenues sur des pétioles moyens, très-grêles, raides et dressés.

Caractère saillant de l'arbre : teinte générale du feuillage d'un vert pré intense et très-mat; feuilles des pousses d'été tendant bien à la forme arrondie et celles des productions fruitières au contraire presque lancéolées; pétioles des feuilles des productions fruitières remarquablement grêles.

Fruit gros, sphérique bien déprimé à ses deux pôles, déformé dans son contour par des côtes un peu saillantes et peu vives, atteignant sa plus grande épaisseur au milieu de sa hauteur; au-dessus et au-dessous de ce point, s'arrondissant par des courbes bien convexes et presque de même longueur, soit du côté de la queue, soit du côté de l'œil.

Peau mince, devenant un peu onctueuse et odorante à la maturité, d'abord d'un vert herbacé semé de points d'un gris noir, petits, largement espacés et peu apparents. On ne trouve ordinairement aucune trace de rouille sur sa surface. A la maturité, **courant d'hiver,** le vert fondamental s'éclaircit un peu en jaune et le côté du soleil, ordinairement peu distinct, est très-rarement lavé d'un peu de rouge brun.

Œil grand, fermé, à divisions très-longues, dressées en bouquet, placé dans une cavité un peu profonde, évasée, divisée dans ses parois et par ses bords en des côtes plus ou moins prononcées et qui se prolongent sur la hauteur du fruit. Tuyau du calice en entonnoir très-large et obtus, descendant jusqu'à la cavité du cœur dont l'axe est creux et dont la coupe exactement elliptique offre une grande étendue par rapport au volume du fruit.

Queue longue, peu forte, attachée dans une cavité peu profonde, évasée et bien ondulée par ses bords.

Chair jaune, assez fine, peu ferme, suffisante en jus bien sucré, finement acidulé, constituant un bon fruit pour les usages du ménage.

SAM YOUNG

(IRISH RUSSET)

(N° 167)

The Apple and its Varieties. ROBERT HOGG.
A Guide to the Orchard. LINDLEY.
Catalogue JOHN SCOTT, de Merriott.
The Fruits and the fruit-trees of America. DOWNING.
Illustrirtes Handbuch der Obstkunde. OBERDIECK.
Pomologische Notizen. OBERDIECK.
IRLANDISCHE ROTHLING. *Systematisches Handbuch der Obstkunde.*
DITTRICH.

OBSERVATIONS. — Lindley dit que cette variété est d'origine irlandaise et qu'elle fut mise en réputation en 1818, par M. Robertson, de Kilkenny. — L'arbre, de vigueur contenue sur paradis, s'accommode assez mal des formes régulières; élevé en haute tige, il n'atteint qu'une moyenne dimension et forme une tête sphérique-déprimée. Sa fertilité assez précoce est bonne. Son fruit est de bonne qualité.

DESCRIPTION.

Rameaux assez peu forts, unis dans leur contour, droits, à entre-nœuds assez courts, d'un brun rougeâtre presque entièrement voilé d'une pellicule épaisse; lenticelles rares et peu apparentes.

Boutons à bois petits, courts, bien renflés sur le dos et courtement aigus, appliqués ou presque appliqués au rameau, soutenus sur des supports peu saillants dont les côtés et l'arête médiane ne se prolongent pas; écailles d'un rouge très-foncé.

Pousses d'été d'un vert décidé, lavées de rouge brun du côté du soleil et peu duveteuses sur toute leur longueur.

Feuilles des pousses d'été moyennes ou assez petites, arrondies ou ovales-arrondies, se terminant brusquement en une pointe longue et finement aiguë, largement concaves et souvent contournées par leur extrémité, bordées de dents peu profondes et obtuses, soutenues horizontalement sur des pétioles très-courts, grêles et peu redressés.

Stipules extraordinairement courtes et très-caduques.

Boutons à fruit petits, conico-ovoïdes, émoussés; écailles d'un marron rougeâtre bordé de noir et recouvertes d'un duvet gris.

Fleurs assez petites; pétales arrondis-élargis, un peu concaves, se recouvrant bien entre eux, tachés de rose violet en dehors, blancs en dedans; divisions du calice longues, finement aiguës, peu recourbées en dehors; pédicelles courts, forts, peu laineux.

Feuilles des productions fruitières à peine un peu plus grandes que celles des pousses d'été, elliptiques-arrondies, se terminant très-brusquement en une pointe très-courte, planes ou presque planes, bordées de dents assez larges, souvent surdentées, peu profondes, obtuses ou émoussées, bien soutenues sur des pétioles très-courts, grêles et raides.

Caractère saillant de l'arbre : teinte générale du feuillage d'un vert herbacé clair, vif et brillant; toutes les feuilles tendant bien à la forme arrondie; tous les pétioles remarquablement courts et grêles.

Fruit petit, sphérico-conique ou sphérico-cylindrique, tantôt uni, tantôt à peine déformé dans son contour par des côtes bien aplanies, atteignant sa plus grande épaisseur très-peu au-dessous du milieu de sa hauteur ; au-dessus et au-dessous de ce point, s'arrondissant par des courbes largement convexes en s'atténuant un peu plus du côté de l'œil.

Peau un peu épaisse, d'abord d'un vert assez vif semé de points bruns largement espacés, et le plus souvent entièrement caché sous une couche d'une rouille d'un brun clair, fine et uniforme, se condensant dans la cavité de l'œil et dans celle de la queue. A la maturité, **courant d'hiver,** le vert fondamental passe au jaune conservant un ton un peu verdâtre, et si la rouille ne s'étend pas sur tout le fruit, le côté du soleil, sur les fruits bien exposés, est lavé de rouge brun souvent assez vif.

Œil moyen, ouvert ou demi-ouvert, à divisions d'abord réfléchies, peu recourbées en dehors, placé dans une cavité en forme de soucoupe, peu large, peu profonde, tantôt unie, tantôt plissée par ses bords, et alors ces plis se prolongent par des côtes bien aplanies sur la hauteur du fruit. Tuyau du calice en entonnoir aigu, dépassant la première enveloppe du cœur dont la coupe cordiforme-ovale offre peu d'étendue par rapport au volume du fruit.

Queue courte, grêle, attachée dans une cavité très-étroite, un peu profonde et ordinairement régulière.

Chair d'un blanc à peine teinté de vert, fine, un peu tendre, abondante en jus sucré, relevé d'une saveur rafraîchissante, constituant un fruit de bonne qualité.

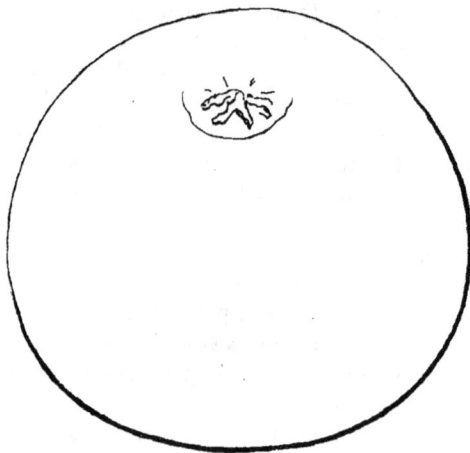

167

168

167. SAM YOUNG.   168. BETSEY.

BETSEY

(N° 168)

Dictionnaire de Pomologie. ANDRÉ LEROY.
Catalogue JOHN SCOTT, de Merriott.
The Appl' and its Varieties. ROBERT HOGG.
BETTY. *Pomologische Notizen.* OBERDIECK.
Illustrirtes Handbuch der Obstkunde. OBERDIECK.

OBSERVATIONS. — M. André Leroy veut que cette variété soit la
même que la Pomme à longue queue de Jean Bauhin ; j'avoue que
je ne suis pas prêt à le suivre dans cette opinion, la Betsey n'ayant
une longue queue que par exception, comme il arrive à un grand
nombre de variétés de pommes, tandis que sa queue ordinairement
est au contraire courte comme la décrivent Robert Hogg et John
Scott ou au moins très-variable de longueur, comme le dit Oberdieck.
— L'arbre, d'une vigueur contenue sur paradis, s'accommode assez
mal des formes régulières. Sa fertilité est peu précoce et moyenne.
Son fruit est de première qualité.

DESCRIPTION.

Rameaux de moyenne force, un peu anguleux dans leur contour,
presque droits, à entre-nœuds assez courts, d'un rouge brun intense et à
peine voilé d'une pellicule mince ; lenticelles blanches, assez nombreuses et
apparentes.

Boutons à bois assez petits, un peu courts, un peu obtus, appliqués
au rameau, soutenus sur des supports peu saillants dont les côtés et l'arête
médiane se prolongent souvent assez distinctement ; écailles d'un rouge
terne.

Pousses d'été d'un vert d'eau un peu lavé de rouge brun du côté du
soleil et peu duveteuses sur toute leur longueur.

Feuilles des pousses d'été moyennes ou presque moyennes, obovales, courtement et souvent assez sensiblement atténuées vers le pétiole, se terminant un peu brusquement en une pointe très-longue et très-large, planes et même parfois un peu convexes, bordées de dents très-larges, très-profondes, émoussées ou très-courtement aiguës, mollement soutenues et s'abaissant souvent sur des pétioles courts, peu forts et souples.

Stipules moyennes ou assez longues, lancéolées un peu élargies.

Boutons à fruit assez petits, conico-ovoïdes, émoussés ; écailles d'un rouge peu foncé, terne et bordé de brun.

Fleurs moyennes ; pétales-elliptiques, tronqués à leur sommet, presque planes, à onglet peu long, se touchant presque entre eux, presque blancs en dehors et blancs en dedans ; divisions du calice de moyenne longueur, étroites et recourbées en dessous ; pédicelles de moyenne longueur, extraordinairement grêles et peu duveteux.

Feuilles des productions fruitières à peu près de même grandeur que celles des pousses d'été, les unes obovales-allongées, les autres obovales-élargies, plus ou moins courtement et sensiblement atténuées vers le pétiole, très-largement concaves ou creusées et sensiblement ondulées dans leur contour, bordées de dents très-larges, surdentées, profondes, souvent couchées et assez aiguës, assez bien soutenues sur des pétioles courts et redressés.

Caractère saillant de l'arbre : teinte générale du feuillage d'un vert d'eau peu foncé, vif et brillant ; toutes les feuilles plus ou moins atténuées vers le pétiole ; feuilles des pousses d'été mollement soutenues sur leurs pétioles.

Fruit petit, conico-cylindrique, uni dans son contour, atteignant sa plus grande épaisseur très-peu au-dessous du milieu de sa hauteur ; au-dessus de ce point, s'atténuant par une courbe largement convexe en une pointe courte, bien épaisse et largement tronquée à son sommet ; au-dessous du même point, s'arrondissant par une courbe largement convexe jusque dans la cavité de la queue.

Peau fine, souple, d'abord d'un vert herbacé semé de points grisâtres, nombreux et un peu saillants, se confondant souvent sous un nuage de rouille grise qui se disperse irrégulièrement sur sa surface et se condense en prenant un ton verdâtre dans la cavité de la queue. A la maturité, **courant et fin d'hiver,** le vert fondamental s'éclaircit peu en jaune et le côté du soleil, sur les fruits bien exposés, se couvre d'un nuage de rouge fauve.

Œil moyen, ouvert, à divisions courtes et recourbées en dehors, placé dans une cavité peu profonde, évasée, finement plissée dans ses parois et par ses bords. Tuyau du calice en entonnoir, descendant un peu au-dessous de la première enveloppe du cœur dont la coupe cordiforme est proportionnée au volume du fruit.

Queue de moyenne longueur, peu forte, attachée dans une cavité un peu profonde, étroite et cependant évasée par ses bords ordinairement réguliers.

Chair jaunâtre, bien fine, bien tassée, ferme, abondante en jus richement sucré et parfumé, constituant un fruit de première qualité et de bonne conservation.

GOLDEN PIPPIN SCREVETON

(N° 169)

SCREVETON GOLDEN PIPPIN. *The Apple and its Varieties.* ROBERT HOGG.

Handbuch aller bekannten Obstsorten. BIEDENFELD.

PIPPIN GOLDEN SCREVETON. *Catalogue* JOHN SCOTT, de Merriott.

OBSERVATIONS. — Cette variété a été obtenue vers 1808 dans le jardin de Sire John Thoroton, à Screveton, dans le comté de Nottingham. — L'arbre est de bonne vigueur sur paradis; il s'accommode bien des formes régulières, surtout de celle de pyramide. Sa fertilité, assez précoce, est bonne et soutenue. Son fruit est de première qualité.

DESCRIPTION.

Rameaux peu forts, unis dans leur contour, droits, à entre-nœuds très-courts, d'un brun violet intense et un peu voilé d'une pellicule mince ; lenticelles petites, peu nombreuses et peu apparentes.

Boutons à bois très-petits, un peu courts, obtus, appliqués ou presque appliqués au rameau, soutenus sur des supports assez peu saillants dont les côtés et l'arête médiane ne se prolongent pas ; écailles d'un rouge très-intense presque noir.

Pousses d'été grêles, d'un vert décidé, presque entièrement colorées d'un rouge vineux intense et peu duveteuses sur toute leur longueur.

Feuilles des pousses d'été très-petites, régulièrement elliptiques, se terminant plus ou moins brusquement en une pointe très-courte et très-fine, bien creusées et à peine arquées, bordées de dents fines, peu profondes et assez aiguës, bien soutenues sur des pétioles très-courts, très-grêles, bien redressés, presque parallèles à la pousse.

Stipules en alênes courtes et très-caduques.

Boutons à fruit très-petits, conico-ovoïdes, émoussés ; écailles extérieures rouges et bordées de brun noirâtre.

Fleurs petites ; pétales ovales-allongés, bien arrondis à leur sommet, concaves, d'un rose jaunâtre, presque blancs en dedans ; divisions du calice assez longues, étroites, recourbées ; pédicelles courts, grêles, peu duveteux.

Feuilles des productions fruitières plus grandes que celles des pousses d'été, obovales-elliptiques et allongées, les unes étroites, les autres un peu élargies, se terminant peu brusquement en une pointe courte et fine, creusées en gouttière et à peine arquées, bordées de dents fines, finement surdentées, peu profondes, couchées et finement aiguës, bien soutenues sur des pétioles courts, très-grêles et redressés.

Caractère saillant de l'arbre : teinte générale du feuillage d'un vert pré vif et peu brillant ; toutes les feuilles petites ou très-petites et garnies d'une serrature formée de dents très-fines et aiguës ; tous les pétioles très-courts et remarquablement grêles.

Fruit petit, presque sphérique, plus ou moins déprimé à ses deux pôles, uni dans son contour, atteignant sa plus grande épaisseur à peu près au milieu de sa hauteur ; au-dessus et au-dessous de ce point, s'atténuant par des courbes plus ou moins convexes et presque de même longueur soit du côté de la queue, soit du côté de l'œil vers lequel il s'atténue à peine un peu plus.

Peau mince, souple, d'abord d'un vert vif semé de petits points d'un brun clair, irrégulièrement groupés et ordinairement cachés sous une couche de rouille d'un brun grisâtre, qui recouvre presque toute sa surface en se condensant bien dans la cavité de la queue. A la maturité, **courant d'hiver,** le vert fondamental passe au jaune d'or, sur les parties entièrement à l'ombre, que l'on entrevoit un peu à travers la rouille sur les parties un peu plus éclairées, et parfois le côté du soleil est un peu lavé de rouge terne.

Œil petit, fermé, à divisions courtes, placé dans une cavité peu profonde, évasée, à peine plissée dans ses parois et unie par ses bords. Tuyau du calice en entonnoir court et aigu, dépassant à peine la première enveloppe du cœur dont la coupe cordiforme offre peu d'étendue par rapport au volume du fruit.

Queue assez longue, grêle, attachée dans une cavité étroite, un peu profonde et ordinairement régulière.

Chair presque blanche, fine, tassée, un peu ferme, abondante en jus richement sucré et parfumé, constituant un fruit de première qualité, qui réclame un sol riche pour conserver son volume, et qui doit être cueilli tard si l'on veut ne pas le voir flétrir bientôt.

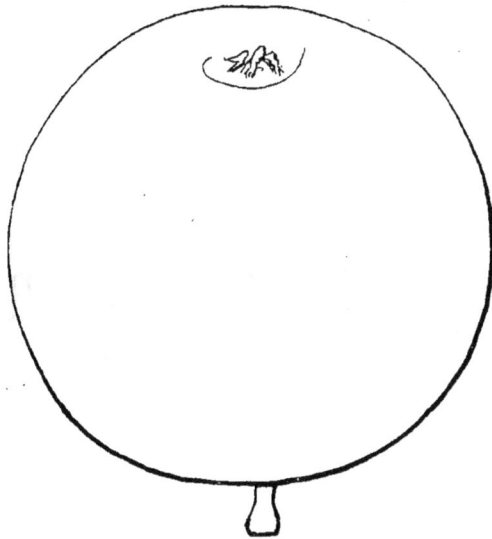

169

170

169. GOLDEN PIPPIN SCREVETON.　　170. PEARMAIN GRANGES.

PEARMAIN GRANGES

(N° 170)

Catalogue JOHN SCOTT, de Merriott.
GRANGE'S PEARMAIN, GRANGE'S PIPPIN. *The Apple and its Varieties.* ROBERT HOGG.
The Fruits and the fruit-trees of America. DOWNING.
Handbuch aller bekannten Obstsorten. BIEDENFELD.
GANGES. *A Guide to the Orchard.* LINDLEY.

OBSERVATIONS.—Robert Hogg et Downing donnent à cette variété, d'origine anglaise, le synonyme Grange's Pippin. Oberdieck décrit sous le nom de Gold Pepping von Grange une variété qui ne doit pas être confondue avec celle-ci et à laquelle on attribue souvent le synonyme Grange's Pippin. — L'arbre, de bonne vigueur sur paradis, s'accommode bien des formes régulières et surtout de celle de pyramide ; il est d'une belle végétation. Sa fertilité est précoce et bonne. Son fruit, d'un beau volume, est bon pour la table.

DESCRIPTION.

Rameaux de moyenne force ou assez forts, obscurément anguleux dans leur contour, droits, à entre-nœuds de moyenne longueur, d'un rouge sanguin intense en grande partie voilé d'une pellicule d'un gris argenté ; lenticelles rares, irrégulièrement dispersées et assez peu apparentes.

Boutons à bois moyens, un peu courts, renflés sur le dos, courtement aigus, appliqués au rameau, soutenus sur des supports saillants dont les côtés et l'arête médiane se prolongent obscurément ; écailles d'un rouge très-intense.

Pousses d'été fortes, d'un vert d'eau un peu lavé de rouge brun du côté du soleil, couvertes sur toute leur longueur d'un duvet long et très-épais.

Feuilles des pousses d'été moyennes, ovales un peu élargies, se terminant peu brusquement en une pointe courte et large, bien creusées et à peine ou non arquées, bordées de dents larges, peu profondes et un peu aiguës, bien soutenues sur des pétioles très-courts, très-forts et très-raides.

Stipules moyennes, lancéolées un peu élargies.

Boutons à fruit moyens, sphérico-ovoïdes, obtus ; écailles d'un rouge intense, souvent maculées de gris blanchâtre.

Fleurs grandes ; pétales ovales bien élargis, peu concaves, un peu lavés de rose violet en dehors et en dedans ; divisions du calice moyennes, peu recourbées en dessous ; pédicelles courts, forts et laineux.

Feuilles des productions fruitières à peu près de même grandeur que celles des pousses d'été, ovales-allongées ou ovales un peu élargies, se terminant peu brusquement en une pointe très-courte, concaves et bien ondulées dans leur contour, bordées de dents fines, peu profondes, couchées et aiguës, bien soutenues sur des pétioles courts, grêles et bien raides.

Caractère saillant de l'arbre : teinte générale du feuillage d'un vert d'eau peu foncé et peu brillant ; pousses d'été remarquablement couvertes d'un duvet blanchâtre et épais ; pétioles des feuilles des pousses d'été très-courts et remarquablement forts.

Fruit gros ou très-gros, conique, paraissant souvent plus haut que large, un peu déformé dans son contour par des côtes très-épaisses et très-aplanies, atteignant sa plus grande épaisseur au-dessous du milieu de sa hauteur ; au-dessus de ce point, s'atténuant par une courbe peu convexe en une pointe un peu longue, épaisse et tronquée à son sommet ; au-dessous du même point, s'atténuant par une courbe plus convexe pour ensuite s'aplatir un peu autour de la cavité de la queue.

Peau mince, unie, devenant onctueuse et odorante à la maturité, d'abord d'un vert clair et gai semé de petits points d'un gris brun, largement cernés de vert plus clair, assez nombreux, assez peu apparents et remplacés sur certaines parties par des taches nacrées et un peu larges. On remarque parfois un peu de rouille d'un brun grisâtre dans la cavité de la queue qui est souvent entièrement unie. A la maturité, **commencement d'hiver,** le vert fondamental passe au jaune citron clair, conservant souvent un ton encore un peu verdâtre, et le côté du soleil est lavé et flammé de rouge clair.

Œil grand, demi-ouvert, à divisions fines, dressées et recourbées en dehors, placé dans une cavité étroite, un peu profonde, plissée dans ses parois et divisée par ses bords en des rudiments de côtes inégales qui se prolongent, mais d'une manière peu prononcée, sur la hauteur du fruit. Tuyau du calice en entonnoir étroit et bien aigu, descendant un peu au-dessous de la première enveloppe du cœur dont la coupe ovale-élargie, plutôt que cordiforme, offre une très-petite étendue par rapport au volume du fruit.

Queue courte, un peu forte, boutonnée, attachée dans une cavité large, profonde, très-largement ondulée et presque unie par ses bords.

Chair blanche, demi-fine, un peu creuse, tendre, suffisante en jus doux, sucré, un peu relevé, constituant un fruit bon pour la table et surtout propre aux usages du ménage.

PRINCELY

(N° 171)

The Fruits and the fruit-trees of America. DOWNING.
The American fruit Culturist. THOMAS.
American Pomology. JOHN WARDER.

OBSERVATIONS. — D'après Downing, cette variété est originaire du comté de Bucks (Pensylvanie). — L'arbre est de bonne vigueur sur paradis ; il s'accommode bien des formes régulières. Sa fertilité est très-précoce, grande et bien constante. Son fruit est de bonne qualité.

DESCRIPTION.

Rameaux forts, unis ou très-obscurément anguleux dans leur contour, droits ou presque droits, à entre-nœuds courts, d'un rouge sanguin assez vif et peu voilé d'une pellicule mince ; lenticelles blanchâtres, peu larges, assez peu nombreuses et un peu apparentes.

Boutons à bois moyens, très-courts, très-obtus, appliqués au rameau, soutenus sur des supports peu saillants dont les côtés et l'arête médiane se prolongent plus ou moins obscurément ; écailles d'un rouge peu foncé et à peine duveteuses.

Pousses d'été d'un vert d'eau, lavées de rouge violet du côté du soleil et couvertes sur toute leur longueur d'un duvet court, abondant et un peu hérissé.

Feuilles des pousses d'été petites, arrondies ou ovales-arrondies, se terminant brusquement en une pointe très-courte, bien concaves et non arquées, bordées de dents larges, un peu profondes, bien obtuses et paraissant plutôt crénelées que dentées, bien fermes sur leurs pétioles courts, un peu forts et bien redressés.

Stipules en alènes de moyenne longueur ou assez courtes.

Boutons à fruit assez gros, conico-cylindriques, obtus; écailles d'un rouge assez foncé et un peu terne.

Fleurs au moins moyennes; pétales ovales-elliptiques, concaves, à onglet court, se recouvrant à peine entre eux, tachés de rose violacé en dehors et lavés de même en dedans; divisions du calice longues, étroites, bien recourbées, presque annulaires; pédicelles courts, peu forts, finement cotonneux.

Feuilles des productions fruitières moyennes, obovales-élargies et quelques-unes obovales-arrondies, très-courtement et sensiblement atténuées vers le pétiole, se terminant brusquement en une pointe courte et large, bien creusées en gouttière et le plus souvent bien contournées par leur extrémité, bordées de dents larges, assez peu profondes, couchées, obtuses ou émoussées, assez bien soutenues sur des pétioles longs, grêles et fermes.

Caractère saillant de l'arbre : teinte générale du feuillage d'un vert d'eau plus ou moins intense et, au contraire, très-clair sur les plus jeunes feuilles; feuilles des pousses d'été tendant plus ou moins à la forme arrondie; toutes les feuilles paraissant plutôt crénelées que dentées; sommet des pousses d'été couvert d'un duvet blanc et très-abondant.

Fruit assez petit ou presque moyen, sphérico-conique, uni ou presque uni dans son contour, atteignant sa plus grande épaisseur à peu près au milieu de sa hauteur; au-dessus de ce point, s'arrondissant presque en demi-sphère par une courbe largement convexe; au-dessous du même point, s'arrondissant par une courbe plus convexe jusque dans la cavité de la queue.

Peau un peu ferme, d'abord d'un vert clair sur lequel il est difficile de reconnaître de véritables points. Une rouille jaunâtre rayonne finement en étoile dans la cavité de la queue et manque quelquefois. A la maturité, **commencement d'hiver,** le vert fondamental passe au jaune brillant plus intense du côté du soleil, rayé distinctement d'un joli rouge cramoisi, et souvent ces raies s'étendent sur presque toute la surface du fruit.

Œil grand, ouvert ou demi-ouvert, à divisions grisâtres, placé dans une cavité étroite, peu profonde, plissée dans ses parois et par ses bords. Tuyau du calice en entonnoir descendant au-dessous de la première enveloppe du cœur, dont la coupe cordiforme-elliptique offre assez peu d'étendue par rapport au volume du fruit.

Queue courte, un peu forte, attachée dans une cavité large, profonde et ordinairement régulière.

Chair d'un jaune clair, fine, un peu ferme, suffisante en jus sucré, vineux et parfumé, constituant un fruit de bonne qualité et de très-jolie apparence, ayant du rapport avec la pomme Fraise d'hiver.

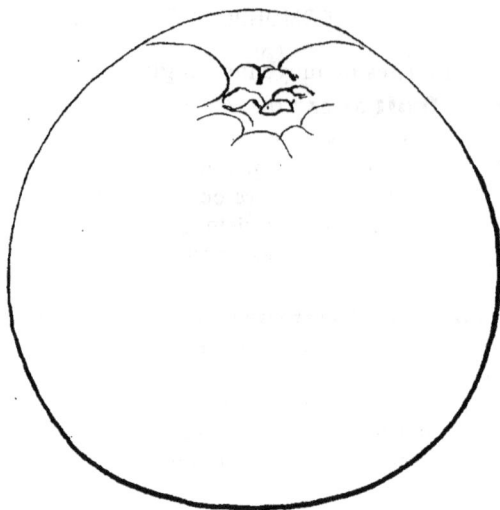

171

172

171. PRINCELY.   172. BALDWIN SWEET.

BALDWIN SWEET

(N° 172)

The Fruits and the fruit-trees of America. Downing.
Catalogue John Scott, de Merriott.
American Pomology. John Warder.

Observations. — Downing et les deux auteurs cités ne donnent aucun renseignement sur l'origine de cette variété que j'ai reçue de M. Downing. — L'arbre est d'une vigueur un peu insuffisante sur paradis ; il s'accommode assez bien des formes régulières. Sa fertilité est très-précoce, grande et soutenue. Son fruit est de bonne qualité.

DESCRIPTION.

Rameaux grêles, plus ou moins obscurément anguleux dans leur contour, presque droits, à entre-nœuds de moyenne longueur, d'un rouge sanguin assez vif en grande partie voilé d'une pellicule métallique ; lenticelles petites, assez nombreuses, peu apparentes.

Boutons à bois petits, coniques, aigus, appliqués ou presque appliqués au rameau, soutenus sur des supports saillants dont l'arête médiane se prolonge souvent assez distinctement ; écailles d'un rouge intense maculé de gris blanchâtre.

Pousses d'été d'un vert très-clair, bien colorées de rouge vineux du côté du soleil, et couvertes sur toute leur longueur d'un duvet très-court et assez abondant.

Feuilles des pousses d'été petites, ovales-elliptiques, se terminant un peu brusquement en une pointe très-courte, bien creusées en gouttière et non arquées, bordées de dents fines, peu profondes, couchées, émoussées ou très-courtement aiguës, bien dressées sur des pétioles moyens, grêles et raides.

Stipules en alênes, élargies, courtes et très-caduques.

Boutons à fruit petits, conico-ovoïdes, un peu aigus; écailles d'un rouge vineux très-intense et vif.

Fleurs petites; pétales ovales-elliptiques, bien concaves, tachés d'un rose violacé tendre en dehors, lavés de la même couleur en dedans; divisions du calice de moyenne longueur, finement aiguës, peu recourbées en dessous; pédicelles de moyenne longueur, peu forts et peu duveteux.

Feuilles des productions fruitières plus grandes que celles des pousses d'été, obovales bien allongées et étroites ou obovales-lancéolées, plus ou moins repliées sur leur nervure médiane et souvent bien ondulées dans leur contour, bordées de dents peu profondes, finement et plusieurs fois surdentées et bien aiguës, assez peu soutenues sur des pétioles longs, grêles et souples.

Caractère saillant de l'arbre : teinte générale du feuillage d'un vert herbacé clair, tendre et mat, à peine un peu brillant sur les plus jeunes feuilles; feuilles des pousses d'été remarquablement petites; feuilles des productions fruitières très-allongées et le plus souvent remarquablement ondulées; tous les pétioles plus ou moins grêles.

Fruit moyen ou assez gros, sphérico-conique ou sphérico-cylindrique, uni dans son contour, atteignant sa plus grande épaisseur au milieu de sa hauteur; au-dessus et au-dessous de ce point, s'atténuant par des courbes presque égales et presque également convexes, pour se tronquer sur une petite étendue à ses deux pôles et souvent en s'atténuant un peu plus du côté de l'œil.

Peau fine, mince, souple, d'abord d'un vert très-clair semé de points bruns, extraordinairement petits, souvent à peine visibles et manquant sur certaines parties. Une large tache d'une rouille brune et dense rayonne en étoile dans la cavité de la queue et au-delà de ses bords. A la maturité, **commencement d'hiver,** le vert fondamental passe au jaune citron clair, largement lavé du côté du soleil d'un rouge orangé brillant et sur lequel ressortent peu de petits points grisâtres.

Œil très-petit, bien fermé, placé dans une cavité étroite, profonde, à peine plissée dans ses parois et par ses bords. Tuyau du calice en entonnoir court et obtus, ne dépassant pas la première enveloppe du cœur dont la coupe cordiforme-elliptique offre une assez grande étendue pour le volume du fruit.

Queue de moyenne longueur, un peu forte, attachée dans une cavité très-étroite, profonde et ordinairement régulière.

Chair d'un jaune clair, fine, un peu tassée et cependant assez tendre, suffisante en jus richement sucré, vineux et parfumé, constituant un fruit de bonne qualité.

DU SEIGNEUR DE HALL

(N° 173)

HALLISCHER GESTREIFTER HERRENAPFEL. *Handbuch aller bekannten Obstsorten*. BIEDENFELD.

HALLISCHER HERRNAPFEL. *Illustrirtes Handbuch der Obstkunde*. OBERDIECK.

Pomologische Notizen. OBERDIECK.

HALLISCHE GESTREIFTE HERRNAPFEL. *Versuch einer Systematischen Beschreibung der Kernobstsorten*. DIEL.

OBSERVATIONS. — Diel reçut cette variété de M. Buttner, de Hall (Tyrol). — L'arbre, de vigueur contenue sur paradis, s'accommode assez bien des formes régulières. Biedenfeld le cite comme bien vigoureux sur franc, prenant de grandes dimensions et propre au verger de campagne. Sa fertilité, assez précoce, est bonne et soutenue. Son fruit est d'assez bonne qualité.

DESCRIPTION.

Rameaux assez peu forts, obscurément anguleux dans leur contour, à peine flexueux, à entre-nœuds courts, bruns du côté de l'ombre, d'un brun un peu rougeâtre et peu voilé d'une pellicule mince du côté du soleil ; lenticelles blanchâtres, rares, petites et peu apparentes.

Boutons à bois moyens, coniques, bien renflés sur le dos, très-courtement aigus, appliqués au rameau, soutenus sur des supports un peu saillants dont les côtés et l'arête médiane se prolongent obscurément ; écailles d'un rouge intense un peu ombré de gris.

Pousses d'été d'un vert très-pâle, lavées de rouge rosat du côté du soleil et couvertes sur toute leur longueur d'un duvet blanc, bien couché et abondant.

Feuilles des pousses d'été moyennes ou assez grandes, ovales bien élargies, se terminant brusquement en une pointe courte et large, largement concaves ou creusées, bordées de dents larges, souvent surdentées, peu profondes et obtuses, soutenues horizontalement ou s'abaissant un peu sur des pétioles courts, forts et peu redressés.

Stipules courtes ou très-courtes, lancéolées-élargies.

Boutons à fruit moyens, ovoïdes, un peu aigus ; écailles d'un marron rougeâtre sombre maculé de gris blanchâtre.

Fleurs grandes ; pétales elliptiques-arrondis, bien concaves, à onglet très-court, se recouvrant largement entre eux, presque blancs en dehors et blancs en dedans ; divisions du calice moyennes, épaisses, recourbées en dessous ; pédicelles assez courts, forts et cotonneux.

Feuilles des productions fruitières plus grandes que celles des pousses d'été, obovales-élargies ou obovales-arrondies, se terminant très-brusquement en une pointe très-courte et peu aiguë, largement creusées ou très-largement concaves, bordées de dents un peu profondes, bien couchées et aiguës, irrégulièrement soutenues sur des pétioles courts, forts et bien divergents.

Caractère saillant de l'arbre : teinte générale du feuillage d'un vert pré assez vif et brillant ; feuilles des pousses d'été bien couvertes à leur page inférieure d'un duvet feutré ; tous les pétioles courts et forts.

Fruit assez gros, sphérique ou sphérico-conique, plus ou moins déprimé à ses deux pôles, souvent un peu déformé dans son contour par des côtes très-aplanies, atteignant sa plus grande épaisseur très-peu au-dessous du milieu de sa hauteur ; au-dessus de ce point, s'atténuant peu par une courbe largement convexe en une pointe courte ou très-courte, bien épaisse et largement tronquée à son sommet ; au-dessous du même point, s'arrondissant par une courbe assez convexe jusque dans la cavité de la queue.

Peau assez mince et ferme, d'abord d'un vert pâle semé de points bruns cernés de blanc, petits, assez peu nombreux et largement espacés. Souvent une rouille brune s'étale en étoile dans la cavité de la queue. A la maturité, **commencement et courant d'hiver,** le vert fondamental passe au jaune citron en grande partie et souvent presque entièrement recouvert d'un rouge sanguin traversé par des raies d'un rouge plus foncé, et prenant un ton vineux sur les parties les plus directement exposées, et sur ce rouge ressortent des points jaunes, assez largement espacés.

Œil bien fermé, à divisions dressées, placé dans une cavité un peu profonde, évasée, plissée dans ses parois et divisée par ses bords en des rudiments de côtes qui se prolongent quelquefois et d'une manière très-peu sensible sur la hauteur du fruit. Tuyau du calice en entonnoir court, dépassant à peine la première enveloppe du cœur dont la coupe largement cordiforme offre une grande étendue par rapport au volume du fruit.

Queue courte, un peu forte, souvent laineuse, attachée dans une cavité peu profonde, peu large et souvent très-largement ondulée par ses bords.

Chair d'un blanc un peu teinté de jaune, demi-fine, tassée, croquante, abondante en jus richement sucré, vineux-acidulé et parfumé, constituant un fruit d'assez bonne qualité, un peu sujet à se piquer, ayant quelque rapport de saveur avec la Royale d'Angleterre.

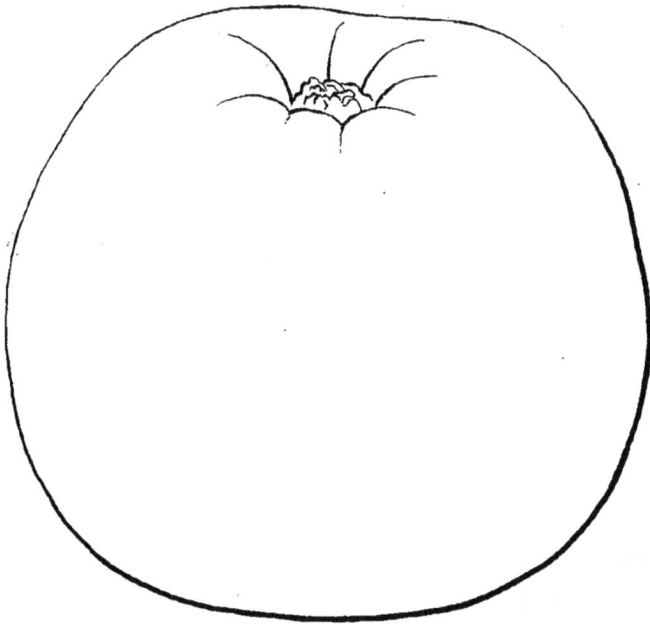

173

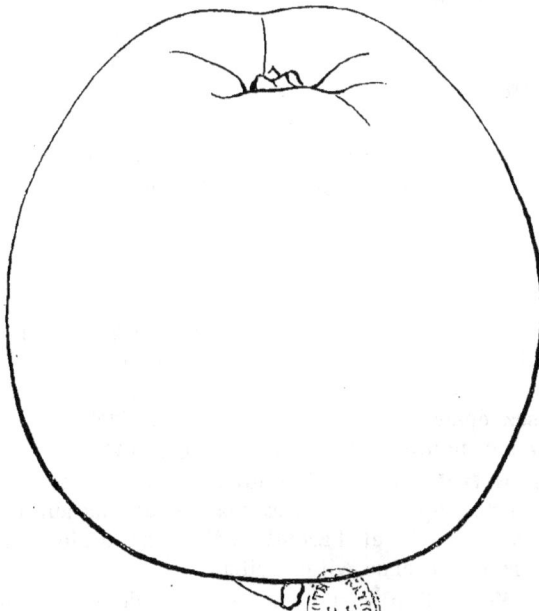

174

173. DU SEIGNEUR DE HALL.   174. CHRONICAL.

CHRONICAL

(N° 174)

The Fruits and the fruit-trees of America. Downing.
CHRONICLE. *American Pomology.* John Warder.

Observations. — Downing donne à cette variété le synonyme de
Cotton Apple, sans doute parce qu'elle fut trouvée sur la ferme de
John Cotton, située dans le comté de Putnam (Indiana). Warder
dit que l'honneur de cette découverte est partagé entre Sigersons
et R. Ragan. — L'arbre, de vigueur contenue sur paradis, s'accommode assez bien des formes régulières. Sa haute tige forme
une tête de moyenne dimension, large et de bonne tenue. Sa fertilité est précoce, moyenne et constante. Son fruit est d'assez bonne
qualité.

DESCRIPTION.

Rameaux de moyenne force, obscurément anguleux dans leur contour,
presque droits, à entre-nœuds de moyenne longueur et très-inégaux entre
eux, bruns du côté de l'ombre, à peine teintés de rouge et voilés d'une
pellicule assez épaisse du côté du soleil; lenticelles blanchâtres, un peu
larges, assez peu nombreuses et un peu apparentes.

Boutons à bois moyens, coniques, courts et courtement aigus, bien
renflés sur le dos, appliqués au rameau, soutenus sur des supports bien
saillants dont les côtés et l'arête médiane se prolongent obscurément;
écailles d'un rouge intense, vif et brillant.

Pousses d'été d'un vert. d'eau, colorées de rouge violet du côté du
soleil et couvertes sur toute leur longueur d'un duvet long et assez peu
abondant.

Feuilles des pousses d'été moyennes, régulièrement ovales, se
terminant un peu brusquement en une pointe longue et large, peu repliées

sur leur nervure médiane et un peu arquées, bordées de dents larges, un peu profondes, couchées et courtement aiguës, bien fermes sur leurs pétioles courts, peu forts, fermes et redressés.

Stipules moyennes, lancéolées, souvent bien élargies et parfois un peu recourbées.

Boutons à fruit assez gros, conico-ovoïdes, peu aigus ; écailles d'un rouge sombre bordé de brun noirâtre.

Fleurs moyennes ou assez grandes ; pétales elliptiques-arrondis, bien concaves, à onglet court, se recouvrant entre eux, tachés de rose violet en dehors, légèrement lavés de même en dedans ; divisions du calice courtes, finement aiguës; un peu recourbées ; pédicelles longs, grêles, très-peu duveteux.

Feuilles des productions fruitières un peu plus grandes que celles des pousses d'été, obovales-elliptiques et un peu allongées, se termi-nant très-brusquement en une pointe très-courte, presque planes et parfois très-largement ondulées dans leur contour, bordées de dents fines, très-peu profondes, bien couchées et peu aiguës, soutenues horizontalement sur des pétioles assez courts, très-grêles et un peu redressés.

Caractère saillant de l'arbre : teinte générale du feuillage d'un vert pré vif et brillant sur les feuilles des pousses d'été, mat sur les feuilles des productions fruitières ; tous les pétioles plus ou moins courts et plus ou moins grêles.

Fruit moyen, sphérico-conique ou conico-cylindrique, anguleux ou à peine déformé dans son contour par des élévations très-aplanies, atteignant sa plus grande épaisseur à peu près au milieu de sa hauteur ; au-dessus et au-dessous de ce point, s'arrondissant par des courbes presque de même longueur et presque également convexes, soit du côté de la queue, soit du côté de l'œil vers lequel il s'atténue un peu plus.

Peau épaisse et ferme, d'abord d'un vert vif semé de larges points blanchâtres avec un petit centre gris brun, largement espacés et apparents. Une tache d'une rouille d'un brun grisâtre rayonne en étoile dans la cavité de la queue. A la maturité, difficile à déterminer tant elle se prolonge, **printemps et été,** le vert fondamental s'éclaircit en jaune, et sur les fruits bien exposés le côté du soleil est taché ou rayé de rouge sombre.

Œil petit, fermé, placé dans une cavité assez large, profonde, plissée dans ses parois et ondulée par ses bords. Tuyau du calice en entonnoir large et obtus, dépassant un peu la première enveloppe du cœur dont la coupe cordiforme offre assez peu d'étendue par rapport au volume du fruit.

Queue assez courte, forte, attachée dans une cavité étroite, peu pro-fonde et presque unie par ses bords.

Chair d'un jaune verdâtre, fine, bien tassée, bien ferme, cassante, suffi-sante en jus sucré, vineux, acidulé, relevé d'un parfum peu appréciable, constituant un fruit surtout remarquable par sa conservation tout-à-fait exceptionnelle.

JUNALUSKEE

(N° 175)

The Fruits and the fruit-trees of America. DOWNING.
Dictionnaire de Pomologie. ANDRÉ LEROY.
Catalogue JOHN SCOTT, de Merriott.
JUNALISKA. *American Pomology.* JOHN WARDER.
JUNALIESKA. *The American fruit Culturist.* THOMAS.

OBSERVATIONS. — Cette variété est originaire de la Caroline du Nord, dans la contrée de Cherokee, probablement le ¡pays des Cherokies ou Cherokees, tribu indienne qui habite le nord des Etats de Georgie et de l'Alabama. — L'arbre, de bonne vigueur sur paradis, s'accommode assez bien de la forme pyramidale. Sa haute tige est de vigueur moyenne, à branches érigées. Sa fertilité est assez précoce, grande et constante. Son fruit est de seconde qualité.

DESCRIPTION.

Rameaux assez forts, unis dans leur contour, presque droits, à entre-nœuds de moyenne longueur, d'un brun rougeâtre entièrement découvert; lenticelles d'un blanc jaunâtre, petites, arrondies, assez peu nombreuses et apparentes.

Boutons à bois petits, courts, épatés, obtus, appliqués au rameau, soutenus sur des supports très-peu saillants dont les côtés et l'arête médiane ne se prolongent pas; écailles d'un rouge noir et à peine duveteuses.

Pousses d'été d'un vert très-clair, un peu lavées de rouge brun du côté du soleil et couvertes sur toute leur longueur d'un duvet long, assez abondant et un peu hérissé.

Feuilles des pousses d'été petites, ovales, s'atténuant peu brusquement en une pointe longue et un peu large, peu concaves ou largement creusées et un peu arquées, bordées de dents fines, peu profondes, couchées et émoussées, soutenues irrégulièrement sur des pétioles courts, grêles et peu redressés.

Stipules courtes, en alènes fines ou parfois lancéolées, un peu recourbées.

Boutons à fruit moyens, conico-ovoïdes, bien obtus ; écailles extérieures d'un rouge très-intense, sombre et bordé de brun noirâtre ; écailles intérieures recouvertes d'un duvet gris blanchâtre.

Fleurs petites ; pétales arrondis, bien concaves, souvent finement ondulés, à onglet très-court, se recouvrant largement entre eux, tachés de rose violet en dehors et bien lavés de même en dedans ; divisions du calice courtes, fines, presque annulaires ; pédicelles moyens, très-grêles, très-peu duveteux.

Feuilles des productions fruitières moyennes ou assez petites, obovales-allongées et peu larges, longuement et assez sensiblement atténuées vers le pétiole, se terminant peu brusquement en une pointe très-courte, courbée ou contournée, largement creusées et un peu arquées, bordées de dents peu larges, peu profondes, bien couchées et émoussées, s'abaissant sur des pétioles de moyenne longueur, de moyenne force et divergents.

Caractère saillant de l'arbre : teinte générale du feuillage d'un vert pré peu intense et un peu brillant ; toutes les feuilles plus ou moins petites et garnies d'une serrature formée de dents remarquablement couchées et émoussées ; les plus jeunes feuilles couvertes à leur page inférieure d'un duvet blanc et abondant.

Fruit moyen, sphérico-conique, bien déprimé du côté de la queue, parfois à peine déformé dans son contour par des côtes seulement indiquées, atteignant sa plus grande épaisseur au-dessous du milieu de sa hauteur ; au-dessus de ce point, s'atténuant plus ou moins par une courbe largement convexe en une pointe courte, épaisse et tronquée sur une petite étendue à son sommet ; au-dessous du même point, s'arrondissant par une courbe bien convexe pour ensuite s'aplatir autour de la cavité de l'œil.

Peau mince, unie, devenant onctueuse et odorante à la maturité, d'abord d'un vert décidé et vif semé de points d'un gris noir, peu larges, cernés d'un peu de blanc, nombreux et irrégulièrement espacés sur certaines parties, plus rares sur d'autres. Une rouille d'un brun grisâtre s'étale en étoile dans la cavité de la queue et parfois forme des traits divergents sur la base du fruit. A la maturité, **automne et courant d'hiver,** le vert fondamental passe au jaune citron et le côté du soleil, sur les fruits bien exposés, est lavé d'un léger nuage de rouge brun bien fondu.

Œil petit, fermé, placé dans une cavité étroite, à peine plissée dans ses parois et un peu ondulée par ses bords. Tuyau du calice en forme d'entonnoir large et aigu, descendant bien au-dessous de la première enveloppe du cœur dont la coupe cordiforme-déprimée est proportionnée au volume du fruit.

Queue assez courte ou de moyenne longueur, un peu forte, attachée dans une cavité large, profonde, évasée et à peine ondulée par ses bords.

Chair jaunâtre, assez fine, tendre, assez abondante en jus légèrement sucré, acidulé, sans parfum bien appréciable, constituant un fruit bon seulement pour les usages du ménage.

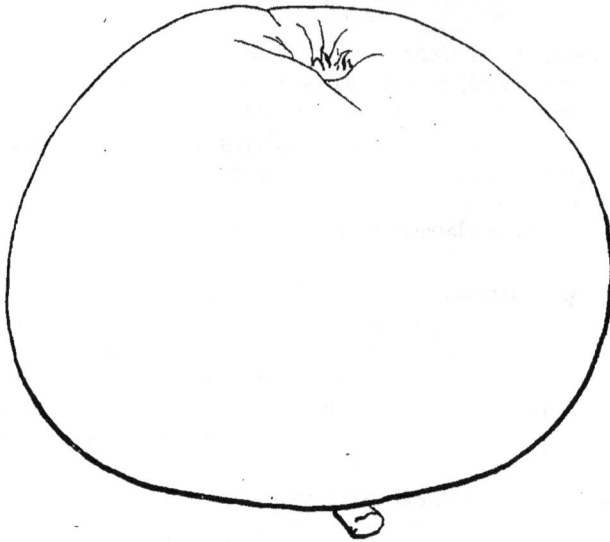

175

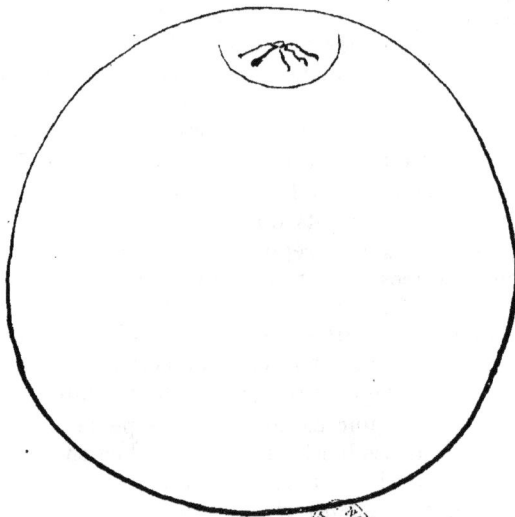

176

175. JUNALUSKEE.   176. REINETTE BASINER.

REINETTE BASINER

(N° 176)

OBSERVATIONS. — Cette variété a été obtenue par M. de Jonghe.
— L'arbre, de vigueur contenue sur paradis, s'accommode assez
bien des formes régulières. Sa haute tige, prenant seulement une
moyenne dimension, forme une tête bien déprimée, s'étendant au
large. Sa fertilité précoce est grande et constante. Son fruit est
d'assez bonne qualité.

DESCRIPTION.

Rameaux de moyenne force, unis dans leur contour, droits, à entre-
nœuds courts, d'un brun rougeâtre terne et en grande partie voilé d'une
pellicule épaisse ; lenticelles blanches, assez petites, très-nombreuses et
apparentes.

Boutons à bois moyens, coniques, obtus, appliqués au rameau,
soutenus sur des supports peu saillants dont les côtés et l'arête médiane
ne se prolongent pas ; écailles d'un marron terne et un peu ombré de gris.

Pousses d'été d'un vert pâle, lavées de rouge violet du côté du soleil
et couvertes sur toute leur longueur d'un duvet fin, soyeux et abondant.

Feuilles des pousses d'été moyennes, ovales-arrondies, se terminant brusquement en une pointe courte et large, à peine concaves, bordées
de dents peu profondes, couchées et émoussées ou même souvent obtuses,
soutenues bien horizontalement sur des pétioles très-courts, un peu forts et
redressés.

Stipules très-courtes et bien fines.

Boutons à fruit moyens, conico-ovoïdes, obtus ; écailles d'un marron
rougeâtre très-foncé et largement maculé de gris blanchâtre.

Fleurs moyennes ; pétales elliptiques-allongés, peu larges, peu concaves,
à onglet court, un peu écartés entre eux ; divisions du calice assez longues,
étroites, recourbées ; pédicelles courts, peu forts, peu duveteux.

Feuilles des productions fruitières à peine moyennes, ovales-elliptiques ou elliptiques-arrondies, se terminant brusquement en une pointe courte, à peine concaves ou très-largement repliées, bordées de dents larges, peu profondes, couchées, obtuses ou très-courtement aiguës, soutenues horizontalement sur des pétioles courts, assez grêles et à peine redressés.

Caractère saillant de l'arbre : teinte générale du feuillage d'un vert d'eau plus ou moins intense et luisant; toutes les feuilles tendant plus ou moins à la forme elliptique ou arrondie ; tous les pétioles remarquablement courts.

Fruit presque moyen, conico-cylindrique, uni dans son contour, atteignant sa plus grande épaisseur presque au milieu ou peu au-dessous du milieu de sa hauteur ; au-dessus de ce point, s'atténuant par une courbe peu convexe en une pointe peu longue, épaisse et tronquée à son sommet ; au-dessous du même point, s'arrondissant par une courbe largement convexe jusque dans la cavité de la queue.

Peau un peu épaisse et cependant souple, d'abord d'un vert herbacé semé de points grisâtres, larges, un peu saillants, largement cernés de blanchâtre et bien apparents. Une rouille d'un brun grisâtre rayonne en étoile dans la cavité de la queue. A la maturité, **fin d'hiver et printemps,** le vert fondamental s'éclaircit à peine, et le côté du soleil, sur les fruits bien exposés, est à peine lavé d'un soupçon de rouge sombre.

Œil bien fermé, à divisions appliquées les unes aux autres, placé dans une cavité très-peu profonde, bien évasée, finement plissée dans ses parois et unie par ses bords. Tuyau du calice extraordinairement court et extraordinairement obtus, ne dépassant pas la première enveloppe du cœur dont la coupe ovale-arrondie offre peu d'étendue par rapport au volume du fruit.

Queue un peu longue, peu forte, attachée dans une cavité étroite, peu profonde et régulière.

Chair verdâtre, assez fine, bien ferme, marcescente, suffisante en jus sucré, vivement acidulé et légèrement parfumé, constituant un assez bon fruit de table lorsque l'acidité n'est pas trop développée, et un bon fruit pour les usages de la cuisine et dont la conservation peut se prolonger jusque en été.

PRINCE D'ORANGE

(N° 177)

Annales de Pomologie belge. A. LOISEL.
PRINZ VON ORANIEN. *Pomologische Notizen.* OBERDIECK.
Illustrirtes Handbuch der Obsthunde. OBERDIECK.

OBSERVATIONS. — Cette variété a été obtenue et ainsi nommée par M. Alfred Loisel, de Falkenberg, près d'Aix-la-Chapelle. Son premier rapport eut lieu en 1851. — L'arbre, de vigueur d'abord assez vive sur paradis, ne s'accommode pas des formes régulières à moins de l'appliquer à un treillage. Sa fertilité est assez précoce et moyenne. Son fruit est de première qualité.

DESCRIPTION.

Rameaux assez grêles, unis ou presque unis dans leur contour, un peu flexueux, à entre-nœuds de moyenne longueur, d'un brun rougeâtre presque entièrement voilé par une pellicule métallique; lenticelles blanchâtres, petites, arrondies, nombreuses et peu apparentes.

Boutons à bois petits, coniques, courts, un peu aigus, appliqués au rameau, soutenus sur des supports saillants dont l'arête médiane ne se prolonge pas ou très-obscurément; écailles d'un marron rougeâtre terne et un peu duveteuses.

Pousses d'été d'un vert vif, colorées de rose du côté du soleil et couvertes sur toute leur longueur d'un duvet peu abondant et un peu hérissé.

Feuilles des pousses d'été moyennes, ovales ou ovales-élargies, se terminant brusquement en une pointe longue, très-largement concaves et souvent ondulées dans leur contour, bordées de dents peu profondes et obtuses, paraissant crénelées plutôt que dentées, bien soutenues sur des pétioles assez courts, assez grêles, fermes et redressés.

Stipules extraordinairement courtes, presque nulles.

Boutons à fruit petits, conico-ovoïdes, un peu émoussés; écailles d'un rouge foncé.

Fleurs petites; pétales ovales-elliptiques, concaves, à onglet court, se recouvrant peu entre eux, presque blancs en dehors et blancs en dedans; divisions du calice moyennes, recourbées; pédicelles très-courts, très-grêles et cotonneux.

Feuilles des productions fruitières de la même grandeur que celles des pousses d'été, obovales-élargies, sensiblement atténuées vers le pétiole, se terminant brusquement en une pointe courte, à peine concaves, bordées de dents fines, peu profondes et aiguës, bien soutenues sur des pétioles assez courts, très-grêles, très-fermes et bien redressés.

Caractère saillant de l'arbre : teinte générale du feuillage d'un vert herbacé tendre et mat, à peine un peu brillant sur les plus jeunes feuilles; tous les pétioles plus ou moins courts et plus ou moins grêles; feuilles des pousses d'été paraissant crénelées plutôt que dentées.

Fruit moyen ou presque moyen, conique ou conico-cylindrique, un peu déformé dans son contour par des côtes peu prononcées et aplanies, atteignant sa plus grande épaisseur plus ou moins au-dessous du milieu de sa hauteur; au-dessus de ce point, s'atténuant par une courbe peu convexe en une pointe plus ou moins longue, épaisse et plus ou moins largement tronquée à son sommet; au-dessous du même point, s'arrondissant par une courbe largement convexe jusque dans la cavité de la queue.

Peau mince, fine, souple, devenant un peu onctueuse et bien odorante à la maturité, d'abord d'un vert très-clair sur lequel il est difficile de reconnaître de véritables points. On ne remarque jamais de rouille dans la cavité de la queue. A la maturité, **commencement et courant d'hiver,** le vert fondamental passe au jaune paille, et du côté du soleil au jaune doré, lavé et flammé de rouge cramoisi clair.

Œil moyen, fermé, à divisions fines, placé dans une cavité étroite, peu profonde, parfois un peu évasée, plissée dans ses parois et par ses bords, et ces plis se prolongent d'une manière plus ou moins prononcée sur la hauteur du fruit. Tuyau du calice descendant par un tube très-étroit jusqu'à la cavité du cœur, dont la coupe presque en demi-cercle offre une étendue proportionnée au volume du fruit.

Queue courte, grêle, attachée dans une cavité en forme d'entonnoir très-profond et dont les bords réguliers offrent très-peu d'épaisseur.

Chair d'un jaune clair, fine, tassée, ferme, suffisante en jus bien sucré, relevé d'un parfum agréable et d'une saveur fraîche, constituant un fruit de première qualité.

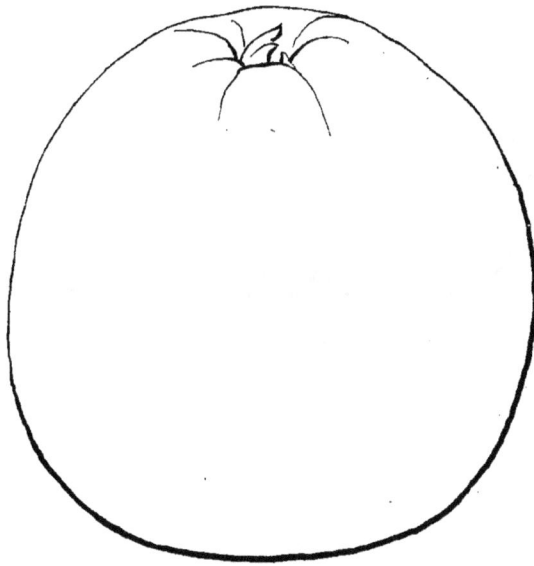

177

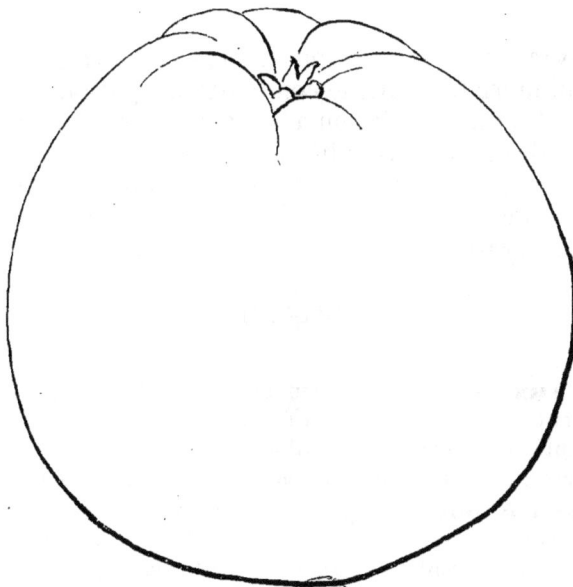

178

177. PRINCE D'ORANGE.   178. SLINGERLAND PIPPIN.

SLINGERLAND PIPPIN

(N° 178)

The Fruits and the fruit-trees of America. Downing
American Pomology. John Warder.
The American fruit Culturist. Thomas.

Observations. — Downing dit que cette variété a été obtenue
par M. Slingerland, dans le comté d'Albany (Etat de New-York). —
L'arbre est d'une végétation assez grêle sur paradis et ne s'accommode pas des formes régulières ; élevé en haute tige il est vigoureux, ses branches s'étendent au large. Sa fertilité est assez précoce et bonne. Son fruit est d'assez bonne qualité, de longue et
facile conservation.

DESCRIPTION.

Rameaux peu forts, un peu anguleux dans leur contour, presque
droits, à entre-nœuds très-inégaux entre eux, d'un rouge vineux intense
un peu voilé par places d'une pellicule mince ; lenticelles blanchâtres, très-
petites, très-fines, souvent allongées et très-nombreuses.

Boutons à bois très-petits, très-courts, épatés, obtus, appliqués au
rameau, soutenus sur des supports saillants dont les côtés et l'arête
médiane se prolongent assez distinctement ; écailles d'un rouge terne.

Pousses d'été d'un vert d'eau, colorées de rouge violet du côté du
soleil et couvertes sur toute leur longueur d'un duvet très-court et abondant.

Feuilles des pousses d'été grandes, ovales bien allongées, se
terminant presque régulièrement en une pointe aiguë, bien creusées et bien
arquées, bordées de dents très-larges, souvent plusieurs fois surdentées,

profondes et très-obtuses, se recourbant sur des pétioles longs, assez forts et peu redressés.

Stipules courtes, lancéolées-élargies et peu aiguës.

Boutons à fruit petits, sphérico-ovoïdes, obtus ou très-courtement aigus ; écailles brunes et un peu duveteuses.

Fleurs moyennes ; pétales elliptiques-élargis, bien concaves, à onglet très-court, se recouvrant entre eux, lavés de rose violet en dehors et très-légèrement en dedans ; divisions du calice assez courtes, presque annulaires ; pédicelles courts, peu forts, peu duveteux.

Feuilles des productions fruitières plus allongées que celles des pousses d'été, souvent presque lancéolées, se terminant régulièrement en une pointe le plus souvent contournée, largement creusées et peu arquées, bordées de dents tantôt larges, surdentées et profondes, tantôt peu larges, peu profondes et toutes plus ou moins obtuses, bien soutenues sur des pétioles un peu longs, grêles et fermes.

Caractère saillant de l'arbre : teinte générale du feuillage d'un vert pré un peu intense et un peu brillant ; feuilles des pousses d'été bien creusées et bien arquées, bordées de dents remarquablement larges et le plus souvent surdentées ; toutes les feuilles remarquablement allongées.

Fruit moyen ou presque moyen, conico-cylindrique et oblique, déformé dans son contour par des côtes prononcées mais un peu émoussées, atteignant sa plus grande épaisseur à peu près au milieu de sa hauteur ; au-dessus et au-dessous de ce point, s'atténuant par des courbes peu convexes pour se tronquer obliquement du côté de l'œil et plus largement du côté de la queue.

Peau un peu ferme, peu onctueuse et peu odorante à la maturité, d'abord d'un vert très-pâle semé de petites taches nacrées plutôt que de véritables points. Une tache d'une rouille fine et de couleur fauve rayonne en étoile dans la cavité de la queue et peu au-delà de ses bords. A la maturité, **courant et fin d'hiver,** le vert fondamental passe au jaune paille et le côté du soleil se lave d'un nuage de rouge vif, dispersé en petites taches entre lesquelles apparaît la couleur fondamentale un peu dorée.

Œil grand, fermé ou demi-fermé, à divisions restant longtemps vertes, placé dans une cavité assez large, profonde, profondément divisée dans ses parois et par ses bords en des côtes inégales, prononcées, et qui se prolongent bien sur la hauteur du fruit. Tuyau du calice en entonnoir court et aigu, dépassant à peine la première enveloppe du cœur dont la coupe cordiforme-elliptique offre une étendue proportionnée au volume du fruit.

Queue très-courte, très-forte, souvent charnue, enfoncée dans une cavité étroite, un peu profonde et ondulée par ses bords.

Chair blanche, fine, bien tassée, ferme, croquante, suffisante en jus doux, sucré, relevé d'une saveur rafraîchissante, constituant un fruit d'assez bonne qualité, de longue et facile conservation, conservant toute son apparence de fraîcheur jusqu'à l'extrême maturité.

RAMBOUR PAPELEU

(N° 179)

The Fruits and the fruit-trees of America. DOWNING.
Annales de Pomologie belge. BIVORT.
Catalogue JOHN SCOTT, de Merriott.

OBSERVATIONS. — Le Rambour Papeleu a été obtenu par le colonel de Hartwis, propriétaire et pomologue à Artek-Lauterbrunn (Gouvernement de Tauride), et introduit de Crimée en Belgique par M. Papeleu, de Wetteren, en 1853. — L'arbre, de grande vigueur sur paradis, s'accommode assez bien des formes régulières et surtout de celle de vase. Sa fertilité est très-précoce et très-grande. Son fruit est de bonne qualité.

DESCRIPTION.

Rameaux forts, unis dans leur contour, presque droits, à entre-nœuds d'inégales longueurs, d'un brun violet ou presque noir à peine voilé par places d'une pellicule mince; lenticelles blanchâtres, très-larges, arrondies, assez peu nombreuses et bien apparentes.

Boutons à bois petits, courts, un peu obtus, aplatis et appliqués au rameau, soutenus sur des supports peu saillants dont les côtés et l'arête médiane ne se prolongent pas; écailles couvertes d'un très-court duvet gris noir.

Pousses d'été d'un vert vif, colorées de rouge sanguin du côté du soleil et couvertes sur toute leur longueur d'un duvet long, épais et un peu hérissé.

Feuilles des pousses d'été grandes, épaisses, ovales ou ovales-élargies; se terminant peu brusquement en une pointe longue et aiguë, largement concaves et un peu recourbées en dessous seulement par leur pointe, bordées de dents larges, profondes, émoussées ou très-courtement aiguës, soutenues horizontalement sur des pétioles assez courts, bien forts et redressés.

Stipules longues, lancéolées-étroites et aiguës.

Boutons à fruit assez gros, conico-ovoïdes, peu aigus ; écailles d'un marron rougeâtre peu foncé.

Fleurs grandes ; pétales elliptiques-arrondis, très-concaves, à onglet très-court, se recouvrant entre eux, tachés de rose violet en dehors, lavés de même en dedans ; divisions du calice moyennes, larges, bien recourbées par leur pointe ; pédicelles très-courts, très-forts, cotonneux.

Feuilles des productions fruitières grandes, elliptiques-élargies ou elliptiques-allongées, se terminant plus ou moins brusquement en une pointe extraordinairement courte, à peine concaves ou presque planes, bordées de dents peu larges, peu profondes, couchées, émoussées ou peu aiguës, soutenues sur des pétioles courts, assez grêles, tantôt dressés, tantôt divergents.

Caractère saillant de l'arbre : teinte générale du feuillage d'un vert pré bien intense et bien mat ; toutes les feuilles plus ou moins amples et celles des pousses d'été remarquablement épaisses ; aspect général de grande vigueur.

Fruit gros, tantôt sphérico-conique, tantôt conique, peu déformé dans son contour par des élévations très-aplanies, atteignant sa plus grande épaisseur près de sa base ; au-dessus de ce point, s'atténuant par une courbe largement convexe en une pointe tantôt un peu longue, tantôt courte, toujours bien épaisse et largement tronquée ; au-dessous du même point, s'arrondissant brusquement par une courbe bien convexe pour s'aplatir ensuite un peu autour de la cavité de la queue.

Peau fine, bien mince, souple, d'abord d'un vert décidé semé de points bruns, petits, cernés d'une teinte nacrée, largement et régulièrement espacés. On remarque aussi une tache de rouille brune, épaisse, un peu squammeuse s'étalant en étoile dans la cavité de la queue. A la maturité, **milieu d'hiver,** le vert fondamental passe au jaune un peu mat, conservant par places un ton un peu verdâtre et le côté du soleil est largement lavé d'un rouge jaunâtre ou orangé, traversé, sur les fruits bien exposés, par des bandes peu distinctes de la même couleur plus foncée.

Œil grand, demi-ouvert ou fermé, placé dans une cavité étroite, profonde, dont les bords escarpés se divisent en des rudiments de côtes très-peu prononcés et qui ne se prolongent nullement ou seulement d'une manière très-peu distincte sur la hauteur du fruit. Tuyau du calice descendant par un tube régulièrement conique et aigu jusqu'à la cavité du cœur dont l'axe est un peu creux, et dont la coupe cordiforme offre assez peu d'étendue par rapport au volume du fruit.

Queue courte, parfois déjetée de côté, un peu laineuse, serrée dans le fond étroit d'une cavité peu profonde et largement évasée par ses bords.

Chair jaunâtre, demi-fine, tendre, abondante en eau sucrée, vineuse, légèrement acidulée et relevée, ayant le plus grand rapport avec celle de la plupart des Reinettes, constituant un fruit de bonne qualité et improprement classé parmi les Rambours.

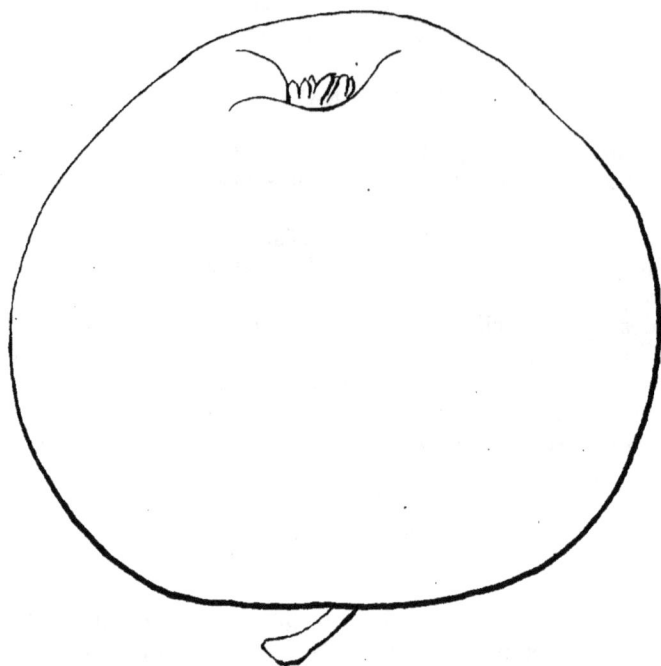

179

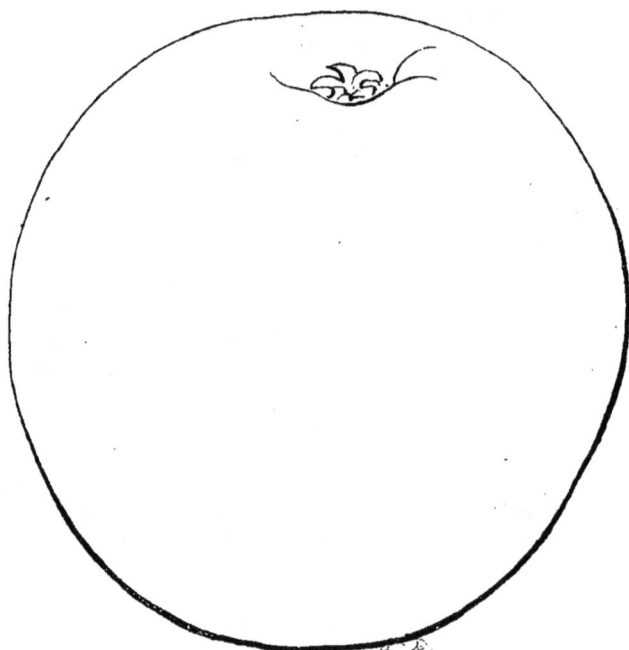

180

179. RAMBOUR PAPELEU.   180. LIBERTY.

LIBERTY

(N° 180)

The Fruits and the fruit-trees of America. DOWNING.
American Pomology. JOHN WARDER.
The American fruit Culturist. THOMAS.
Catalogue JOHN SCOTT, de Merriott.

OBSERVATIONS. — D'après Warder, cette variété a été obtenue près de Columbus (Etat de l'Ohio), par M. B. Bateham, l'excellent secrétaire de la Société de Pomologie de cet Etat et le fondateur des pépinières de Columbus. — L'arbre, de vigueur normale sur paradis, s'accommode assez mal des formes régulières; il convient mieux à la haute tige par sa grande vigueur et sa rusticité; ses branches s'étendent au loin. Sa fertilité est précoce et bonne. Son fruit est d'assez bonne qualité.

DESCRIPTION.

Rameaux assez forts, anguleux dans leur contour, presque droits, à entre-nœuds assez courts, d'un rouge violet intense un peu voilé d'une pellicule mince du côté du soleil, d'un brun rougeâtre du côté de l'ombre; lenticelles blanchâtres, arrondies, assez larges, assez nombreuses et apparentes.

Boutons à bois moyens, coniques, un peu renflés sur le dos, un peu aigus, appliqués ou parallèles au rameau, soutenus sur des supports saillants dont l'arête médiane se prolonge distinctement; écailles d'un rouge très-foncé et glabres.

Pousses d'été d'un vert bien teinté de jaune, légèrement lavées de rouge brique du côté du soleil et un peu duveteuses seulement à leur sommet.

Feuilles des pousses d'été grandes, ovales-élargies, se terminant presque régulièrement en une pointe finement aiguë, bien creusées et à peine arquées, le plus souvent largement et sensiblement ondulées, bordées de dents larges, profondes et obtuses, bien soutenues sur des pétioles moyens, un peu forts et fermes.

Stipules assez courtes, lancéolées-étroites et peu aiguës.

Boutons à fruit moyens, conico-ovoïdes, courts, un peu obtus ; écailles d'un rouge vif, en partie recouvertes d'un duvet gris sale.

Fleurs moyennes ; pétales elliptiques-arrondis, bien concaves, à onglet très-court, se recouvrant entre eux, tachés de rose violet en dehors, légèrement lavés de même en dedans ; divisions du calice moyennes, larges, presque annulaires ; pédicelles courts, forts, peu duveteux.

Feuilles des productions fruitières le plus souvent exactement lancéolées, longuement et sensiblement atténuées vers le pétiole, se terminant régulièrement en une pointe finement aiguë, peu repliées et ordinairement largement contournées sur leur longueur, bordées de dents peu profondes, bien couchées et obtuses, bien soutenues sur des pétioles longs, grêles et cependant fermes et bien divergents.

Caractère saillant de l'arbre : teinte générale du feuillage d'un vert pré assez intense et peu brillant ; feuilles des productions fruitières remarquablement allongées, étroites et atténuées vers le pétiole ; serrature des feuilles des pousses d'été formée de dents remarquablement larges et profondes.

Fruit moyen, sphérico-cylindrique ou parfois sphérique bien déprimé à ses deux pôles, presque uni dans son contour, atteignant sa plus grande épaisseur à peu près au milieu de sa hauteur ; au-dessus et au-dessous de ce point, s'atténuant par des courbes presque de même longueur et presque également convexes soit du côté de l'œil, soit du côté de la queue vers laquelle il s'atténue souvent un peu plus.

Peau un peu ferme, d'abord d'un vert gai semé de points bruns, petits, très-largement espacés, rares et peu apparents. La cavité de la queue est souvent couverte d'une teinte verte bien foncée plutôt que de rouille. A la maturité, **courant et fin d'hiver,** le vert fondamental passe au jaune pâle et le côté du soleil, un peu lavé de rouge, est traversé par des raies bien distinctes d'un rouge sanguin intense et qui se dispersent souvent sur presque toute la surface du fruit.

Œil petit, fermé, placé dans une cavité en forme de godet, à peine plissée dans ses parois et très-obscurément ondulée par ses bords. Tuyau du calice descendant par un tube un peu large jusqu'à la cavité du cœur, dont la coupe presque elliptique offre une étendue proportionnée au volume du fruit.

Queue très-courte, peu forte, attachée dans une cavité très-étroite et très-peu profonde et le plus souvent régulière.

Chair un peu jaunâtre, fine, un peu tassée, demi-tendre, suffisante en jus sucré, finement acidulé, relevé d'une saveur rafraîchissante, constituant un fruit d'assez bonne qualité, de longue conservation et de jolie apparence.

PRINCESSE AUGUSTE

(N° 181)

PRINZESSIN AUGUSTE. *Illustrirtes Handbuch der Obstkunde.* Jahn.
Pomologische Notizen. Oberdieck.
GEIGERS PRINZESSIN AUGUSTE. *Systematisches Handbuch der
Obstkunde.* Dittrich.
Handbuch aller bekannten Obstsorten. Biedenfeld.
Systematische Beschreibung der Kernobstsorten. Diel.

Observations. — Cette variété a été obtenue par M. Geiger, jar-
dinier-chef dans le jardin du Grand-Duc, à Bessungen, près de
Darmstadt, et dédiée par lui à une princesse de cette famille. —
L'arbre est d'une vigueur normale sur paradis, il s'accommode
bien des formes régulières; sur franc, il forme une tête robuste,
de moyenne dimension, à branches fastigiées. Sa fertilité précoce
est bonne et soutenue. Son fruit est de bonne qualité.

DESCRIPTION.

Rameaux forts, unis dans leur contour, droits, à entre-nœuds courts,
d'un rouge vineux assez intense et voilé d'une pellicule épaisse du côté du
soleil; lenticelles blanchâtres, un peu larges, très-rares et apparentes.

Boutons à bois petits, coniques-aplatis et un peu aigus, bien appliqués
au rameau, soutenus sur des supports très-peu saillants dont les côtés et
l'arête médiane ne se prolongent pas; écailles d'un marron rougeâtre souvent finement bordé de gris blanchâtre.

Pousses d'été d'un vert d'eau pâle, à peine lavées de rouge rosat du
côté du soleil et couvertes sur toute leur longueur d'un duvet extraordinairement court et serré.

Feuilles des pousses d'été assez petites ou presque moyennes,
ovales ou ovales-elliptiques, se terminant brusquement en une pointe large
et assez courte, sensiblement creusées et non arquées, bordées de dents

larges, un peu profondes, extraordinairement couchées et courtement aiguës, soutenues horizontalement sur des pétioles très-courts, peu forts et redressés.

Stipules courtes, tantôt lancéolées-élargies, tantôt lancéolées-étroites.

Boutons à fruit moyens, exactement ovoïdes, un peu aigus ; écailles extérieures d'un brun terne largement bordé de brun plus foncé et ombré de gris blanchâtre ; écailles intérieures d'un brun clair et à peine teinté de rouge.

Fleurs grandes ; pétales ovales bien élargis, peu concaves, à onglet un peu long, se recouvrant à peine entre eux, à peine tachés de rose violet en dehors, presque blancs en dedans ; divisions du calice extraordinairement longues et bien réfléchies en dessous ; pédicelles courts, peu forts, peu duveteux.

Feuilles des productions fruitières assez petites ou presque moyennes, un peu obovales, courtement atténuées vers le pétiole, se terminant un peu brusquement en une pointe courte, sensiblement creusées et non arquées, bordées de dents fines, peu profondes, bien couchées et peu aiguës, très-bien soutenues sur des pétioles très-courts, grêles, raides et redressés.

Caractère saillant de l'arbre : teinte générale du feuillage d'un vert bleu intense et mat, moins intense et un peu brillant sur les feuilles des pousses d'été ; toutes les feuilles bien régulièrement et sensiblement creusées et garnies d'une serrature remarquablement couchée.

Fruit moyen, sphérico-conique, plus ou moins déprimé à ses deux pôles, souvent plus élargi dans un sens que dans l'autre et déformé dans son contour par des côtes très-épaisses et obtuses, atteignant sa plus grande épaisseur à peu près au milieu de sa hauteur ; au-dessus et au-dessous de ce point, s'arrondissant par des courbes presque de même longueur et presque également convexes, soit du côté de la queue, soit du côté de l'œil vers lequel il s'atténue cependant un peu plus.

Peau fine, mince, souple, d'abord d'un vert clair semé de petits points d'un brun clair, irrégulièrement espacés, peu apparents et manquant souvent sur certaines parties. Une tache d'une rouille fine et de même couleur s'étale largement en étoile dans la cavité de la queue et au-delà de ses bords. A la maturité, **courant d'hiver,** le vert fondamental passe au jaune paille brillant et le côté du soleil, sur les fruits bien exposés, est lavé d'un léger nuage de rouge orangé.

Œil grand, fermé ou demi-fermé, à divisions longues, fines, dressées et recourbées en dehors, placé dans une cavité assez étroite, profonde, plissée dans ses parois et ondulée par ses bords. Tuyau du calice descendant par un tube un peu large jusque vers la cavité du cœur, dont la coupe cordiforme-elliptique offre assez peu d'étendue pour le volume du fruit.

Queue très-courte, forte, souvent charnue, attachée dans une cavité très-étroite, profonde et largement ondulée par ses bords.

Chair d'un blanc un peu teinté de jaune, fine, tassée, un peu ferme, suffisante en jus sucré, relevé d'une saveur rafraîchissante et agréable, constituant un fruit de bonne qualité, se rapprochant un peu des Reinettes par son apparence et par son goût.

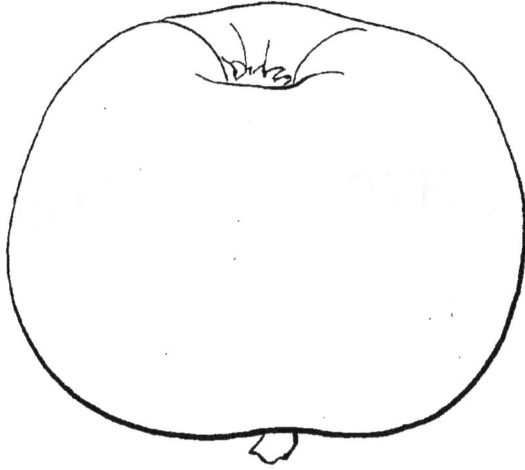

181

182

181. PRINCESSE AUGUSTE.　　182. REINETTE HOYAISCHE.

REINETTE HOYAISCHE

(N° 182)

HOYAISCHE GOLD-REINETTE. *Illustrirtes Handbuch der Obstkunde.* OBERDIECK.

REINETTE HOYAISCHE GOLD. *Pomologische Notizen.* OBERDIECK.

OBSERVATIONS. — Oberdieck dit que cette variété est peu connue au-delà du Hanovre et qu'il n'a pu obtenir de renseignements sur son origine ; qu'elle porte le nom de Hoya, ville du Hanovre, aux environs de laquelle elle est le plus cultivée ; mais qu'elle pourrait bien être originaire de Hollande. — L'arbre n'est pas de grande vigueur sur paradis et ne peut se plier aux formes régulières qu'à condition de le conduire sur un treillage. Sa fertilité est assez précoce et bonne. Son fruit est de première qualité.

DESCRIPTION.

Rameaux fluets, finement anguleux dans leur contour, à peine flexueux, à entre-nœuds assez longs, d'un brun doré du côté de l'ombre, un peu teintés de rouge et peu voilés d'une pellicule mince du côté du soleil ; lenticelles blanchâtres, petites, nombreuses et peu apparentes.

Boutons à bois petits, courts et courtement aigus, appliqués au rameau, soutenus sur des supports un peu saillants dont l'arête médiane se prolonge finement ; écailles d'un marron rougeâtre maculé de gris blanchâtre.

Pousses d'été d'un vert très-clair, à peine lavées de rouge rosat du côté du soleil et couvertes sur toute leur longueur d'un duvet extraordinairement court et peu abondant.

Feuilles des pousses d'été moyennes, ovales ou ovales un peu elliptiques, se terminant brusquement en une pointe courte et bien aiguë, à peine concaves et souvent très-largement ondulées, bordées de dents larges, peu profondes, bien couchées et peu aiguës, se recourbant un peu sur des pétioles courts, peu forts, peu redressés ou presque horizontaux.

Stipules courtes et très-fines.

Boutons à fruit moyens, conico-ovoïdes, aigus ; écailles rougeâtres et très-largement maculées de gris blanchâtre.

Fleurs...

Feuilles des productions fruitières assez petites, les unes obovales-arrondies, les autres obovales un peu allongées, se terminant brusquement en une pointe extraordinairement courte, largement concaves et largement ondulées, bordées de dents peu larges, peu profondes, extraordinairement couchées et courtement aiguës, s'abaissant bien sur des pétioles très-longs, très-grêles et souples.

Caractère saillant de l'arbre : teinte générale du feuillage d'un vert herbacé bien tendre et peu brillant ; pétioles des feuilles inférieures des pousses d'été et des feuilles des productions fruitières remarquablement grêles et très-souples.

Fruit moyen, sphérico-cylindrique, tantôt plus large que haut et bien déprimé à ses deux pôles, tantôt paraissant aussi haut que large, uni dans son contour, atteignant sa plus grande épaisseur au milieu de sa hauteur ; au-dessus et au-dessous de ce point, s'arrondissant par des courbes plus ou moins convexes et de même longueur, soit du côté de l'œil, soit du côté de la cavité de la queue autour de laquelle il s'aplatit un peu.

Peau un peu ferme, d'abord d'un vert clair et gai semé de points bruns, un peu larges, largement espacés et apparents. Une tache d'une rouille fine, d'un brun clair couvre la cavité de la queue. A la maturité, **courant et fin d'hiver,** le vert fondamental passe au beau jaune d'or et le côté du soleil se couvre d'un ton un peu plus chaud, ou, sur les fruits bien exposés, d'un nuage de rouge sanguin traversé par des raies fines d'un rouge cramoisi.

Œil tantôt fermé sur les fruits déprimés, tantôt ouvert sur les autres fruits, placé dans une cavité peu profonde, largement évasée, plissée dans ses parois et par ses bords, et émettant souvent des excroissances charnues au point d'attache des divisions. Tuyau du calice en entonnoir court et aigu, ne dépassant pas la première enveloppe du cœur dont la coupe cordiforme-elliptique offre assez peu d'étendue par rapport au volume du fruit.

Queue tantôt courte et forte, tantôt plus longue et moins forte, attachée dans une cavité étroite, assez peu profonde et ordinairement régulière.

Chair d'un jaune clair, fine, bien tassée, ferme, suffisante en jus richement sucré et agréablement parfumé, constituant un fruit de première qualité.

GOLDEN NOBLE

(N° 183)

A Guide to the Orchard. LINDLEY.
The Apple and its Varieties. ROBERT HOGG.
Catalogue JOHN SCOTT, de Merriott.
The Fruits and the fruit-trees of America. DOWNING.
Dictionnaire de Pomologie. ANDRÉ LEROY.
Handbuch aller bekannten Obstsorten. BIEDENFELD.
Illustristes handbuch der Obstkunde. FLOTOW.

OBSERVATIONS. — Lindley dit qu'il existe un arbre âgé de cette variété dans les environs de Downham Market, dans le comté de Norfolk. D'après Robert Hogg, elle fut publiée ou connue pour la première fois par M. Thomas Harr, de Stowe-Hall, comté de Norfolk, et comme provenant d'un arbre supposé le pied-mère, qui s'élevait dans un ancien jardin à Downham. Elle fut communiquée à la Société d'horticulture de Londres en 1820. — L'arbre, de bonne vigueur sur paradis, ne s'accommode pas des formes régulières; élevé en haute tige, il forme une tête bien élargie et de grande dimension. Sa fertilité est précoce et bonne. Son fruit, d'assez bonne qualité, conserve son volume sur arbre abandonné à lui-même.

DESCRIPTION.

Rameaux forts, unis dans leur contour, droits, à entre-nœuds courts, bruns du côté de l'ombre, d'un brun rougeâtre et peu voilé d'une pellicule fendillée du côté du soleil; lenticelles blanches, larges, largement et régulièrement espacées, apparentes.

Boutons à bois gros, courts, bien élargis à leur base, obtus ou très-courtement aïgus, appliqués au rameau, soutenus sur des supports peu saillants dont les côtés et l'arête médiane ne se prolongent pas ou très-peu distinctement; écailles rougeâtres et largement maculées de gris blanchâtre.

Pousses d'été d'un vert intense et vif, en grande partie colorées de rouge vineux et couvertes sur toute leur longueur d'un duvet fin et peu abondant.

Feuilles des pousses d'été moyennes ou assez grandes, assez exactement ovales ou parfois un peu élargies, se terminant régulièrement en une pointe ferme, largement creusées et non arquées, bordées de dents larges, souvent surdentées, un peu profondes et obtuses, soutenues horizontalement sur des pétioles courts, de moyenne force et redressés.

Stipules courtes, lancéolées-élargies et souvent un peu recourbées.

Boutons à fruit assez gros, conico-ovoïdes, un peu aigus ; écailles d'un rouge terne bordé de brun noirâtre.

Fleurs grandes ; pétales ovales-arrondis, un peu concaves, à onglet très-court, se recouvrant largement entre eux, largement tachés de rose violet en dehors, lavés de même en dedans ; divisions du calice très-courtes, larges et bien recourbées ; pédicelles courts, forts et duveteux.

Feuilles des productions fruitières grandes, obovales très-allongées, bien atténuées vers le pétiole, se terminant régulièrement en une pointe très-courte, à peine creusées ou presque planes, bordées de dents larges, peu profondes et émoussées, bien soutenues sur des pétioles moyens, grêles et cependant fermes.

Caractère saillant de l'arbre : teinte générale du feuillage d'un vert pré un peu intense et un peu brillant ; feuilles des productions fruitières remarquablement allongées et remarquablement atténuées vers le pétiole ; toutes les feuilles se terminant régulièrement en une pointe extraordinairement courte.

Fruit gros, sphérico-conique, uni ou presque uni dans son contour, bien élargi du côté de sa base, bien atténué du côté de l'œil, atteignant sa plus grande épaisseur au-dessous du milieu de sa hauteur ; au-dessus de ce point, s'atténuant promptement par une courbe très-largement convexe en une pointe courte, épaisse et tronquée sur une petite étendue à son sommet ; au-dessous du même point, s'arrondissant par une courbe assez convexe pour ensuite s'aplatir largement autour de la cavité de la queue.

Peau très-fine, très-mince, bien unie, un peu onctueuse et odorante à la maturité, d'abord d'un vert très-pâle, un peu jaune, semé de taches nacrées, et sur certaines parties, de points fauves, un peu larges, largement espacés et apparents. Une rouille fine, d'un brun grisâtre s'étale largement en étoile dans la cavité de la queue. A la maturité, **commencement et courant d'hiver,** le vert fondamental passe au beau jaune doré et éclatant, un peu plus chaud et sans aucune trace de rouge du côté du soleil.

Œil petit, fermé, à divisions fines, restant longtemps vertes et un peu laineuses, placé dans une cavité étroite, peu profonde, finement plissée dans ses parois et par ses bords. Tuyau du calice descendant par un tube long et étroit jusqu'à la cavité du cœur, dont la coupe largement cordiforme offre une étendue proportionnée au volume du fruit.

Queue de moyenne longueur ou assez courte, peu forte, attachée dans une cavité large, bien profonde et ordinairement régulière.

Chair d'un blanc un peu teinté de jaune, demi-fine, demi-cassante, abondante en jus sucré et acidulé, sans parfum bien appréciable, constituant un fruit bon pour les usages du ménage et du plus superbe aspect.

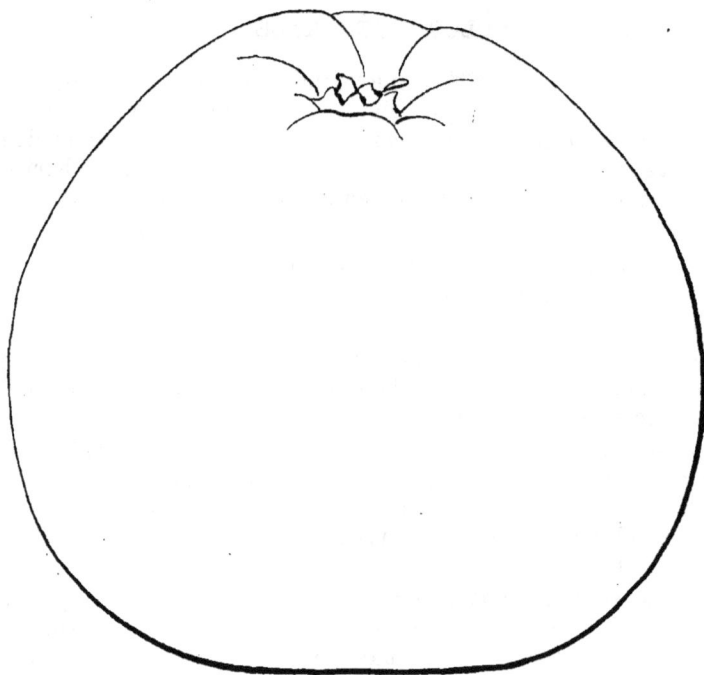

183

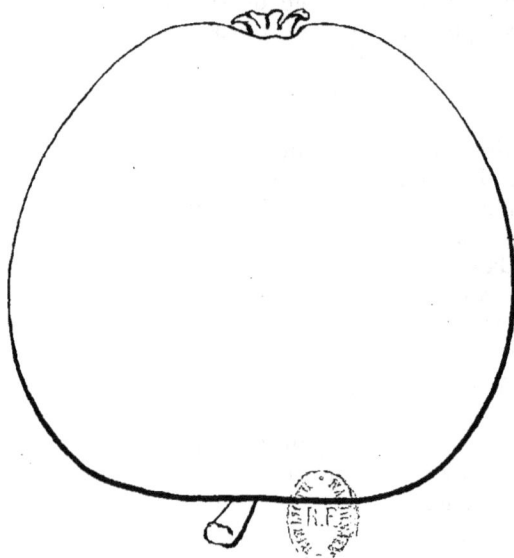

184

183. GOLDEN NOBLE.   184. GAYS REINETTE.

GAYS REINETTE

(N° 184)

Illustrirtes Handbuch der Obsthunde. OBERDIECK.

Pomologische Notizen. OBERDIECK.

GAYS HERBSTREINETTE. *Systematisches Handbuch der Obstkunde.* DITTRICH.

REINETTE GAYS. *Handbuch aller bekannten Obstsorten.* BIEDENFELD.

OBSERVATIONS. —Diel, qui publia pour la première fois cette variété dans son Catalogue, l'avait reçue de Hernall, près de Vienne (Autriche). — L'arbre, de vigueur contenue sur paradis, s'accommode peu des formes régulières ; les boutons à bois sont souvent annulés ; élevé en haute tige, il forme une tête pyramidale et peu compacte. Sa fertilité est précoce, bonne et soutenue. Son fruit est de bonne qualité.

DESCRIPTION.

Rameaux de moyenne force, un peu obscurément anguleux dans leur contour, droits, à entre-nœuds assez courts, d'un brun rougeâtre terne et à peine voilé du côté du soleil d'une pellicule très-mince ; lenticelles blanches, petites, un peu allongées, assez peu nombreuses et peu apparentes.

Boutons à bois très-petits, coniques, très-courts, très-obtus, épatés et exactement appliqués au rameau, soutenus sur des supports saillants dont l'arête médiane et les côtés, d'abord bien distincts, se prolongent ensuite obscurément ; écailles d'un marron rougeâtre terne.

Pousses d'été d'un vert un peu teinté de jaune, lavées de rouge sanguin du côté du soleil et couvertes sur toute leur longueur d'un duvet court, assez abondant et un peu hérissé.

Feuilles des pousses d'été moyennes, ovales plus ou moins élargies, se terminant brusquement en une pointe longue et large, peu ou à peine repliées sur leur nervure médiane et non arquées, bordées de dents larges, assez profondes et bien obtuses, soutenues horizontalement sur des pétioles assez courts, de moyenne force et un peu souples.

Stipules extraordinairement courtes, extraordinairement fines et très-caduques.

Boutons à fruit moyens, ovoïdes, aigus; écailles d'un rouge intense et terne.

Fleurs bien grandes; pétales arrondis, bien concaves, à onglet peu long, se recouvrant entre eux, à peine lavés de rose en dehors, blancs en dedans; divisions du calice moyennes, étroites, annulaires; pédicelles longs, forts, à peine duveteux.

Feuilles des productions fruitières assez grandes, obovales plus ou moins allongées, bien atténuées vers le pétiole et se terminant plus ou moins brusquement en une pointe assez courte, planes ou presque planes et souvent largement ondulées dans leur contour, bordées de dents tantôt fines et peu profondes, tantôt larges et plus profondes et toutes bien aiguës, bien soutenues sur des pétioles courts, assez grêles, raides et divergents.

Caractère saillant de l'arbre : teinte générale du feuillage d'un vert pré plus ou moins intense et mat; serrature des feuilles des pousses d'été formée de dents remarquablement obtuses; feuilles des productions fruitières remarquablement atténuées vers le pétiole et bordées de dents bien aiguës.

Fruit moyen ou presque moyen, plus ou moins conique, à peine déformé dans son contour par des côtes très-aplanies, atteignant sa plus grande épaisseur au-dessous du milieu de sa hauteur; au-dessus de ce point, s'atténuant par une courbe d'abord peu convexe puis ensuite à peine concave en une pointe plus ou moins courte et tronquée sur une petite étendue à son sommet; au-dessous du même point, s'arrondissant par une courbe plus ou moins convexe jusque dans la cavité de la queue.

Peau fine, mince, unie, d'abord d'un vert d'eau peu foncé semé de petites taches nacrées très-nombreuses. Parfois une rouille fine, d'un brun verdâtre s'étale en étoile dans la cavité de la queue. A la maturité, **commencement et courant d'hiver,** le vert fondamental passe au beau jaune citron et parfois, sur les fruits les mieux exposés, le côté du soleil se couvre d'un nuage de rouge brun sur lequel ressortent peu des points jaunâtres largement espacés.

Œil moyen, fermé, à divisions dressées en bouquet, placé dans une cavité étroite, peu profonde, plissée dans ses parois et par ses bords, et ces plis ne se prolongent jamais que d'une manière très-peu sensible sur la hauteur du fruit. Tuyau du calice en entonnoir profond et aigu, atteignant la cavité du cœur dont la coupe cordiforme-élevée offre assez d'étendue par rapport au volume du fruit.

Queue assez courte, bien forte, attachée dans une cavité étroite, peu profonde et à peine ondulée par ses bords.

Chair teintée de jaune, fine, un peu tendre, suffisante en jus sucré, acidulé, relevé d'une saveur qui rapproche ce fruit de la classe des Reinettes.

GEWÜRZAPFEL ENGLISCHER

(N° 185)

Pomologische Notizen. OBERDIECK.

ENGLISCHER GEWÜRZAPFEL. *Illustrirtes Handbuch der Obsthunde.* LUCAS.

WEISSER ENGLISCHER GEWÜRZAPFEL. *Systematische Beschreibung der Kernobstsorten.* DIEL.

SPICE APPLE. *The Apple and its Varieties.* ROBERT HOGG.

A Guide to the Orchard. LINDLEY.

Catalogue JOHN SCOTT, de Merriott.

Handbuch aller bekannten Obstsorten. BIEDENFELD.

OBSERVATIONS. — Cette ancienne variété est d'origine anglaise. Robert Hogg fait remarquer que ce n'est pas le fruit porté sous le même nom dans le Catalogue de la Société d'horticulture de Londres. Lindley donne au Fenouillet Gris le synonyme de Spice-Apple, avec lequel notre ancienne variété anglaise n'a aucun rapport.—L'arbre, de vigueur très-contenue sur paradis, s'accommode seulement des petites formes et surtout de celle de fuseau ; élevé en haute tige, il forme une tête demi-sphérique, de moyenne dimension. Sa fertilité est précoce et grande. Son fruit est de première qualité.

DESCRIPTION.

Rameaux assez peu forts, anguleux dans leur contour, à peine flexueux, à entre-nœuds longs, d'un brun rougeâtre terne et en partie voilé d'une pellicule plombée ; lenticelles petites, rares et peu apparentes.

Boutons à bois gros, coniques-allongés, un peu aigus, appliqués ou presque appliqués au rameau, soutenus sur des supports bien saillants dont l'arête médiane se prolonge bien distinctement ; écailles d'un rouge peu foncé et terne.

Pousses d'été d'un vert assez intense, lavées de rouge brun du côté du soleil et couvertes sur toute leur longueur d'un duvet très-court et assez peu abondant.

Feuilles des pousses d'été petites, ovales ou un peu obovales-allongées et peu larges, se terminant un peu brusquement en une pointe bien longue et effilée, largement creusées en gouttière et un peu arquées, bordées de dents fines, peu profondes et très-courtement aiguës, assez peu soutenues sur des pétioles longs, grêles et un peu souples.

Stipules en alênes courtes ou très-courtes et très-fines.

Boutons à fruit gros, conico-ovoïdes, aigus; écailles d'un rouge terne.

Fleurs moyennes; pétales elliptiques-arrondis, peu concaves, à onglet court, se touchant entre eux, peu tachés de rose violet en dehors et à peine lavés de même en dedans; divisions du calice moyennes, larges et recourbées; pédicelles moyens, forts et duveteux.

Feuilles des productions fruitières assez petites, obovales-lancéolées, étroites, se terminant presque régulièrement en une pointe le plus souvent contournée, à peine ou non repliées sur leur nervure médiane, largement ondulées ou contournées sur leur longueur, bordées de dents extraordinairement fines, extraordinairement peu profondes et un peu aiguës, s'abaissant sur des pétioles un peu longs, très-grêles et très-souples.

Caractère saillant de l'arbre : teinte générale du feuillage d'un vert herbacé plus ou moins mat; feuilles des productions fruitières remarquablement allongées et étroites; toutes les feuilles garnies d'une serrature remarquablement fine et peu profonde; tous les pétioles grêles ou très-grêles et souples.

Fruit moyen ou assez gros, conique, déformé dans son contour par des côtes bien épaisses et obtuses, atteignant sa plus grande épaisseur au-dessous du milieu de sa hauteur; au-dessus de ce point, s'atténuant par une courbe peu convexe en une pointe plus ou moins longue et tronquée sur une petite étendue à son sommet; au-dessous du même point, s'atténuant par une courbe largement convexe pour diminuer assez sensiblement d'épaisseur et s'aplatir un peu autour de la cavité de la queue.

Peau bien fine, mince, souple, onctueuse et un peu odorante à la maturité, d'abord d'un vert clair jaunâtre semé de points d'un gris jaunâtre, petits, largement espacés et peu apparents. Une large tache d'une rouille dense, d'un beau brun brillant, rayonne en étoile dans la cavité de la queue et au-delà de ses bords. A la maturité, **automne et commencement d'hiver**, le vert fondamental passe au beau jaune citron intense et brillant, et le côté du soleil, sur les fruits bien exposés, est parfois lavé d'un léger nuage de rouge doré.

Œil moyen, bien fermé, placé dans une cavité bien étroite, un peu profonde, dont les parois et les bords abrupts sont divisés en côtes plus ou moins prononcées et qui se prolongent d'une manière plus ou moins sensible sur la hauteur du fruit. Tuyau du calice en entonnoir court et aigu, dépassant à peine la première enveloppe du cœur dont la coupe exactement cordiforme offre une étendue assez grande par rapport au volume du fruit.

Queue courte, grêle, attachée dans une cavité étroite, un peu profonde et un peu ondulée par ses bords.

Chair d'un blanc à peine teinté de jaune, fine, tendre, suffisante en jus richement sucré, agréablement parfumé, constituant un fruit de première qualité, s'il n'est pas consommé trop longtemps après l'époque exacte de sa maturité.

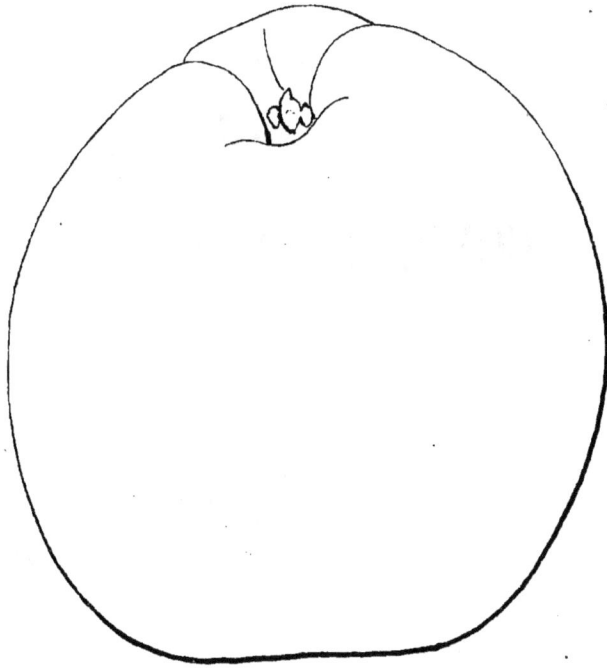

185

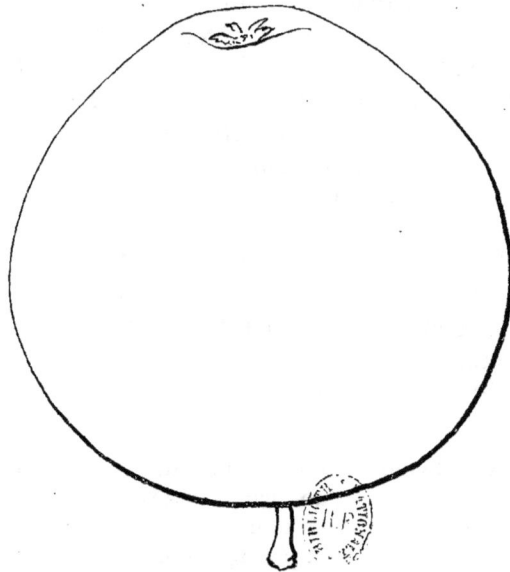

186

185. GEWÜRZAPFEL ENGLISCHER.   186. COX'S ORANGE PIPPIN.

COX'S ORANGE PIPPIN.

(N° 186)

The Fruit Manual. ROBERT HOGG.
The Fruits and the fruit-trees of America. DOWNING.
Catalogue JOHN SCOTT, de Merriott.
COX'S ORANGEN REINETTE. *Illustrirtes Handbuch der Obstkunde.*
OBERDIECK.
REINETTE COX'S ORANGEN. *Pomologische Notizen.* OBERDIECK.
Annales de pomologie belge. 1859. BIVORT.

OBSERVATIONS. — « La Reinette Orange a été gagnée en 1830 par
M. R. Cox, de Colnbrook Lawn, à Bucks, à la suite d'un semis de
neuf pepins du Ribston Pippin, parmi lesquels naquit en outre le
Cox's Pomona, variété bien différente de celle-ci. Elle est restée jusqu'ici à peu près ignorée dans les pépinières de Colnbroock ou dans
les environs. » (Extrait de la *Belgique Horticole*, 1859. Edouard
MORREN.) La Société d'horticulture de Londres a décerné plusieurs
fois à cette pomme, et notamment lors de la dernière grande expo-
sition pomologique, au mois d'octobre 1858, les premiers ou les
seconds prix de cette catégorie de fruits. Le jury l'a en outre
déclarée bien supérieure au Ribston Pippin, qui jusqu'ici passait
pour la meilleure Pomme cultivée en Grande-Bretagne. — L'arbre,
de vigueur contenue sur paradis, s'accommode assez bien des
formes régulières. Sa fertilité assez précoce est bonne. Son fruit
est de toute première qualité.

DESCRIPTION.

Rameaux de moyenne force, unis dans leur contour, à peine flexueux,
à entre-nœuds courts, d'un brun rougeâtre peu foncé et entièrement ou
presque entièrement voilé d'une pellicule plombée ; lenticelles petites,
extraordinairement rares et peu apparentes.

Boutons à bois moyens, bien renflés sur le dos, aigus, appliqués ou
presque appliqués au rameau, soutenus sur des supports peu saillants dont
les côtés et l'arête médiane ne se prolongent pas ; écailles d'un rouge peu
foncé.

Pousses d'été d'un vert d'eau, légèrement lavées de rouge brun du
côté du soleil et peu duveteuses sur toute leur longueur.

Feuilles des pousses d'été petites, elliptiques-allongées et se terminant presque régulièrement en une pointe longue et étroite, très-largement creusées ou presque planes, bordées de dents très-fines, très-peu profondes, bien couchées et aiguës, bien soutenues sur des pétioles courts, grêles et fermes.

Stipules extraordinairement courtes et fines.

Boutons à fruit moyens, conico-ovoïdes, un peu aigus; écailles extérieures d'un marron rougeâtre bordé de brun; écailles intérieures vertes et bordées de brun.

Fleurs assez grandes; pétales largement arrondis à leur sommet, concaves, d'un joli rose violet en dehors, striés de la même couleur en dedans; divisions du calice moyennes, étroites, annulaires; pédicelles moyens, assez grêles, laineux.

Feuilles des productions fruitières moyennes, les unes obovales bien atténuées vers le pétiole et bien élargies vers leur autre extrémité, les autres obovales-lancéolées, se terminant brusquement en une pointe courte, planes ou presque planes, souvent largement ondulées, bordées de dents fines, peu profondes et aiguës, bien soutenues sur des pétioles moyens, très-grêles et cependant raides.

Caractère saillant de l'arbre : teinte générale du feuillage d'un vert herbacé peu foncé et mat; toutes les feuilles plus ou moins petites et bordées d'une serrature formée de dents remarquablement fines et peu profondes; tous les pétioles très-grêles.

Fruit moyen, sphérico-ovoïde, bien uni dans son contour et parfois un peu déprimé du côté de l'œil, atteignant sa plus grande épaisseur à peu près au milieu de sa hauteur; au-dessus de ce point, s'atténuant plus ou moins par une courbe largement convexe en une pointe peu longue, épaisse et tronquée sur une petite étendue à son sommet; au-dessous du même point, s'arrondissant par une courbe assez convexe jusque dans la cavité de la queue.

Peau fine, mince, souple, d'abord d'un vert clair semé de points d'un gris brun assez peu nombreux et assez peu apparents. Une rouille fine d'un gris brun, rayonne en étoile dans la cavité de la queue. A la maturité, **automne et courant d'hiver,** le vert fondamental passe au jaune citron brillant, et le côté du soleil est lavé sur une plus ou moins large étendue d'un rouge assez vif, traversé par des raies fines et distinctes d'un rouge plus intense.

Œil moyen, fermé ou demi-ouvert, à divisions fines, placé dans une cavité étroite, peu profonde, plissée dans ses parois et par ses bords, sans que ces plis se prolongent sur la hauteur du fruit. Tuyau du calice en entonnoir court et obtus, dépassant peu la première enveloppe du cœur dont la coupe largement cordiforme offre une assez grande étendue par rapport au volume du fruit.

Queue de moyenne longueur, peu forte, attachée dans une cavité étroite, peu profonde et ordinairement régulière.

Chair d'un jaune décidé, fine, bien tassée, transparente, croquante, très-abondante en jus sucré, relevé d'une saveur des plus agréables, ayant quelque rapport avec celle d'une poire, constituant un fruit de première ou de toute première qualité.

PITMASTON PINE

(N° 187)

PITMASTON PINEAPPLE. *The Fruit Manual*. ROBERT HOGG.
Catalogue JOHN SCOTT, de Merriott.

OBSERVATIONS. — Cette variété, que j'ai reçue du jardin de la
Société d'horticulture de Londres, est décrite par Robert Hogg,
sans mention de son origine, seulement dans son *The Fruit Manual*,
édition de 1862, et non dans son *The Apple and its Varieties*. Parmi
les autres ouvrages de pomologie que je possède, je ne l'ai trouvée
que dans le *Catalogue* de John Scott. — L'arbre, de vigueur normale sur paradis, s'accommode assez bien des formes régulières,
telles que pyramide ou vase. Sa fertilité assez précoce est bonne
et soutenue. Son fruit est de bonne qualité.

DESCRIPTION.

Rameaux forts, unis ou très-obscurément anguleux dans leur contour,
droits, à entre-nœuds courts, d'un brun rougeâtre sombre et terne recouvert du côté du soleil d'une pellicule épaisse; lenticelles grisâtres, un peu
larges, assez peu nombreuses et peu apparentes.

Boutons à bois moyens, bien élargis à leur base, courts et cependant
aigus, appliqués au rameau, soutenus sur des supports larges, un peu
saillants, dont les côtés et l'arête médiane ne se prolongent pas ou très-
obscurément; écailles d'un rouge très-foncé et sombre.

Pousses d'été d'un vert d'eau, bien colorées sur une grande étendue
d'un rouge vineux intense et couvertes sur toute leur longueur d'un duvet
très-court, très-fin et serré.

Feuilles des pousses d'été moyennes ou assez grandes, ovales-
arrondies ou elliptiques-arrondies, se terminant brusquement en une pointe
courte, largement concaves et non arquées, bordées de dents très-larges,
profondes et bien obtuses, paraissant plutôt largement crénelées et surcré-
nelées, soutenues à peu près horizontalement sur des pétioles courts, forts
et plus ou moins redressés.

Stipules moyennes, lancéolées-élargies.

Boutons à fruit assez petits, sphérico-ovoïdes, bien obtus ; écailles extérieures d'un brun foncé, bordées de noir ; écailles intérieures recouvertes d'un duvet gris blanchâtre.

Fleurs moyennes ; pétales ovales un peu élargis, presque planes, se recouvrant bien entre eux, tachés de rose vif en dehors, et souvent bien lavés de la même couleur aussi vive en dedans ; divisions du calice longues, étroites, recourbées ; pédicelles courts, de moyenne force, peu duveteux.

Feuilles des productions fruitières moyennes, elliptiques-allongées et peu larges, se terminant presque régulièrement en une pointe étroite et finement aiguë, très-largement creusées et souvent très-largement ondulées dans leur contour ou contournées sur leur longueur, bordées de dents peu profondes, le plus souvent surdentées et obtuses, bien soutenues sur des pétioles moyens, assez grêles et raides.

Caractère saillant de l'arbre : teinte générale du feuillage d'un vert d'eau intense sur les feuilles des productions fruitières, clair, vif et gai sur les feuilles des pousses d'été, remarquables par leur serrature formée de dents extraordinairement obtuses ; pousses d'été bien colorées de bonne heure.

Fruit petit, conique, ordinairement uni dans son contour, atteignant sa plus grande épaisseur bien au-dessous du milieu de sa hauteur ; au-dessus de ce point, s'atténuant par une courbe très-peu convexe ou à peine concave en une pointe un peu longue, épaisse et tronquée à son sommet ; au-dessous du même point, s'arrondissant par une courbe largement convexe jusque dans la cavité de la queue.

Peau un peu ferme, d'abord d'un vert décidé, entièrement ou presque entièrement caché sous une couche d'une rouille d'un brun clair, très-fine, peu dense du côté de l'ombre, plus dense sur les parties mieux éclairées. A la maturité, **commencement et courant d'hiver,** la rouille s'éclaire en jaune et le côté du soleil est plus ou moins chaudement doré.

Œil petit, fermé, à divisions bien fines, dressées, placé dans une cavité étroite, peu profonde, plissée dans ses parois et par ses bords. Tuyau du calice en entonnoir extraordinairement court et obtus, ne dépassant pas la première enveloppe du cœur dont la coupe cordiforme-ovale offre peu d'étendue par rapport au volume du fruit.

Queue longue, grêle, attachée dans une cavité très-étroite, très-peu profonde et ordinairement régulière.

Chair bien jaune, fine, tassée, ferme, peu abondante en jus richement sucré et parfumé, constituant un fruit de première qualité, demandant un terrain riche et à être cueilli tard, si l'on ne veut le voir flétrir bientôt et perdre beaucoup de sa valeur.

187

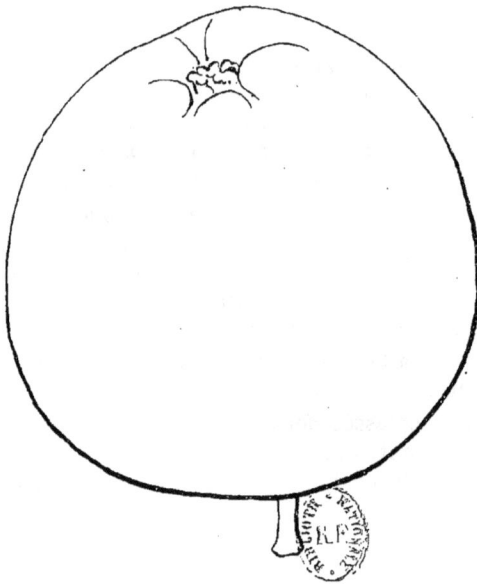

188

187. PITMASTON PINE.   188. FORFAR PIPPIN.

FORFAR PIPPIN

(N° 188)

The Apple and its Varieties. Robert Hogg.

Observations. — Robert Hogg ne donne qu'une très-courte description de cette variété, probablement d'origine anglaise. Je l'ai reçue de M. Thomas Rivers, de Sawbridgeworth. — L'arbre, de vigueur contenue sur paradis, d'une végétation irrégulière, s'accommode peu des formes soumises à la taille. Sa fertilité est peu précoce et moyenne. Son fruit est de bonne qualité.

DESCRIPTION.

Rameaux assez forts, unis ou presque unis dans leur contour, un peu flexueux, à entre-nœuds assez courts, d'un brun olivâtre du côté de l'ombre et d'un beau rouge sanguin du côté du soleil, longtemps voilés d'un très-court duvet grisâtre ; lenticelles petites, extraordinairement rares et peu apparentes.

Boutons à bois gros , un peu renflés sur le dos, obtus ou très-courtement aigus, appliqués au rameau, soutenus sur des supports un peu saillants dont les côtés et l'arête médiane ne se prolongent pas ; écailles entièrement recouvertes d'un duvet grisâtre et épais.

Pousses d'été d'un vert d'eau, colorées de rouge violet du côté du soleil et couvertes sur toute leur longueur d'un duvet long et abondant.

Feuilles des pousses d'été moyennes ou assez grandes, arrondies ou ovales-arrondies, se terminant très-brusquement en une pointe courte et extraordinairement large, largement creusées en gouttière, à peine ou non arquées, bordées de dents larges, un peu profondes, obtuses ou très-courtement aiguës, irrégulièrement soutenues sur des pétioles courts, forts et souvent très-peu redressés.

Stipules courtes, lancéolées bien élargies et souvent un peu courbées par leur extrémité.

Boutons à fruit assez gros, conico-ovoïdes, un peu courts, renflés et courtement aigus ; écailles d'un rouge intense, bordées de brun noirâtre et largement maculées de gris blanchâtre.

Fleurs moyennes ou assez grandes ; pétales elliptiques-allongés et peu larges, peu concaves, à onglet court, peu écartés entre eux, à peine tachés de rose violet clair, presque blancs en dedans ; divisions du calice moyennes, étroites, finement aiguës, recourbées ; pédicelles assez longs, grêles, peu duveteux.

Feuilles des productions fruitières à peine moyennes, ovales-elliptiques et un peu allongées, parfois à peine un peu plus atténuées vers le pétiole qu'à leur autre extrémité où elles se terminent presque régulièrement en une pointe courte et fine, largement creusées et non arquées, bordées de dents fines, peu profondes, couchées et assez aiguës, assez bien soutenues sur des pétioles courts, grêles et un peu fermes.

Caractère saillant de l'arbre : teinte générale du feuillage d'un vert d'eau peu intense et mat ; feuilles des pousses d'été le plus souvent remarquablement arrondies ; feuilles des productions fruitières finement serretées et acuminées ; toutes les feuilles plus ou moins molles au toucher.

Fruit petit, conique ou sphérico-conique, uni dans son contour, atteignant sa plus grande épaisseur peu au-dessous du milieu de sa hauteur ; au-dessus de ce point, s'atténuant par une courbe peu convexe en une pointe peu longue ou courte et tronquée à son sommet ; au-dessous du même point, s'arrondissant par une courbe largement convexe jusque dans la cavité de la queue.

Peau un peu ferme, d'abord d'un vert clair et gai semé de points grisâtres, assez larges, largement espacés et un peu apparents, tantôt la cavité de la queue conserve seulement un ton d'un vert foncé, tantôt elle est couverte d'une large tache de rouille fine d'un brun verdâtre qui rayonne en étoile au-delà de ses bords. A la maturité, **commencement et courant d'hiver,** le vert fondamental passe au jaune citron conservant par places un ton un peu verdâtre, et le côté du soleil se dore ou parfois se couvre d'un léger nuage de rouge clair.

Œil moyen, fermé, à divisions courtes, placé dans une cavité étroite, très-peu profonde, plissée dans ses parois et par ses bords et sans que ces plis se prolongent sur la hauteur du fruit. Tuyau du calice en entonnoir profond et bien aigu, descendant presque jusqu'à la cavité du cœur dont la coupe cordiforme offre une grande étendue par rapport au volume du fruit.

Queue un peu longue, forte, attachée dans une cavité peu profonde, un peu évasée et à peine ondulée par ses bords.

Chair d'un blanc à peine teinté de vert, assez fine, demi-tendre, suffisante en jus doux, sucré et agréablement relevé, constituant un fruit de bonne qualité.

AROMATIQUE DE CORNOUAILLES

(CORNISH AROMATIC)

(N° 189)

The Apple and its Varieties. ROBERT HOGG.
A Guide to the Orchard. LINDLEY.
Catalogue JOHN SCOTT, de Merriott.
CORNWALLISER GEWÜRZAPFEL *Handbuch aller bekannten Obst-sorten*. BIEDENFELD.
Systematisches Handbuch der Obstkunde. DITTRICH.

OBSERVATIONS. — Lindley dit que cette très-excellente variété paraît avoir été, pour la première fois, présentée à la Société d'horticulture de Londres par Sir Christopher Hawkins, et comme étant depuis quelques années connue dans le comté de Cornwal. — L'arbre est d'une végétation vive dans sa jeunesse et très-fertile, d'assez bonne vigueur sur paradis, s'accommodant assez bien des formes régulières et surtout de celle de vase. Son fruit est de première qualité.

DESCRIPTION.

Rameaux à peine de moyenne force, unis dans leur contour, presque droits, à entre-nœuds assez longs, jaunâtres ou verdâtres, à peine voilés par places d'une pellicule mince ; lenticelles grisâtres, nombreuses, un peu larges, régulièrement espacées et assez apparentes.

Boutons à bois petits, courts, très-courtement aigus, aplatis et appliqués au rameau, soutenus sur des supports un peu saillants seulement par leurs bords supérieurs et dont les côtés et l'arête médiane ne se prolongent pas ; écailles d'un rouge peu foncé et mat.

Pousses d'été d'un vert clair un peu lavé de rouge vif du côté du soleil, et couvertes sur toute leur longueur d'un duvet assez peu abondant.

Feuilles des pousses d'été assez petites ou presque moyennes, obovales un peu allongées, se terminant un peu brusquement en une pointe peu longue, bien creusées et non arquées, bordées de dents un peu larges, assez peu profondes, couchées, peu aiguës ou émoussées, assez peu soutenues sur des pétioles longs, grêles et souples.

Stipules courtes, en alênes fines.

Boutons à fruit petits, conico-ovoïdes, un peu allongés et aigus; écailles d'un jaune verdâtre, bordées de brun et glabres.

Fleurs petites; pétales ovales-élargis, peu concaves, un peu roses en dehors, blancs en dedans; divisions du calice assez courtes, un peu recourbées en dessous; pédicelles courts, forts et laineux.

Feuilles des productions fruitières plus grandes que celles des pousses d'été, ovales ou obovales-allongées, courtement et sensiblement atténuées vers le pétiole, se terminant un peu brusquement en une pointe un peu longue, étroite et finement aiguë, creusées en gouttière, largement ondulées ou contournées sur leur longueur, bordées de dents peu profondes, extraordinairement couchées et émoussées, assez bien soutenues sur des pétioles courts, très-grêles et un peu fermes.

Caractère saillant de l'arbre : teinte générale du feuillage d'un vert d'eau peu intense et mat; feuilles des pousses d'été remarquablement creusées; feuilles des productions fruitières bien ondulées ou bien contournées; tous les pétioles remarquablement grêles.

Fruit moyen ou presque moyen, presque sphérique, un peu plus atténué du côté de l'œil que du côté de la queue, un peu déformé dans son contour par des côtes bien aplanies, atteignant sa plus grande épaisseur à peu près au milieu de sa hauteur; au-dessus de ce point, s'arrondissant presque en demi-sphère un peu élevée du côté de l'œil; au-dessous du même point, s'arrondissant par une courbe un peu plus convexe jusque dans la cavité de la queue.

Peau fine, mince, souple, d'abord d'un vert clair semé de points bruns, larges, largement espacés, apparents et parfois entre-mêlés de traits d'une rouille de même couleur qui se concentre en une tache rayonnant dans la cavité de la queue. A la maturité, **automne et commencement d'hiver,** le vert fondamental passe au jaune citron brillant et le côté du soleil est largement lavé d'un beau rouge orangé, traversé par des raies courtes d'un rouge cramoisi, et sur ce rouge ressortent des points grisâtres, largement cernés de brun rougeâtre.

Œil petit, bien fermé, à divisions réfléchies dans les angles d'une cavité très-étroite, peu profonde, distinctement sillonnée dans ses parois et par ses bords. Tuyau du calice en entonnoir court et bien obtus, ne dépassant pas la première enveloppe du cœur dont la coupe cordiforme-elliptique offre une étendue proportionnée au volume du fruit.

Queue tantôt courte, tantôt un peu plus longue, peu forte, attachée dans une cavité peu profonde, évasée et à peine ondulée par ses bords.

Chair d'un jaune clair, fine, bien tassée, ferme, croquante, peu abondante en jus sucré et bien parfumé, constituant un fruit de première qualité.

189

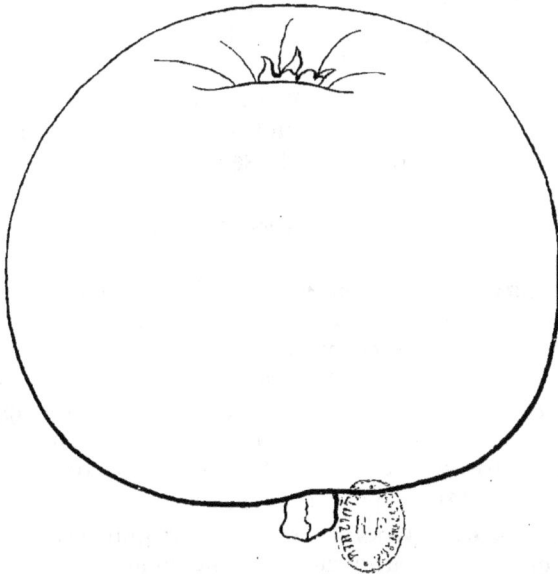

190

189. AROMATIQUE DE CORNOUAILLES.   190. WINTER COLMAN.

WINTER COLMAN

(N° 190)

The Fruits and the fruit-trees of America. DOWNING.
The Fruit Manual. ROBERT HOGG.
A Guide to the Orchard. LINDLEY.
Handbuch aller bekannten Obstsorten. BIEDENFELD.

OBSERVATIONS. — D'après Lindley, cette variété est originaire du comté de Norfolk ; il lui donne les synonymes de : Norfolk Colman, Norfolk Storing. — L'arbre, d'une vigueur contenue sur paradis, s'accommode peu des formes régulières. Il est très-vigoureux sur franc et acquiert de grandes dimensions ; il est peu fertile dans sa jeunesse. Son fruit est de seconde qualité.

DESCRIPTION.

Rameaux de moyenne force, très-obscurément anguleux dans leur contour, presque droits, à entre-nœuds longs, bruns du côté de l'ombre, d'un brun rougeâtre en partie voilé d'une pellicule épaisse du côté du soleil ; lenticelles jaunâtres, un peu larges, un peu saillantes et apparentes.

Boutons à bois moyens, coniques, courts, obtus, appliqués au rameau, soutenus sur des supports peu saillants dont les côtés et l'arête médiane se prolongent très-obscurément ; écailles d'un marron rougeâtre sombre.

Pousses d'été d'un vert vif, peu duveteuses sur toute leur longueur.

Feuilles des pousses d'été assez grandes, elliptiques-élargies, se terminant un peu brusquement en une pointe courte, largement concaves, bordées de dents profondes, un peu couchées et bien aiguës, bien soutenues sur des pétioles courts, un peu forts et dressés.

Stipules moyennes, en alènes recourbées.

Boutons à fruit assez gros, conico-ovoïdes, courts, épais et courtement aigus ; écailles d'un rouge intense et sombre.

Fleurs grandes; pétales elliptiques-élargis, concaves, à onglet extraordinairement court, se recouvrant très-largement entre eux, à peine lavés de rose en dehors et en dedans ; divisions du calice longues, recourbées en dessous ; pédicelles courts, très-forts, cotonneux.

Feuilles des productions fruitières un peu plus grandes que celles des pousses d'été, ovales bien élargies, se terminant peu brusquement en une pointe courte, peu concaves, bordées de dents profondes et bien aiguës, bien soutenues sur des pétioles courts, un peu forts et dressés.

Caractère saillant de l'arbre : teinte générale du feuillage d'un vert pré intense et mat ; toutes les feuilles plus ou moins élargies et garnies d'une serrature remarquablement acérée.

Fruit moyen ou au-dessus de la moyenne, sphérique bien déprimé à ses deux pôles, ordinairement uni ou presque uni dans son contour, atteignant sa plus grande épaisseur à peu près au milieu de sa hauteur ; au-dessus et au-dessous de ce point, s'atténuant par des courbes presque également convexes et presque de même longueur, soit du côté de la queue, soit du côté de l'œil vers lequel il s'atténue cependant un peu plus.

Peau un peu ferme, d'abord d'un vert herbacé mat sur lequel il n'est pas facile de reconnaître des points. Rarement on trouve quelques traces de rouille dans la cavité de la queue. A la maturité, **commencement et courant d'hiver,** le vert fondamental passe au jaune intense et terne rayé de rouge sur les parties à mi-ombre et lavé du côté du soleil d'un nuage de rouge sanguin, traversé par des raies peu distinctes d'un rouge plus intense, et parfois ce rouge est presque uniforme.

Œil grand, tantôt ouvert, tantôt fermé, placé dans une cavité peu profonde, évasée, sensiblement plissée dans ses parois, unie ou à peine ondulée par ses bords. Tuyau du calice en entonnoir large et profond, descendant jusqu'à la cavité du cœur dont la coupe cordiforme-elliptique est proportionnée au volume du fruit.

Queue assez courte ou courte, très-forte, charnue, attachée dans une cavité peu profonde, évasée, unie ou à peine ondulée par ses bords.

Chair jaunâtre, assez fine, tassée, ferme, suffisante en jus sucré, acidulé, relevé d'une saveur excitante, constituant un excellent fruit pour les usages du ménage, convenant au marché par sa résistance au transport et sa facile conservation.

RASCHE

(N° 191)

The Fruits and the fruit-trees of America. DOWNING.
American Pomology. JOHN WARDER.

OBSERVATIONS. — D'après Downing, cette variété a été obtenue
par William Rasche, près d'Hermann, dans le Missouri. — L'arbre,
d'une vigueur contenue sur paradis, s'accommode assez bien des
formes régulières et surtout de celle de vase. Elevé en haute tige,
il convient bien au verger de campagne par sa vigueur et sa rusticité. Sa fertilité est précoce, bonne et soutenue. Son fruit est d'assez
bonne qualité.

DESCRIPTION.

Rameaux de moyenne force, unis dans leur contour, à entre-nœuds de
moyenne longueur, un peu flexueux, bruns du côté de l'ombre, un peu
teintés de rouge et voilés d'une pellicule du côté du soleil ; lenticelles grisâtres, larges, un peu saillantes et apparentes.

Boutons à bois moyens, courts, obtus, appliqués au rameau, soutenus
sur des supports peu saillants dont les côtés et l'arête médiane ne se prolongent pas ; écailles d'un rouge intense et vif.

Pousses d'été d'un vert très-vif et à peine duveteuses.

Feuilles des pousses d'été moyennes, ovales un peu élargies et un
peu allongées, se terminant régulièrement en une pointe courte, largement
repliées et peu arquées, bordées de dents très-larges, couchées et peu
aiguës, bien soutenues sur des pétioles courts, grêles et dressés.

Stipules moyennes, lancéolées, souvent un peu recourbées.

Boutons à fruit gros, conico-ovoïdes, émoussés ; écailles extérieures
d'un rouge vif ; écailles intérieures couvertes d'un duvet gris sombre.

Fleurs moyennes; pétales elliptiques, concaves, à onglet court, se touchant à peine entre eux, légèrement lavés de rose en dehors et en dedans ; divisions du calice moyennes, fines, bien recourbées ; pédicelles un peu longs, de moyenne force, peu duveteux.

Feuilles des productions fruitières plus grandes que celles des pousses d'été, elliptiques-élargies, se terminant très-brusquement en une pointe extraordinairement courte ou quelquefois nulle, très-largement repliées et recourbées en dessous seulement par leur pointe, bordées de dents très-larges, souvent surdentées et très-courtement aiguës, soutenues horizontalement sur des pétioles plus ou moins courts, peu forts et divergents.

Caractère saillant de l'arbre : teinte générale du feuillage d'un vert pré bien intense et bien mat; toutes les feuilles entièrement glabres aussi bien à leur page inférieure qu'à leur page supérieure; serrature de toutes les feuilles formée de dents remarquablement larges.

Fruit moyen, sphérico-conique, à peine déformé dans son contour par des côtes très-aplanies, tantôt paraissant aussi haut que large, tantôt plus large que haut, atteignant sa plus grande épaisseur très-peu au-dessous du milieu de sa hauteur; au-dessus de ce point, s'atténuant par une courbe peu convexe en une pointe plus ou moins courte, épaisse et plus ou moins largement tronquée à son sommet; au-dessous du même point, s'arrondissant par une courbe largement convexe jusque dans la cavité de la queue.

Peau mince, d'abord d'un vert pâle et terne semé de points d'un gris foncé, largement et irrégulièrement espacés et assez apparents. Une teinte verdâtre s'étale en étoile dans la cavité de la queue et parfois dans celle de l'œil. A la maturité, **courant et fin d'hiver,** le vert fondamental passe au jaune clair et mat, et le côté du soleil se couvre seulement d'un ton un peu plus chaud.

Œil fermé, à divisions dressées et recourbées en dehors, placé dans une cavité étroite, peu profonde, finement plissée dans ses parois et par ses bords, et ces plis se prolongent parfois, mais très-peu sensiblement, sur la hauteur du fruit. Tuyau du calice descendant par un tube étroit jusque dans la cavité du cœur dont la coupe est largement cordiforme.

Queue de moyenne longueur ou un peu longue, attachée dans une cavité étroite, un peu profonde et ordinairement largement plissée par ses bords.

Chair un peu jaunâtre, demi-fine, ferme, croquante, suffisante en jus sucré, acidulé, sans parfum bien appréciable, constituant un fruit d'assez bonne qualité.

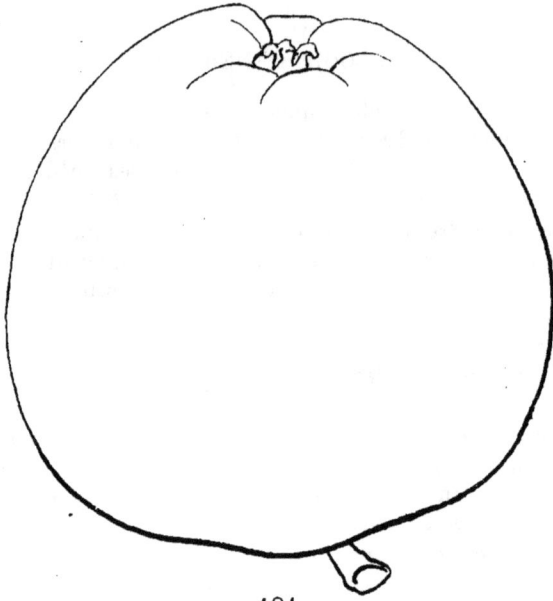

191

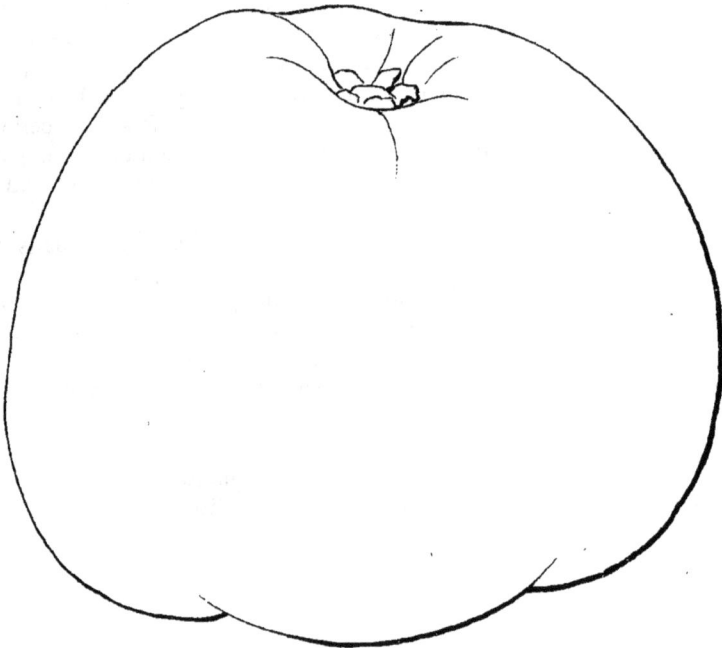

192

191 RASCHE.   192. FAMA GUSTA.

FAMA GUSTA

(N° 192)

The Fruits and the fruit-trees of America. DOWNING.

OBSERVATIONS. — Cette ancienne variété, d'origine anglaise, n'est pas celle décrite sous le même nom par Downing et Robert Hogg, mais probablement celle qui porta ce nom la première, et qui fut mentionnée par les anciens pomologistes anglais, Bea, Worlidge et Ray, et qu'ils annonçaient comme une pomme précoce. — L'arbre, d'une bonne vigueur sur paradis, s'accommode assez mal des formes régulières. Il convient mieux en haute tige, il est d'une grande vigueur et d'une grande dimension. Sa fertilité est précoce et grande. Son fruit est de bonne qualité.

DESCRIPTION.

Rameaux forts, unis dans leur contour, presque droits, à entre-nœuds assez longs, bruns du côté de l'ombre, d'un brun rouge peu foncé et en partie voilé d'une pellicule fendillée du côté du soleil ; lenticelles blanchâtres, larges, rares et un peu apparentes.

Boutons à bois gros, coniques-allongés, aigus, appliqués ou presque appliqués au rameau, soutenus sur des supports peu saillants dont les côtés et l'arête médiane ne se prolongent pas ; écailles d'un marron noirâtre et largement maculées de gris.

Pousses d'été d'un vert clair et vif, de bonne heure lavées de rouge brun du côté du soleil et couvertes d'un duvet bien couché et peu abondant.

Feuilles des pousses d'été grandes, ovales-élargies, se terminant un peu brusquement en une pointe longue, largement repliées ou creusées et arquées, bordées de dents peu profondes, couchées, un peu aiguës ou émoussées, se recourbant sur des pétioles longs, forts et dressés.

Stipules moyennes, lancéolées, souvent un peu recourbées.

Boutons à fruit assez gros, coniques-allongés et bien aigus ; écailles d'un rouge terne.

Fleurs un peu grandes ; pétales ovales-élargis, concaves, à onglet très-court, se recouvrant bien entre eux, presque blancs en dehors, bien blancs en dedans ; divisions du calice assez longues, bien larges, peu recourbées en dessous ; pédicelles courts, un peu forts, un peu cotonneux.

Feuilles des productions fruitières grandes, obovales-élargies, très-brusquement et très-courtement atténuées vers le pétiole, se terminant régulièrement en une pointe courte ou nulle, presque planes ou très-largement repliées, régulièrement bordées de dents fines, un peu profondes et bien aiguës, s'abaissant un peu sur des pétioles moyens, de moyenne force, raides et divergents.

Caractère saillant de l'arbre : teinte générale du feuillage d'un vert herbacé assez intense et mat ; toutes les feuilles bien amples ; serrature des feuilles des productions fruitières remarquablement acérée.

Fruit gros, sphérico-conique, un peu déprimé à ses deux pôles, surtout du côté de la queue, beaucoup plus large que haut, bien déformé dans son contour par des côtes très-épaisses et obtuses, atteignant sa plus grande épaisseur au-dessous du milieu de sa hauteur ; au-dessus de ce point, s'atténuant par une courbe largement convexe en une pointe courte, épaisse et largement tronquée à son sommet ; au-dessous du même point, s'arrondissant par une courbe bien convexe jusque dans la cavité de la queue.

Peau bien fine, bien mince, un peu onctueuse et bien odorante à la maturité, d'abord d'un vert pâle semé de points d'un brun clair, très-largement espacés et peu apparents. Une tache d'une rouille fauve s'étale en étoile dans la cavité de la queue et n'en atteint pas les bords ordinairement. A la maturité, **septembre, octobre,** le vert fondamental passe au jaune citron intense, traversé le plus souvent sur tout le contour du fruit de raies longues et bien distinctes d'un rouge sanguin intense et sablé aussi de la même couleur du côté du soleil.

Œil grand, ouvert ou demi-ouvert, à divisions restant vertes, d'abord réfléchies, puis recourbées en dehors, placé dans une cavité large, profonde, un peu profondément divisée dans ses bords par des côtes plus ou moins prononcées et qui se prolongent plus ou moins sensiblement sur toute la hauteur du fruit. Tuyau du calice en entonnoir large et assez profond, dépassant la première enveloppe du cœur dont la coupe cordiforme un peu déprimée offre très-peu d'étendue pour le volume du fruit.

Queue très-courte, bien forte, bien enfoncée dans une cavité étroite et profonde, profondément divisée dans ses bords par le prolongement des côtes.

Chair d'un blanc veiné de jaune, demi-fine, peu tassée, tendre, suffisante en jus sucré et agréablement relevé d'un parfum rafraîchissant, constituant un fruit remarquable entre les Pommes précoces par sa qualité, son volume et sa beauté.

TABLE ALPHABÉTIQUE

DU

TOME IX. — POMMES.

(Les numéros d'ordre des descriptions et des planches sont indiqués à la suite de chaque fruit. Les synonymes sont en caractères italiques.)

Bourg. — Imprimerie J.-M. Villefranche, place d'Armes, 1.

www.ingramcontent.com/pod-product-compliance
Lightning Source LLC
Chambersburg PA
CBHW070235200326
41518CB00010B/1569